"十四五"高等学校美术与设计应用型规划教材

总主编：王亚非

# 三维动画项目创作

孙永辉 ◇ 编著

西南大学出版社

国家一级出版社 全国百佳图书出版单位

图书在版编目（CIP）数据

三维动画项目创作 / 孙永辉编著. -- 重庆：西南大学出版社, 2025.1. -- ISBN 978-7-5697-2828-6

Ⅰ.TP391.414

中国国家版本馆CIP数据核字第2025A269E8号

"十四五"高等学校美术与设计应用型规划教材
总主编：王亚非

# 三维动画项目创作
SANWEI DONGHUA XIANGMU CHUANGZUO

孙永辉 编著

| 总 策 划： | 龚明星 王玉菊 |
| --- | --- |
| 执行策划： | 鲁妍妍 |
| 责任编辑： | 钟小族 |
| 责任校对： | 鲁 艺 |
| 封面设计： | 霍 楷 |
| 排　　版： | 张 艳 |
| 出版发行： | 西南大学出版社（原西南师范大学出版社） |
| 地　　址： | 重庆市北碚区天生路2号 |
| 邮　　编： | 400715 |
| 电　　话： | （023）68860895 |
| 印　　刷： | 重庆恒昌印务有限公司 |
| 成品尺寸： | 210 mm×285 mm |
| 印　　张： | 11.25 |
| 字　　数： | 332千字 |
| 版　　次： | 2025年1月 第1版 |
| 印　　次： | 2025年1月 第1次印刷 |
| 书　　号： | ISBN 978-7-5697-2828-6 |
| 定　　价： | 69.00元 |

本书如有印装质量问题，请与我社市场营销部联系更换。

市场营销部电话：（023）68868624 68253705

西南大学出版社美术分社欢迎赐稿。

美术分社电话：（023）68254657

# 专家编委会

**编著**

孙永辉

**编委会成员**

何 煜　王 秒　刘 涛　吴锡红　邱红叶　龙盈迎

**委员会专家**

| | |
|---|---|
| 卢新华（教授） | 清华大学美术学院 |
| 丁亚平（教授） | 中国高等院校影视学会会长 |
| 黄心渊（教授） | 中国传媒大学动画与数字艺术学院 |
| 李剑平（教授） | 北京电影学院动画学院 |
| 王　钢（教授） | 杭州师范大学 |
| 王　伟（教授） | 北京大学软件与微电子学院 |
| 高　亮（教授） | 郑州轻工业大学艺术设计学院 |
| 李四达（教授） | 北京服装学院 |
| 陶立阳（教授） | 北海艺术设计学院 |
| 王亦飞（教授） | 鲁迅美术学院传媒动画学院 |
| 耿少波（教授） | 北京电影学院 |
| 严　晨（教授） | 北京印刷学院 |
| 王学颖（教授） | 沈阳师范大学 |
| 黄惠忠（教授） | 中央美术学院 |
| 孙　平（教授） | 北京电影学院动画学院 |
| 祝明杰（教授） | 上海大学电影学院 |
| 葛莹莹（教授） | 吉林动画学院游戏学院 |
| 陈向农（导演） | 中央电视台 |
| 蒋林峰（总经理） | 南宁峰值文化传播有限公司 |

# 序

随着中国动画相关产业的快速崛起，在科学技术不断进步的背景下，与之相适应的社会需求与产业人才需求也在发生着改变。与此同时，动画艺术教育也面临全新的机遇和挑战。创新动画艺术教育及人才培养体系，完善人才培养标准，重新安排与时代发展需求相适应的课程，是动画艺术教育界在新时期的重要任务。构建适配产业需求的人才培养模式和培养标准，需要我们重新审视产业与教育的联动关系，思考人才培养的全新路径，更新观念，在保持学科发展永恒定力的前提下，让瞬息万变的技术变革服务于艺术教育和产业发展，在不断巩固和完善学科核心内容的基础上，紧跟时代需求，创新人才培养的手段和方法，让学科发展始终在良性的轨道上健康运行。

动画是一门集多种艺术于一体的综合性艺术学科，是群体化、工业化、模式化的大生产类型的工业产业，也包括动画产业链的所有内容。在新形势下，把握好教学体系与课程设置的科学合理性、梳理好课程模块之间的关系变得非常重要，且意义重大。动画课程设置的终极目的就是"动画艺术创作"，它是学生学习成果的集中体现，也是人才培养成效的试金石。

《三维动画项目创作》一书是孙永辉教授多年产业实践和动画教学实践的成果，他深知动画教育人才培养与产业人才需求错位的痛点所在，也十分清楚学生在动画创作课程环节中所存在的问题。目前，国内高校动画创作课程设置及授课方式大体相同，普遍采用的是个体实验性动画短片创作的方法，每位学生或者小组自我命题，风格形式不限，注重和强调个性表达。如此下去，动画人才培养与产业需求越来越不匹配，距动画产业链对人才要求的标准越来越远。我们不是不提倡张扬个性，只是长此以往培养出来的动画人才会缺少合作精神和团队意识，更谈不上适应规范化的产业模式对人才的期待。《三维动画项目创作》所呈现的概念，顾名思义，是将"项目"引入艺术创作的教学环节，在创作的课程中学习大生产模式下的生产方式，以适应产业规范化的管理模式、设计方法和工作方法，而不再是被产业所抛弃甚至是重新"回炉"的实验品。对教学而言，新的项目、新的产品本就存在，只是人们不愿意改变观念和思路。只有让产、学、研真正成为教学实践的一部分，才能培养出符合产业需要的人才梯队。

《三维动画项目创作》一书很好地解决了创作与实践的问题，其内容由优秀的企业项目案例、三维动画基础、角色运动原理、产业规范要求、项目成果分享等教学模块组成，侧重于知识学习的实用性，重点突出企业项目案例的讲解，理论联系实际，紧密结合当下动画行业的发展趋势和动画产业实际岗位需求，本着由浅入深、循序渐进的原则，规范而清晰地讲授动画项目的创作方法，系统的课程结构和切实可行的实践方式，使学生能快速找到学习方向，确立学习目标，提高学习效率，提升创作欲望和表现力。因此，将项目引入动画创作中来的课程改革意义深远，影响广泛，值得推广。

# 前 言

随着中国动画相关产业日趋完善，在技术不断更新换代的背景下，产业对人才培养的需求更加迫切。动画教育工作者应紧跟时代发展的步伐，更新观念和认识，重新调整人才培养方案和课程体系，以适应当下产业快速发展的新需求。与此同时，动画艺术教育也应该结合动画的产业特点，在动画教育的成果展现方面，充分考虑到动画专业学生艺术创作的独特性和创作规律，不断创新教育理念和思路，理论联系实际，从动画行业实际岗位需求出发，协同创新，与多方合作，逐步完善符合产业需求的课程体系，增强和拓展动画专业与产业有效接轨的可能性，让课程与产业流程对接，使课程学习更具实战性。

三维动画项目创作是动画专业学生必修的实践类课程，是课程改革最终成果的具体呈现。本教材在学生经历了系统的三维动画基础和相关知识学习之后，进入艺术创作阶段时使用，采取全新授课方式。教学中引入项目实践概念，改变学生被动的知识结构，强化实践解析和规范化的创作方式，使学生的艺术创作更有针对性，更贴近产业实际岗位需求，让基础的动画技巧与制作流程真正为创作服务。本教材的特点是以三维动画基础和企业案例教学为主，通过校企合作的优秀案例引导学生进行规范化创作，使创作环节不再是单一个体的实验性创作，而是融入产业项目内容和思维模式，在教学中以生动的项目案例讲解动画产业创作的成功经验、思考方法、规范的实施方法、设计技巧等，将动画运动规律知识与实践项目结合，侧重于动画知识的实用性，重点突出企业项目案例的讲解与产业意识的建立，从而培养学生的团队合作精神与专业能力。

本教材共分七章，本着由浅入深、循序渐进的原则展开，能够引导学生尽快进入创作状态，明确学习方向，更快地掌握学习方法、提升学习效率、拓展思维能力等。教材编写力求言简意赅、通俗易懂，充分发挥学生的创作潜能，让学生的学习成果在三维动画项目创作的实践中得到验证。本教材以孙永辉执行导演的全国"一带一路"题材大型 3D 动画片《海上丝路南珠宝宝》为编写素材。在成书的过程中得到了郑超校长的悉心指导和大力支持，在此表示感谢！书中的动画图片素材和来源参考了前辈们的相关资料，在此一并致谢！

# 目 录

## 001 第一章 三维动画概述
- 002　第一节 三维动画应用领域
- 008　第二节 世界动画发展历程
- 019　第三节 三维动画制作流程

## 029 第二章 三维动画基础
- 030　第一节 Maya 界面介绍
- 036　第二节 动画界面介绍
- 038　第三节 关键帧动画
- 044　第四节 播放动画
- 047　第五节 摄影机类型及应用
- 050　第六节 曲线图编辑器

## 059 第三章 三维动画原理
- 060　第一节 动画原理
- 071　第二节 案例分析
- 078　第三节 尾巴动画
- 085　第四节 路径动画

## 093 第四章 角色走、跑、跳动画制作
- 094　第一节 行走动画制作
- 104　第二节 跑步动画制作
- 112　第三节 跳跃动画制作

## 117　第五章 动物走、跑动画制作

- 118　第一节 动物行走动画制作
- 130　第二节 动物跑步动画制作

## 135　第六章 角色表情动画制作

- 136　第一节 表情分析
- 140　第二节 表情制作
- 146　第三节 案例分析

## 151　第七章 角色动画创作实例

- 152　第一节 《海上丝路南珠宝宝》角色动画制作
- 158　第二节 《海上丝路南珠宝宝》镜头动画制作
- 165　第三节 角色动作库在镜头中的应用

# CHAPTER 1

一

第一章

# 三维动画概述

**课程提要**

　　三维动画技术的快速发展和进步，对动画艺术创作的教学提出了新的问题，与之相应的理念和认识也在改变，动画市场出现了诸多不同类型的动画作品，创作手段和方法也不尽相同。从科学的角度学习和研究艺术创作本身的规律，这需要我们思考动画的本源及发展历史，认真审视和回顾过去，同时期待更好的作品给我们带来视觉盛宴，并从中得到更多的启示。如今，动画艺术家们用各种艺术和技术手段创作出不同类型的动画作品，都是在科技不断更新换代中取得的进步，在不同时期满足了观众的审美需要。在认识动画的本质前，先要对动画的概念有正确的认识，通过学习动画传播介质、动画发展历程、三维动画制作流程等内容，清楚地认识动画艺术创作的重要性，并通过实践加强对知识和技能的理解与掌握。

# 第一节 三维动画应用领域

近年来，数字艺术迅速发展，三维技术在影视、游戏、广告、虚拟现实等领域广泛应用。本章将结合企业项目案例，深入浅出地讲解三维动画制作流程以及项目创作经验，重点以各领域中三维动画应用为学习对象，要求掌握动画传播相关的理论基础、三维动画的制作流程，强化动画项目创作实践能力。

## 一、影视动画领域

影视动画领域是一个非常广泛的领域，涵盖了从故事创作、角色设计、场景设计、动画制作到后期剪辑等一系列过程。在数字技术快速发展背景下，近几年国内三维动画作品层出不穷。这个领域的发展非常迅速，新的技术和方法不断涌现，如AIGC（人工智能生产内容）技术、实时渲染技术、动作捕捉技术等，使得影视动画的制作越来越高效。因此，影视动画领域也激发了越来越多的人的兴趣，受到广泛关注。在三维动画制作中，3D软件可以实现三维角色模型、场景模型、道具模型、动画、特效等视觉效果的制作，相较于二维动画，不论画面效果还是观感方面都有明显的优势。（图1-1）

三维技术使作品的画面表现形式更加多元，不仅打破了实景影视拍摄的局限性，还在视觉效果上弥补了拍摄的不足。对于短期内较难拍摄的外景天气、季节更迭等，三维技术可以节省拍摄时间，降低项目运作费用，同时实现优质的画面表现。（图1-2）

## 二、广告动画领域

广告动画领域是一个涉及多个专业知识和技能的领域。广告作为一种传播语言，在艺术表现方式上包括实景拍摄、实景与动画结合等。广告动画涉及动画的制作，包括角色设计、场景设计、色彩搭配、分镜设计等，需要掌握动画制作软件的使用，如Adobe After Effects、Adobe Premiere Pro等。动画已经成为广告中一种常见的媒介，渗透到我们的日常生活中，包括以下三种形式。

### 1. 二维动画广告制作

二维动画广告是指表现平面关系和有限的深度空间感的广告，多以线和平面色彩关系表达为主，也有少量空间感（如背景部分）的表现，多以手工绘制为主。（图1-3）

图1-1 动画电影《长安三万里》海报局部

图1-2 奇幻电影《捉妖记》海报

## 2. 三维动画广告

三维是指高宽深三度空间的立体观念。三维动画广告以现代电子技术与动画语言进行制作，其丰富的思维创意、灵活的技术手段、新颖的艺术效果、明朗的色彩表达深受观众喜爱，获得了较高的市场认可度并广泛传播。（图1-4）

## 3. 定格动画广告

定格动画广告利用实物模型逐格拍摄而成，具有独特的艺术质感，也是一种特殊的动画形式，常使用黏土偶、木偶、混合材料、真实照片以及电脑技术制作，通过逐帧拍摄对象进而连续播放产生动态效果。

## 三、片头动画领域

片头动画领域主要涉及设计和制作动画片头的专业领域，涵盖了各种类型的动画制作，包括二维动画、三维动画、定格动画、电子动画，等等。设计师和制作者会负责设计并制作影片开头的动画，以吸引观众的注意力，并传达一定的信息或情感。片头动画领域涉及的技术和知识范围广泛，包括图形设计、动画制作、影视制作、视觉艺术等。这个领域的从业人员通常需要具备一定的绘画基础、数字媒体技能和创意能力，同时需要掌握一定的影视剪辑、调色和音效处理等相关技能。片头动画可分为游戏片头动画、综艺节目片头动画、宣传片片头动画及产品片头动画。此外，一些网站和软件也会使用片头动画来吸引用户、展示产品或介绍功能。

## 1. 影视片头动画

影视片头动画常常是根据整个影视的剧情，将剧中的人物、动物、场景等进行浓缩，使观众对影视有一个初步的认识和深刻的印象。（图1-5）

## 2. 游戏片头动画

游戏片头动画通常比较短小，内容精悍，时长大都不会超过十秒，可以把主题资讯精确传达出来，感染力和互动性都比较强。（图1-6）

图1-3 《海城公安》防诈骗系列二维动画广告

图1-4 《熊出没》绿森林硅藻泥三维动画广告

图1-5 迪士尼电影片头动画

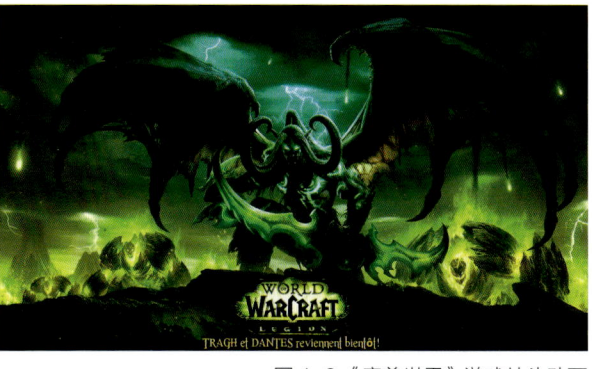

图1-6 《魔兽世界》游戏片头动画

### 3. 综艺节目片头动画

综艺节目片头动画是电视节目较为常用的一种媒介。随着综艺节目的火热，片头制作采用动画的方式，为综艺节目增加了特别的效果，让很多观众特别喜爱。（图1-7）

### 4. 宣传片片头动画

宣传片片头动画种类很多，如公益广告宣传片、城市规划宣传片、旅游景点宣传片等，利用动画技术可以更好地提高宣传推广效率。（图1-8）

### 5. 产品片头动画

产品动画可以在电视广告、网络广告、企业宣传视频等相关视频材料中看到，主要用于企业或企业产品的宣传。传统拍摄方式的限制使得很多细节无法展示，比如产品的内部结构无法拍摄。产品三维动画具备灵活性和表现性。掌握产品的详细尺寸和参数，有助于按照对应的比例要求把三维建模做到仿真的效果，以展示产品结构与特色，如耳机、水龙头、运动鞋等作品案例，让产品介绍更细致、更生动。（图1-9）

## 四、建筑动画领域

建筑动画领域是涉及建筑设计、动画制作、影视制作、视觉艺术等方面的专业领域。使用计算机软件制作出建筑的虚拟模型，通过动画技术实现建筑的动态展示，可以使建筑的形象和周围环境更加生动、融洽，充分展现建筑的空间效果和细节特点。根据建筑设计图纸制作出的虚拟建筑环境，包括地理位置、建筑物外观、建筑物内部装修、园林景观、配套设施、人物、动物、自然现象等，都可动态地存在于建筑环境中，实现建筑环境的虚拟再现，表明设计师设计意图，将信息通过更直接的视觉效果传递给观众，具备虚拟现实、直观性强、动态交互的艺术特点。例如城市形象展示动画、园林景观漫游动画、房地产虚拟动画等。

### 1. 城市形象展示动画

城市形象展示动画是城市品牌宣传的重要方式，也是城市品牌建设的有力手段。城市形象展示动画呈现地域化和多元化趋势，而承载这种趋势的重要因素就是各具特色的地域文化元素。近年来，很多历史文化名城和著名旅游城市高度重视城市品牌的塑造与传播，依托良好的生态资源、文化资源、产业基础等优势，推出制作优良的城市形象展示动画。（图1-10）

图1-7 综艺节目《奇葩说》片头动画

图1-8 宣传片《海上丝路》片头动画

图1-9 《重锤科技》产品片头动画

图1-10 城市形象展示动画《美丽广西》

### 2. 园林景观漫游动画

园林景观漫游动画是房地产领域较为常用的一种宣传形式，它涉及园林景观设计、建筑等行业。园林景观漫游动画运用三维动画相关软件，建立虚拟的建筑群或者建筑单体，是虚拟现实技术在建筑设计、城市规划等领域的具体应用。通过随意可调的镜头，可进行鸟瞰、俯视、穿梭、长距离等任意视角的游览。三维技术在园林中利用场景变化，展现园林内部的环境，还可加入一些精心编排的动物、穿梭于云层中的太阳等来烘托气氛，虚构各种美景、气氛，让体验者身临其境。（图1-11）

图1-11《北海园博园》园林景观漫游三维动画

### 3. 房地产虚拟动画

房地产虚拟动画可以利用三维技术让人们从视觉上置身于虚拟的建筑空间里，仔细观看动画里的每一个细节。三维动画能直观地、全面地展示房地产楼盘项目，突出相应楼盘户型的特点。把房地产规划方案、设计图纸等静态事物转化为立体影像，将建筑外观、室内设计、周边环境以及未来建成的模样展示出来，可以让人们清晰、直观地了解房地产成品的品质。房地产虚拟动画是全新的展示手段，是集文字解说、背景音乐、交互式功能等于一身的多媒体展项，广泛地应用于房地产行业的各个方面。它可以很好地展现出楼盘风格、周边环境等，让客户全方位了解楼盘情况。（图1-12）

图1-12《幸福小镇》房地产虚拟三维动画

## 五、游戏动画领域

游戏动画领域是21世纪最具发展潜力的朝阳产业之一。游戏动画是利用数字技术、网络技术和信息技术对媒体从形式到内容进行改造和创新的技术，覆盖图形图像、动画、音效、多媒体等技术和艺术设计学科，是技术和艺术的融合。游戏动画分为游戏CG动画、即时演算动画、游戏角色动画和游戏特效动画四大类。

### 1. 游戏CG动画

游戏CG动画是利用计算机软件绘制的一切动画的总称，它是通过电脑软件来完成的视觉传达设计作品。一般来说，游戏CG动画制作的流程技术与普通动画并无太大差异，都是基于3D建模、角色动画、后期合成渲染、剪辑包装等几个环节来制作，其中比较关键的步骤是3D建模与角色动画设计。（图1-13）

图1-13 游戏CG动画

### 2. 即时演算动画

即时演算动画的主要工作都是由图形芯片来完成的，经过指令的指挥和复杂的计算，游戏中的人物和场景就出现在我们的屏幕上。即时演算动画可以任意变换镜头角度，而CG动画则是固定的。但就画面的精细程度来说，CG动画还是高于即时演算动画的。不过随着图形技术的发展，即时演算与CG之间的差距会越来越大。（图1-14）

### 3. 游戏角色动画

游戏角色动画是指玩家所操作的角色的动画表现。通常，这些动画会根据玩家的操作而不断变化，以表现角色的动作。游戏角色动画是游戏中的一个重要组成部分，它可以丰富游戏的画面，提高玩家的参与度。游戏角色动画分为两类：一类是角色动画，也就是游戏角色的动作和表达，它们由计算机技术预先创作而成；另一类是实景动画，是游戏角色在游戏中的实时表现，它们是由玩家手动操作而成。游戏角色动画的制作需要经过多个步骤，其中最重要的是美术设计，需要制作出角色的表情、动作及其细节等，其余的步骤则是将表情和动作转化为可以在游戏中使用的图像文件，以及将这些图像文件组合成完整的动画。（图1-15）

### 4. 游戏特效动画

游戏特效动画是一种更高级的交互设计展现形式，通过动态演示 UI 元素的变化来引导用户操作，将信息更快更准确地传达给受众。游戏特效设计优先注重的是增强界面的交互性，帮助玩家深入体验游戏。游戏特效包含元素、色彩、动作、交互行为，主要用在游戏 UI 界面、交互流程、用户体验等方面。通过 Unity、UE4、FairyGUI、Cocos、Spine 等软件来实现反馈、过渡、升级视觉、引导交互（建立连接、引导视线），负责预演交互动图流程、UI 控件交互反馈、界面氛围营造等。（图1-16）

图1-14 即时演算动画

图1-15 《龙之谷》游戏角色动画

图1-16 《英雄联盟》游戏特效动画

## 六、虚拟现实动画领域

虚拟现实动画领域是一个充满活力和潜力的领域，它涉及使用虚拟现实技术制作动画作品。虚拟现实动画是一种结合了虚拟现实和动画技术的艺术形式，它使用计算机生成图像、声音和交互效果来创建逼真的虚拟环境，让观众能够沉浸其中并与之互动。虚拟现实是利用电脑模拟产生三维空间的虚拟世界，提供给使用者关于视觉、听觉、触觉等感官的模拟，让使用者如同身临其境，可以即时、没有限制地观察三维空间内的事物。

### 1. 虚拟现实动画在城市规划中的应用

城市规划一直是对全新的可视化技术需求最为迫切的领域之一。虚拟现实技术可以广泛地应用在城市规划的各个方面，并带来切实且可观的利益。虚拟现实系统的沉浸感和互动性不但能够给用户带来强烈、逼真的感官冲击，提供身临其境的体验，还可以通过其数据接口在实时的虚拟环境中随时获取项目的数据资料，方便大型复杂工程项目的规划、设计、投标、报批、管理，有利于设计与管理人员对各种规划设计方案进行辅助设计与方案评审。（图1-17）

图 1-17 虚拟现实动画在城市规划中的应用

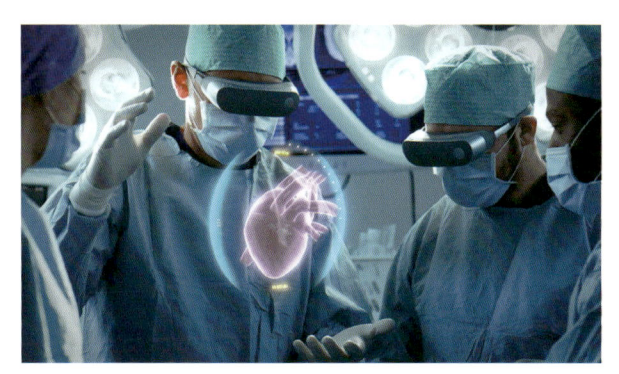

图 1-18 虚拟现实动画在医学中的应用

图 1-19 虚拟现实动画在军事中的应用

图 1-20 虚拟现实动画在文物古迹中的应用

## 2. 虚拟现实动画在医学中的应用

VR 在医学方面的应用具有十分重要的现实意义。在虚拟环境中建立虚拟的人体模型，借助跟踪球、HMD、感觉手套，学生可以很容易地了解人体内部各器官结构，这比现有的教科书要有效得多。Pieper 及 Satara 等研究者在 20 世纪 90 年代初基于两个 SGI 工作站建立了一个虚拟外科手术训练器，用于腿部及腹部外科手术模拟。这个虚拟的环境包括虚拟的手术台与手术灯，虚拟的外科工具（手术刀、注射器、手术钳等），虚拟的人体模型与器官等。借助 HMD 及感觉手套，使用者可以对虚拟的人体模型进行手术。（图 1-18）

## 3. 虚拟现实动画在军事中的应用

虚拟战场环境采用虚拟现实技术，使受训者在视觉和听觉上体验真实战场环境、熟悉作战区域的环境特征。受训者通过必要的设备，可与虚拟环境中的对象交互作用、相互影响，从而产生等同于真实环境的感受和体验。虚拟战场环境的实现依赖于相应的三维战场环境图形图像库，包括作战背景、战地场景、各种武器装备和作战人员等，通过背景生成与图像合成，创造一种险象环生、几近真实的立体战场环境，使受训者"真正"进入逼真的战场，从而增强临场感觉，大大提高训练质量。（图 1-19）

## 4. 虚拟现实动画在文物古迹中的应用

利用虚拟现实技术，结合网络技术，可以将文物的展示、保护推进到一个崭新的阶段。将文物实体通过影像数据采集手段，生成三维实物并建立起模型数据库，可以保存文物原有的各项型式数据和空间关系等重要资源，实现濒危文物资源的科学、高精度和永久保存。这些技术能够提高文物修复的精度和预先判断、选取将要采用的保护手段，还可以缩短修复工期。通过计算机网络来整合大范围内的文物资源，利用虚拟技术更加全面、生动、逼真地展示文物，可以使文物脱离地域限制，实现资源共享，真正成为全人类可以"拥有"的文化遗产。虚拟现实技术可以推动文博行业更快地进入信息时代，实现文物展示和保护的现代化。（图 1-20）

## 七、人工智能动画领域

随着大数据、人工智能科技与技术的发展，传统领域的大数据化、智能化将是必然的发展趋势。众多传统领域中，动画领域的特征和人工智能的契合度很高，对科技提出了更高的要求。人工智能涉及哲学、数字、经济学、心理学、计算机学、语言学等，是一门充满挑战性的交叉学科（图1-21）。

人工智能动画领域主要涉及使用人工智能技术生成和制作动画内容。这个领域涵盖了从动画角色的设计、动画生成到整个动画故事的生成和编辑等多个步骤。目前，人工智能在动画领域的应用主要包括但不限于以下五个方面。

### 1. 动画角色设计

人工智能可以通过学习大量的动画角色图像和视频，生成新的、具有独特特征的动画角色。这种方法不仅可以生成全新的、原创的角色，还可以根据需求对角色进行微调，以适应不同的故事情节和场景。

### 2. 动画生成

利用深度学习和计算机视觉技术，人工智能可以生成基于输入信息的动画。这种输入可以是人脸识别、语音指令、文字描述等。通过这种方式，人工智能可以根据用户的口头或书面请求生成相应的动画。

### 3. 动画合成与编辑

人工智能可以结合不同的动画素材，进行合成和编辑，以创造出更为复杂和丰富的动画效果。这种方法不仅可以提高动画制作的效率，还可以降低人工编辑的工作量。

### 4. 动画生成器的改进

随着技术的发展，人工智能动画生成器的性能也在不断提高。目前，一些研究人员正在研究如何进一步提高生成器的性能，以

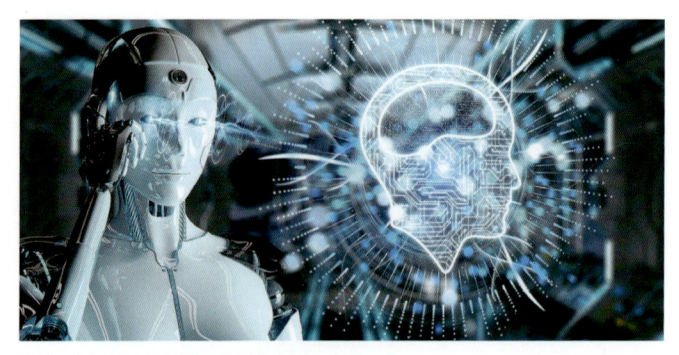

图 1-21 人工智能动画领域应用

更好地适应不同的故事情节和场景，并提高生成的动画的质量和多样性。

### 5. 虚拟现实和增强现实应用

人工智能在动画领域的应用还可以扩展到虚拟现实和增强现实领域。通过将动画与虚拟环境和物体相结合，可以创建更为真实、生动的虚拟环境，为用户提供沉浸式的体验。

总的来说，人工智能在动画领域的应用正在不断拓展和深化，为动画制作带来了更多的可能性。同时，这个领域也面临着一些挑战，例如，如何保证生成的动画的质量和多样性，如何处理知识产权等问题。未来，随着技术的不断进步和应用场景的不断拓展，人工智能在动画领域的应用将会更加广泛和深入。

# 第二节 世界动画发展历程

动漫产业从动画业开始，至今已有百年历史，大体分为四个阶段：萌芽和开创阶段（1907年—1937年）、初步发展阶段（1938年—1949年）、快速发展阶段（1950年—20世纪末）和百花齐放阶段（21世纪初至今），形成了动画、漫画和游戏三位一体的发展模式。

## 一、国外动画发展历程

### 1. 美国

美国动画史可以追溯到20世纪初期，经过不断发展，逐渐形成了自己的独特风格和流派。以下是一些重要的历史阶段和代表作品。

（1）初期探索阶段。

20世纪初期，动画制作处于实验阶段，制作技术

尚未成熟，主题相对单一。《滑稽脸的幽默相》（图1-22）是1906年斯图尔特·布莱克顿导演的一部短片。这部动画被动画史学家公认为世界上第一部被记录在标准胶片上的动画，其中运用了逐格拍摄、剪纸动画、真人结合拍摄等动画技术。影片的作者布莱克顿对"逐格拍摄"技术的探索为动画艺术和电影特效艺术做出了关键性的贡献。同时，布莱克顿还是电影特效的先驱，对《星球大战》《阿凡达》等影片的创作产生了深远影响。

1928年，美洲动漫之父华特·迪士尼所创立的迪士尼公司制作了世界上第一部音画同步动画《汽船威利号》（图1-23），成就了米老鼠这一经典动画形象。随后，迪士尼公司逐渐推出了大批创意角色及动漫，成为世界动漫先锋，在20世纪20年代后期崛起。

（2）手绘动画时代。

这个阶段以迪士尼为代表，作品注重故事情节和角色设计，强调动画的视觉效果。这个时期的代表作品有《白雪公主》《小鹿斑比》等。

1937年，迪士尼公司推出了世界第一部电影动画《白雪公主》，该片改编自格林兄弟所写的童话故事《白雪公主》（图1-24），讲述的是一位父母双亡、名为白雪的妙龄公主，为躲避继母邪恶皇后的迫害而逃到森林里，在动物们的帮助下，遇到七个小矮人的故事。

1942年，《小鹿斑比》在美国上映（图1-25），讲述了一只名叫斑比的小鹿在森林中的成长故事。它通过细腻的描绘和生动的角色塑造，展现了斑比与森林中的动物朋友们之间的友谊、成长与冒险，这部动画在美国动画界享有较高的声誉，被评为经典之作。

（3）彩色动画时代。

随着彩色胶片的出现，动画制作也迎来了新的发展。代表作有迪士尼公司推出了第一部彩色动画片《画与树》，华纳兄弟的《猫和老鼠》等。

1932年，迪士尼公司推出了第一部彩色动画片《画与树》（图1-26）。它是一部

图1-22 《滑稽脸的幽默相》　　图1-23 《汽船威利号》

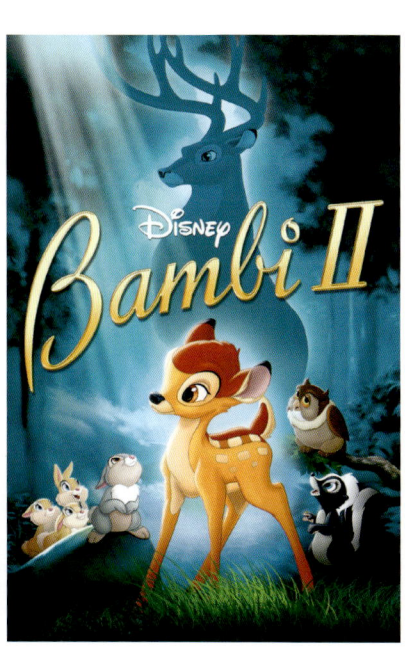

图1-24 《白雪公主》　　图1-25 《小鹿斑比》　　图1-26 《画与树》

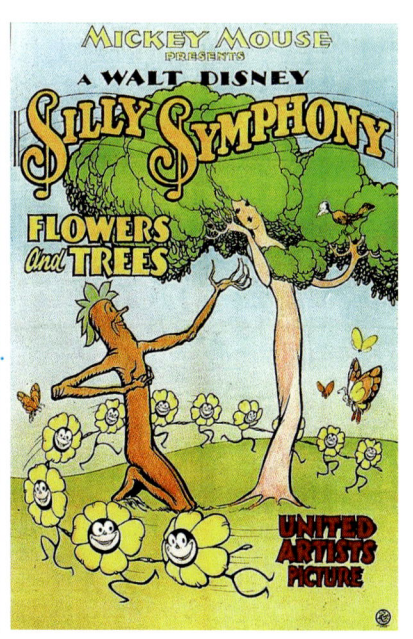

很有历史厚重感的作品,将动植物拟人化,讲述了树先生求爱树小姐,老朽木作恶纵火,鸟群钻破云朵,随后天降甘霖,森林转危为安,最终老朽木引火自焚、恶有恶报的故事。

《猫和老鼠》是米高梅电影公司1940年制作的一部长篇喜剧家庭动画(图1-27)。故事情节围绕着家猫汤姆和老鼠杰瑞而展开。汤姆有一种强烈的欲望,总是不断地去捉同居一室的老鼠杰瑞,努力驱赶着这位讨厌的房客。在这部动画中,没有动物世界中恃强凌弱的残酷,只有两个邻居之间的日常琐事和纷争。

(4)电脑动画时代。

这个阶段,以皮克斯和梦工厂为代表的动画公司开始使用电脑技术制作动画。电脑动画的效果更加逼真,情节更加复杂,代表作有《玩具总动员》《海底总动员》《马达加斯加》等。

1995年,世界上第一部三维电脑动画片《玩具总动员》(图1-28)于11月22日在北美公映,由华特·迪士尼影片公司和皮克斯动画工作室合作推出。

2003年,由华特·迪士尼发行的美国电脑动画《海底总动员》(图1-29)是由皮克斯动画工作室制作的动画。故事主要叙述一只过度保护儿子的小丑鱼马林和它在路上碰到的蓝唐王鱼多莉一同在汪洋大海中寻找马林失踪的儿子尼莫的奇幻经历。

2009年起,梦工厂推出系列动画《马达加斯加》(图1-30)。该系列共3部,主要讲述了一群动物逃往非洲生活的有趣故事。

2012年,《无敌破坏王》(图1-31)于11月2日在美国上映,获得2012年美国第44周票房冠军。

2014年,《冰雪奇缘》(图1-32)陆续在全球53个国家和地区上映,"冰雪风暴"席卷全球,成为当时最卖座的动画。

(5)混合媒介时代。

随着技术的不断发展,现在的动画制作已经可以结合真人拍摄和电脑动画等手段,代表作品有《超能陆战队》《寻梦环游记》等。

2014年,《超能陆战队》(图1-33)以3D

图1-27 《猫和老鼠》

图1-28 《玩具总动员》

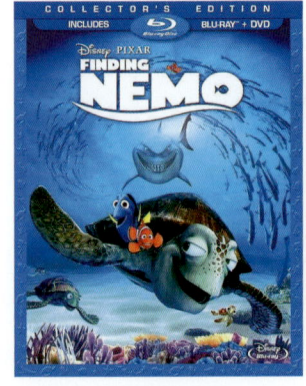

图1-29 《海底总动员》　　图1-30 《马达加斯加》　　图1-31 《无敌破坏王》

图 1-32 《冰雪奇缘》

图 1-33 《超能陆战队》

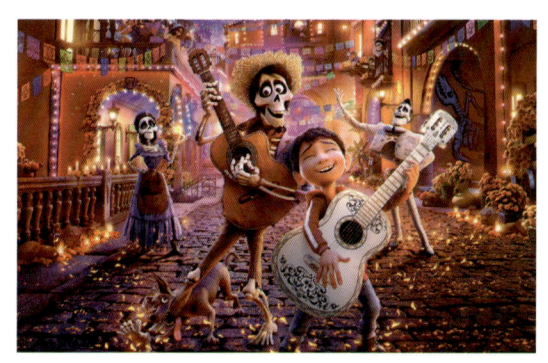

图 1-34 《寻梦环游记》

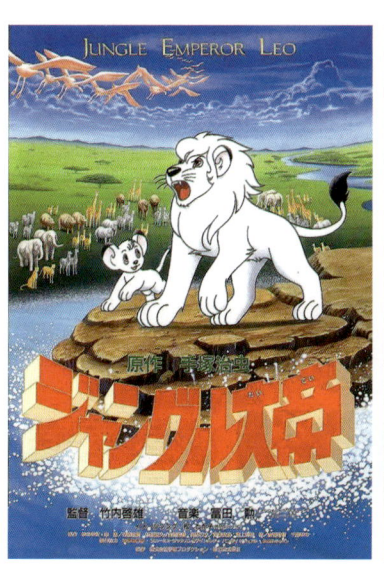

图 1-35 《森林大帝》

形式在美国上映。由迪士尼与漫威联合出品,讲述机器人大白与天才少年阿宏联手菜鸟小伙伴组建超能战队,共同打击犯罪的故事。

2017 年,由华特·迪士尼电影工作室、皮克斯动画工作室联合出品的《寻梦环游记》(图 1-34)登上银幕,讲述了梦想成为音乐家的小男孩米格尔和魅力十足的落魄乐手海克特在五彩斑斓的神秘世界开启的一段奇妙非凡的冒险旅程。

除了以上几个阶段,美国动画史还包括其他一些重要的时期和流派,如水墨动画等。总的来说,美国动画史是一部不断探索和创新的历史,其中既有经典之作,也有新秀辈出。

## 2. 日本

20 世纪 50 年代,日本动画主要借鉴美国动画的样式。随着时间的推移,日本动画逐渐形成了自己的风格和特点,包括细腻的人物刻画、丰富的情感表达、独特的视觉效果和富有哲理的故事情节等。20 世纪 60 年代,日本动画开始探索自己的道路,出现了许多具有代表性的动画作品,如《铁臂阿童木》《森林大帝》等。这些作品不仅在日本本土受到了广泛的欢迎,在国际上也获得了很高的评价。

1965 年,漫画大师手冢治虫发表代表作《森林大帝》(图 1-35),讲述几代森林大帝生、死、悲、欢以及勇敢善良的小狮子雷欧历尽艰辛终成森林之王的故事。

1963 年,动画《铁臂阿童木》(图 1-36)问世。这是一部根据日本漫画改编的动画,由手冢治虫创作。

图 1-36 《铁臂阿童木》

讲述了一位聪明、勇敢、强大、善良的未来少年阿童木的故事。这部动画首次讨论了人类与机械生命体的关系，展示了他们之间的友谊和合作，以及机械生命体对人类社会的贡献和影响。

20世纪70年代，日本动画进入了一个新的发展阶段，出现了许多具有实验性和探索性的作品，如《宇宙战舰大和号》《鲁邦三世》等。这些作品不仅在技术上有所突破，也更加注重表现人物内心的情感。

1974年，科幻动画《宇宙战舰大和号》（图1-37）问世，由松本零士导演，讲述了宇宙中一艘巨大的战舰与各种外星种族的战争，以及战舰上的人物之间的友情和冲突。整个动画的画面风格非常独特，充满了未来感和科幻色彩。

1967年，《鲁邦三世》（图1-38）问世，该作品讲述了鲁邦三世、次元大介、石川五右卫门和峰不二子等角色使用各种高超的技艺和出乎意料的计谋夺取各种宝石的故事。该系列在日本动画史上影响深远，衍生出了漫画、小说、电影等多种形式的作品。

到了20世纪80年代，日本动画迎来了繁荣发展的时期，出现了许多具有代表性的动画公司如GAINAX、CLAMP和动画导演如宫崎骏等。这些公司和导演创作了许多具有深刻内涵和艺术价值的动画作品，如《新世纪福音战士》《龙猫》《攻壳机动队》等。

1995年，龙之子工作室、GAINAX两家日本动画公司共同制作了动画作品《新世纪福音战士》（图1-39），简称《EVA》。其中革命性的强烈意识流手法，大量宗教、哲学意象的运用，在日本社会掀起被称为"社会现象"程度的巨大回响与冲击，并成为日本动画史上的一座里程碑，被公认为日本历史上最伟大的动画之一。

1988年，日本吉卜力工作室推出一部动画《龙猫》（图1-40），由宫崎骏执导，讲述了小月和她的母亲在搬家后遇到了神秘的巨大生物龙猫，并与龙猫一起在森林中冒险的故事。

1995年问世的《攻壳机动队》（图1-41）是押井守在世界动画领域享有盛名的作品，也是日本动画中最前线的作品之一，描绘了虚构与现实的界限。在世界上极为著名的"日本动画风格"在这部作品里有着突出的表现。

如今，日本动画已经成为全球范围内的重要文化现象，不仅在商业上取得了巨大的成功，也在艺术和文化领域产生了广泛的影响。日本动画的发展历程是一个不断探索、创新的过程，它将继续为人们带来更多的惊喜和感动。

图1-37《宇宙战舰大和号》

图1-40《龙猫》

图1-38《鲁邦三世》

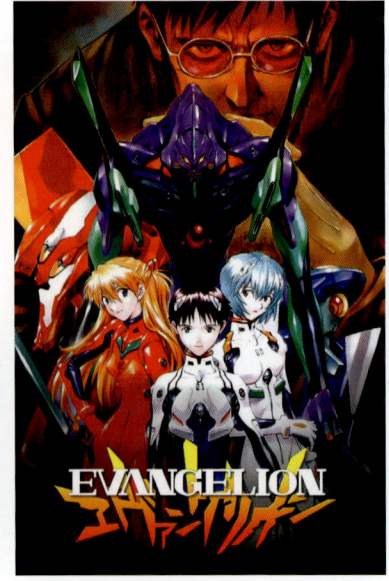

图1-39《新世纪福音战士》

图1-41《攻壳机动队》

## 3. 韩国

韩国动画的起源可以追溯到 20 世纪 60 年代，当时韩国动画主要以短片和宣传片的形式出现。随着时间的推移，韩国动画逐渐发展壮大，并在 20 世纪 90 年代开始崭露头角，开始出现了一些具有本土特色的作品，如《大长今》等。这些作品的出现，标志着韩国动画开始走向本土化和商业化的发展道路。

《大长今》（图 1-42）讲述了古代朝鲜女子长今从一个天资聪颖、充满梦想的少女，历经各种挫折和磨难，最终成为备受尊敬和敬仰的王妃的故事。在动画中，她不仅展现了自己的聪明才智和勇气，还表现出了坚韧不拔、善良正直和无私奉献的精神。

进入 21 世纪，韩国动画开始迅速发展，涌现出大量优秀的动画作品。例如《倒霉熊》（图 1-43），主角贝肯是一头全身雪白、胖乎乎的北极熊。它从北极来到城市，发生了很多令人啼笑皆非的故事，无论它多努力，最终都被命运戏耍，遭遇各种霉运。该片以幽默搞笑的风格受到广泛欢迎，在 50 多个国家和地区播出。

韩国动画已经形成了自己的风格和特色，涵盖了各种题材和类型，包括动漫、科幻、奇幻等等。韩国动画在国际上也获得了越来越多的关注和认可，成为亚洲地区具有代表性的动画产业之一。

图 1-42 《大长今》

图 1-43 《倒霉熊》

图 1-44 《丁丁历险记》

## 4. 其他国家

（1）法国动画。

20 世纪早期，法国已经出现一些动画短片。然而，法国动画真正开始繁荣是在 20 世纪 60 年代，当时法国动画开始在国际上崭露头角。在接下来的几十年里，法国动画经历了许多变化。一些著名的法国动画工作室和制片人，如法国动画联盟（UNEF）、法国电视集团和法国电影资料馆等，为法国动画的发展做出了重要贡献。此外，一些著名的法国动画导演和制片人也为法国动画的发展做出了贡献，如让－雅克·阿诺德、弗朗索瓦·特吕弗、皮埃尔·柯芬、让－弗朗索瓦·拉吉奥等。在 20 世纪 80 年代和 90 年代，法国动画开始出现一些重要的变化，其中之一是出现了许多女性动画创作者，她们为法国动画注入了新的活力和风格。此外，一些实验性和前卫的动画作品也开始出现，这些作品挑战了传统动画的定义和形式。在 21 世纪，法国动画继续保持了其创新性和实验性。一些新锐动画导演的作品在技术、叙事和视觉效果上都有所突破。此外，法国动画也开始与法国文化和艺术形式相结合，例如戏剧、音乐和文学等，形成了独特的法国动画风格。1971 年，埃乐热创作的《丁丁历险记》（图 1-44）漫改动画上映。

（2）英国动画。

20 世纪早期，英国当时主要流行传统的动画制作，如手绘动画、木偶动画等。随着技术的进步，英国动画逐渐发展出自己的特色，包括注重细节、故事性强、风格多样等。20世纪中期，英国动画开始出现一些经典的作品，如《彼得兔的故事》。这些作品不仅在当时广受欢迎，后来也成了英国动画的代表作品。20世纪60年代，英国动画开始出现了独立的动画制作公司，如Aardman Animations、Blinkbox等。这些公司推动了英国动画的发展，同时也培养了一批优秀的动画制作人才。彼得兔（图1-45）是英国著名的动画形象，作品的色彩和线条都魅力十足，非常接近孩子的绘画风格。角色的可爱代表了一种勇敢和正义。彼得兔家族中每一个成员都有自己的特点和性格，每个故事情节又都能吸引孩子的注意。这种由内而外的设定，成功获得了众多孩子的喜爱。

（3）加拿大动画。

20世纪50年代，加拿大的动画产业开始兴起。早期的加拿大动画作品以短片和广告片为主，风格偏向于传统的手绘风格。随着计算机技术的发展，加拿大动画逐渐走上了数字化和计算机动画的道路。1997年，《动物也疯狂》（图1-46）讲述了非洲中部野生动物自然保护区里的一群机灵、开朗的动物的故事，是一部以倡导保护环境、保护动物为主题的动画片。

（4）意大利动画。

20世纪50年代，意大利动画以短片为主，风格偏向于传统的手工绘制风格，并注重画面表现和配乐。随着电视的普及，意大利动画逐渐发展出自己的特色，分别形成了独立动画、实验动画、长篇动画等多元化的动画形式。

20世纪70年代，意大利动画进入快速发展的时期，出现了许多优秀的动画作品。进入21世纪，意大利动画继续保持了其独特的风格和品质。一些独立动画和短片开始在国际上获奖，证明了意大利动画的实力。同时，一些长篇动画也在剧情和人物塑造方面有所突破，赢得了观众的喜爱。1995年问世的《狮子王》（图1-47）是意大利Mondo TV出品的一部52集动画系列片。故事讲的是一个叫辛巴的小狮子在成长中历练，最终成为丛林之王的故事。该动画片从上映开始，一直受到各国小朋友的喜爱，是一部非常优秀的动画片。

（5）澳大利亚动画。

20世纪50年代，澳大利亚联邦科学与工业研究组织的一些科学家开始进行计算机图形学的研究。然而，直到70年代中期，随着电视节目的繁荣和迪士尼等公司的兴起，澳大利亚动画产业才开始真正发展起来。早期澳大利亚动画的一个主要特点是民族性，强调本土文化和传统。进入21世纪，澳大利亚动画产业发展壮大，出现了许多优秀的动画公司和作品。其中最著名的是布里斯班的独立动画工作室Cinema Maniacs，他们制作的短片以其独特的风格和幽默感而备受赞誉。2009年问世的《玛丽和马克思》（图1-48）是一部黏土动画，讲述笔友之间20多年的友情。这也是导演的半自传式影片。

图1-45 《彼得兔的故事》

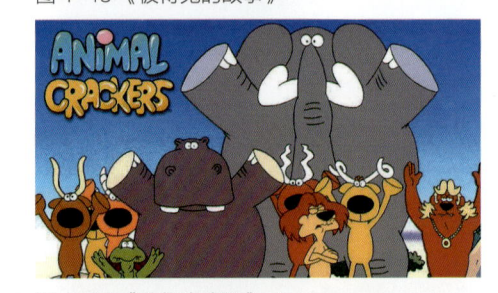

图1-46 《动物也疯狂》

图1-47 《狮子王》

## 二、中国动画发展历程

### 1. 起步阶段（1920年—1978年）

中国动画起源于20世纪20年代，从万氏兄弟开始，踏上了不同于西方的个性化道路。中国动画的创作以推出民族风格为前提，建立在悠久的传统文化背景之上，以振兴民族文化为己任，表现形式不拘一格。中国动画包括剪纸、水墨、木偶等多种表现形式，不仅具有鲜明的民族特色，还推动中国动画在技术上逐渐走向成熟。1922年，中国美术片的开拓者万氏兄弟受到中国走马灯、皮影戏和美国动画的启发，经过多年实验，摄制了中国第一部广告动画片《舒振东华文打字机》，中国动画发展进入探索时期。1927年，中国第一部独创动画片《大闹画室》上映。1935年，万氏兄弟根据《伊索寓言》中的故事所绘制的《骆驼献舞》是中国第一部有声动画。1941年，标志着中国动画水平接近世界领先水平的第一部长篇动画《铁扇公主》（图1-49）问世，成为世界电影史上第四部大型动画，为中国动画的发展揭开序幕。

1950年2月，万氏兄弟美术片组南迁上海，几年间逐渐吸收了一大批国内优秀艺术家和美术工作者，于1957年正式成立上海美术电影制片厂，成为中国历史最长、片库量最大、拥有知识产权最多的国有动画企业，中国动画发展进入繁荣时期。1952年出品的《小猫钓鱼》（图1-50）是最早的一部具有全国影响的动画作品。

1953年，中国第一部彩色木偶动画片《小小英雄》（图1-51）上映。影片是根据童话小说《红樱桃》改编而来，描述的是小动物们团结一心，勇斗饿狼的故事。影片中的木偶采用木料、石膏、橡胶、塑料、海绵、钢铁和银丝关节器制成，以脚钉定位。拍摄时将一个动作依次分解成若干环节，用逐帧拍摄的方法拍摄下来，通过连续放映而还原为活动的形象。

1956年，木偶片《神笔》上映（图1-52），故事围绕着马良和神笔的不平凡命运而展开。导演们运用浪漫主义手法塑造了天真可爱的马良这个艺术形象。这部动画是"中国学派"开山之作之一，在国际上屡获大奖。

1956年，动画《骄傲的将军》（图1-53）问世。该片为了"探民族形式之路，敲喜剧风格之门"，借鉴京剧脸谱艺术，讲述了一位得胜归来的将军骄傲自满，荒废武艺兵法，最后被敌人活捉的故事。它开创了中国民族风格动画的先河，成为动画"中国学派"的开山之作之一。

1958年，第一部彩色剪纸动画《猪八戒吃西瓜》（图1-54）上映。该片讲述了六月酷暑中，取经的唐僧师徒四人走进一座荒庙，孙悟空外出找食物时与八戒结伴，半途八戒偷懒，孙悟空独自找到水果时，八戒得到西瓜并独自吃光，被孙悟空发现并决定戏耍他的故事。

1960年，中国动画吸取了传统的水墨画元素，创造了水墨动画的新片种，推出令全世界惊叹的水墨动画《小蝌蚪找妈妈》（图1-55）。该片讲

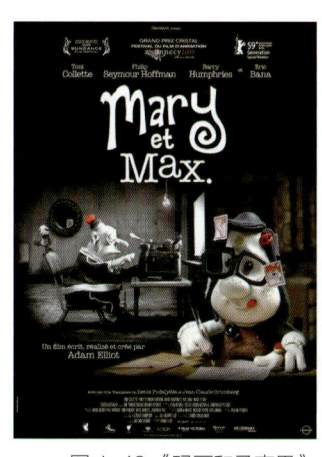

图1-48《玛丽和马克思》　　图1-49《铁扇公主》　　图1-50《小猫钓鱼》

述了青蛙妈妈产下卵后离开,卵慢慢长出尾巴变成一群小蝌蚪,在虾公公描述了它们母亲的特征后,决定去寻找妈妈的故事。《牧笛》(图1-56)以牧童寻牛的故事为明线,以笛声为暗线,讲述了一个小牧童在放牛时睡着了,梦到自己的牛离开了,寻牛过程中,他吹起自己用竹子做的笛子,牛听到笛声回到他身边,梦醒后他用笛声引着牛回家的故事。

1961—1964年制作的彩色动画长片《大闹天宫》(图1-57),分为上、下两部,以先进的制作技术手段和优秀的中国传统艺术风格享誉世界,可说是当时中国动画的巅峰之作。

1966—1976年,中国动画出现断层期。直到1979年动画《阿凡提的故事》(图1-58)问世,中国动画开始复苏。

图1-51 《小小英雄》

图1-52 《神笔》

图1-53 《骄傲的将军》

图1-54 《猪八戒吃西瓜》

图1-55 《小蝌蚪找妈妈》

图1-56 《牧笛》

图1-57 《大闹天宫》

图1-58 《阿凡提的故事》

## 2. 改革探索阶段（1979年—1990年）

这一时期，中国动画开始探索市场化道路，出现了《黑猫警长》《舒克和贝塔》等作品。

1984年，上海美术电影制片厂出品的《黑猫警长》（图1-59），讲述了机智、勇敢、帅气的黑猫警长率领警士痛歼搬仓鼠、破螳螂案、消灭一只耳等一个又一个保护森林安全，让森林中的各种动物得以过上安枕无忧的日子的故事。

1989年，上海美术电影制片厂出品的《舒克和贝塔》（图1-60），获得第四届中国儿童电影"童牛奖"优秀美术片奖，讲述了背负"小偷"骂名的老鼠舒克和贝塔，分别开着飞机和坦克帮助他人，战胜海盗，最后保卫了人类和平的故事。

## 3. 产业形成阶段（1991年—2000年）

随着中国经济的崛起，动画产业也开始发展壮大，出现了《天子传奇》《宝莲灯》等作品。

香港动画之父黄玉郎是香港第一代漫画霸主，其代表作是《天子传奇》（图1-61）。他自漫画起家，逐渐渗透到电影领域，最后进入了数字化的动画世界。

1999年，由上海美术电影制片厂出品的《宝莲灯》（图1-62）上映，讲述了三圣母之子刘沉香经历种种磨难后学得一身本领，在舅舅和师父等仙家的帮助下，劈开华山救出母亲的故事。该片是第一部全国同步公映的国产动画。

## 4. 产业成熟阶段（2001年—2010年）

这一时期中国动画开始走向成熟，出现了《喜羊羊与灰太狼》《熊出没》等观众耳熟能详的作品。《魔比斯环》（图1-63）是中国第一部全三维动画，2005年由环球数码制作并发行，2006年8月4日在全国上映。

2005年，广东咏声文化传播有限公司倾力打造的国内首部全3D卡通系列片《猪猪侠》（图1-64），主要讲述了主人公猪猪侠与伙伴们一起保护童话世界的故事。

2006年，湖南宏梦卡通传播有限公司推出一

图1-59 《黑猫警长》　　图1-60 《舒克和贝塔》　　图1-61 《天子传奇》

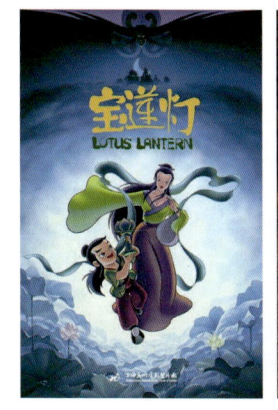

图1-62 《宝莲灯》　　图1-63 《魔比斯环》　　图1-64 《猪猪侠》

部长篇武侠动画连续剧《虹猫蓝兔七侠传》（图1-65），是中国首部武侠动画电视连续剧，主要讲述了以虹猫蓝兔等为主的七位侠士与魔教教主斗争的侠义故事。

2007年，杭州玄机科技信息技术有限公司制作的3D武侠动画系列《秦时明月》（图1-66），作为中国第一部大型武侠CG/3D动漫连续剧，被翻译成7种语言，在全球37个国家和地区发行。

### 5. 新世纪阶段（2011年至今）

中国动画呈现出强劲的产业发展力和鲜明的艺术原创力，以神话传说、民间故事、古代传奇等为创作源泉，走出了一条植根于中华文化和民族艺术的创作道路，涌现出《西游记之大圣归来》《大鱼海棠》《哪吒之魔童降世》等一批制作精良、视效唯美的动画精品。

2012年，北京青青树动漫科技有限公司出品的系列动画《魁拔》（图1-67），主要讲述的是有关卡拉肖克潘家族的故事，成为国产动画的一大热门。

2013年，上海河马动画设计股份有限公司制作的《绿林大冒险》（图1-68），是河马动画首部奇幻动画。该动画讲述了主人公小雨离家出走后，无意之中闯入了神秘的"绿林星球"，发生的一系列奇幻故事。

2015年，由横店影视、天空之城等公司联合制作的《西游记之大圣归来》（图1-69），凭借良好市场反应和口碑影响，斩获9.56亿票房，成为国产动画的一匹黑马。它是带动整个动画产业进入新阶段的起点。影片讲述了已于五行山下寂寞沉潜五百年的孙悟空被儿时的唐僧——俗名江流儿的小和尚误打误撞地解除封印后，在相互陪伴的冒险之旅中找回初心，完成自我救赎的故事。

2016年，彼岸天文化、北京光线影业、霍尔果斯彩条屋影业联合出品《大鱼海棠》（图1-70），其创意来源于庄子的"北冥有鱼，其名为鲲。鲲

图1-65 《虹猫蓝兔七侠传》

图1-66 《秦时明月》

图1-67 《魁拔》

图1-68 《绿林大冒险》

图1-69 《西游记之大圣归来》

之大，不知其几千里也"，讲述了一个属于中国人的奇幻故事，角色设计和画面均展示出浓厚的国风美感，代表着国产二维动画制作水平的全新高度。

2019年，霍尔果斯彩条屋影业、成都可可豆动画影视、北京燕城十月文化传播有限公司联合制作了《哪吒之魔童降世》（图1-71）。截至2022年，该片位列中国动画电影票房排名第一名，对于中国动画发展具有里程碑式的意义。该片改编自中国神话故事，讲述了哪吒虽"生而为魔"却"逆天而行斗到底"的故事。

2023年，由追光动画制作的《长安三万里》问世（图1-72）。这部长达168分钟的动画以一种不疾不徐的叙事方式讲述了1300年前几个诗人的故事，主题深度、情感浓度和文化厚度上做得用心用情，是2023年国内暑期档口碑最佳作品。

图1-70《大鱼海棠》

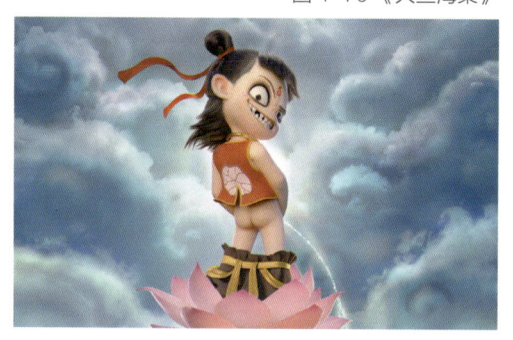

图1-71《哪吒之魔童降世》

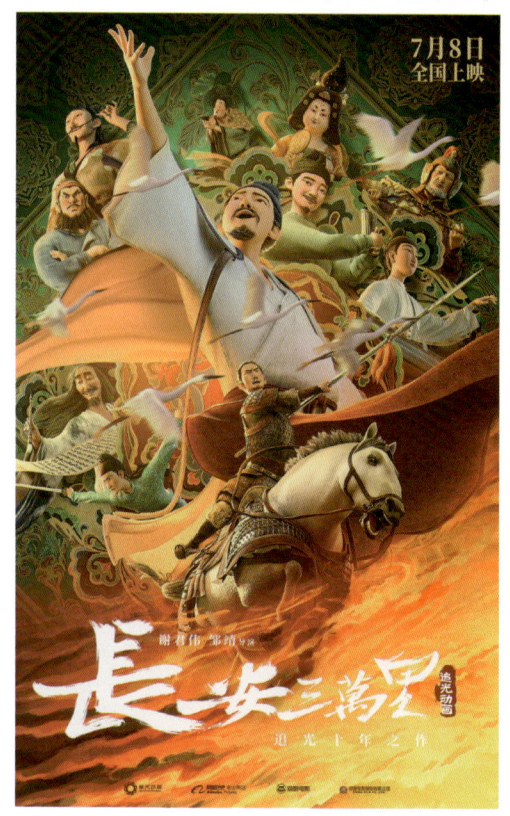

图1-72《长安三万里》

## 第三节 三维动画制作流程

三维动画是随着计算机软件技术的发展而产生的新兴技术，在画面表现上不受物理环境的限制，表现形式多元，应用领域广泛。设计师在三维动画软件中建立一个虚拟的世界，按照表现对象的形状尺寸建立模型和场景，再根据要求设定模型的运动轨迹、虚拟摄影机的运动和其他动画参数，并为模型赋予特定的材质，最后用灯光辅助表现，以实现预期的动画效果。三维动画与平面相比多了空间、时间上的概念，它需要一些平面的法则，更多是按摄影艺术的规律来进行创作。三维动画制作由三部分组成：前期创意，中期制作，后期合成。（图1-73）

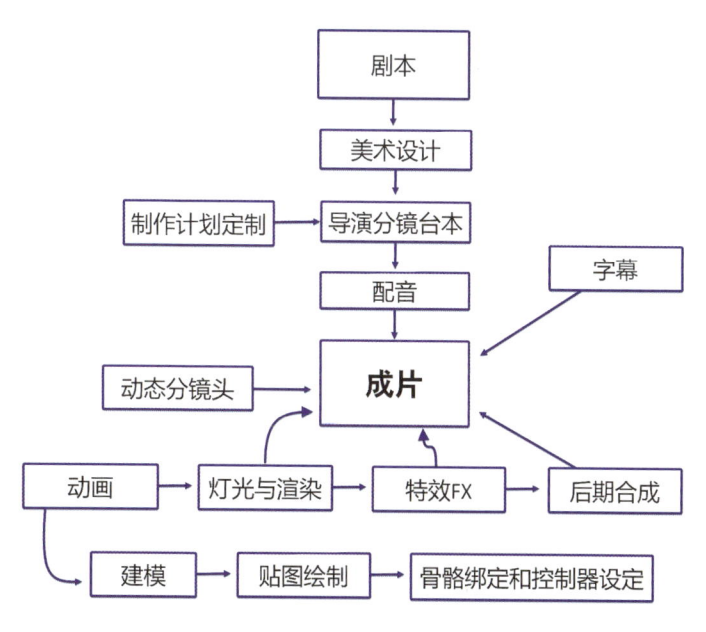

图1-73 动画片制作流程图

## 一、前期创意

### 1. 动画剧本

剧本是一种特定的文学形式,是影视戏剧类艺术创作的文本基础,主要由台词和舞台指示组成。台词包括对白、独白、旁白等,舞台指示则是以剧作者的口气来写的叙述性的文字说明,包括对剧情发生的时间、地点的交代,对剧中人物的形象特征、形体动作及内心活动的描述,对场景气氛的说明,以及对布景灯光、音响效果等方面的要求。

动画剧本决定着故事结构、登场角色、环境背景、情节发展等,使用描述性文字逐场次、逐镜头进行编写,为角色、场景、道具设计和动画分镜设计打好基础。动画剧本分为两种类型,分别为原创剧本和改编剧本。原创剧本是根据公司策划团队或个人创意构思编写出来的,如三维动画《海上丝路南珠宝宝》剧本(图1-74)。

改编剧本是在已有的文学、戏剧、音乐、诗歌等基础上,进行动画剧本的编写,使之符合动画作品的拍摄要求。剧本需要交代故事场次、时间、地点、人物等信息。(图1-75)

### 2. 美术设计

剧本确定后,就进入美术设计环节。首先确定动画的美术风格,因为美术风格对于动画来说非常重要。人们会被动画的美术设计所吸引,美术设计水平决定了动画的质量,也决定了动画的市场影响力。创作团队需要从剧本内涵、故事情节、角色艺术性、角色亲和度、三维动画表现特点、地方文化元素、周边产品开发等角度对美术风格进行考量,做出选择。(图1-76)

经过反复打磨,创作团队通过最终综合考量,选择了适合动画的美术风格后,团队根据动画剧本中的内容和导演的要求来绘制角色形象、场景和道具等。

(1)角色设计。

导演确认美术风格,设计师发挥创作能力进行内容设计,比如:眉毛、眼睛的形状、大小,

图1-74 《海上丝路南珠宝宝》编剧团队

图1-75 《海上丝路南珠宝宝》剧本

图1-76 《海上丝路南珠宝宝》美术风格

衣服的纹样，腰带的颜色等，按照要求反复论证和修改，最终设计出理想的效果。图1-77至图1-80为南珠宝宝角色设计图。

角色定型后，为了便于中期动画制作，还需设计多角度转面图、比例图、表情图和角色效果图等参考图。

①角色效果图（图1-81）：效果图应该准确地传达角色设计的整体风格，包括角色的体型、面部特征、毛发、皮肤等细节。色彩搭配要符合角色设定，并且与动画的整体色调相协调。应该展示出角色的各种细节，如服装、配饰、道具等，让观众能够感受到角色的个性特点，符合观众的审美观，同时也要符合动画的整体风格和氛围。

②转面图（图1-82）：转面图要准确地表达角色的各个角度，包括正面的平视、侧面的平视、侧面的正视、背部的正视等。需要准确表现角色的发型、脸型、服饰等细节。

③比例图（图1-83）：角色比例要合理，将角色的身高、体型等调整协调，符合角色的性格和身份，同时也要符合剧情和场景的需要。

④表情图（图1-84）：角色的表情应该生动自然，符合角色的性格特点和情感表达。不同的角色应该有不同的表情特点，在绘制表情图时，应该注重细节的刻画，如眼神、嘴角、眉毛等部位的细节表现，使表情更加生动传神。

⑤产品图（图1-85）：产品图设计要易于制作，避免过于复杂以及难以实现的设计，这可以提高制作效率和质量，并降低制作成本。在产品设计过程中，需要考虑到观众的审美需求和技术可行性，不断调整和优化设计方案，同时要保证整体风格的一致性，设计的视觉效果具有创新性，能够吸引观众的注意力并激发他们的兴趣。同时，产品效果也应该符合品牌形象和市场需求。

（2）场景设计。

动画场景设计的内容非常丰富，包括场景布局、色彩搭配、光线运用、环境氛围，等等。场

图1-77《海上丝路南珠宝宝》身体比例设计

图1-78《海上丝路南珠宝宝》服装细节设计

图1-79《海上丝路南珠宝宝》发饰设计

图1-80《海上丝路南珠宝宝》眉毛眼睛设计

图1-81《海上丝路南珠宝宝》角色效果图

图1-82《海上丝路南珠宝宝》转面图

图1-83《海上丝路南珠宝宝》角色比例图

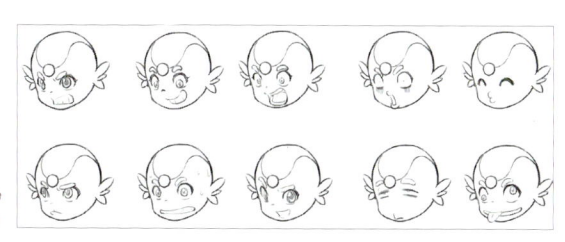

图1-84《海上丝路南珠宝宝》表情图

景布局需要考虑到剧情发展、角色动作等多个因素，色彩搭配需要与角色和剧情相匹配，光线运用则需要根据场景的不同需求进行调整。此外，还需要注重环境氛围的营造，让观众能够感受到动画世界的魅力。（图1-86）

动画场景通常是为动画角色的表演提供服务的，要结合总体美术风格进行设计，要符合历史背景、文化风貌、地理环境和时代特征。要明确地表达故事发生的时间、地点。在一些特殊情况下，场景也能成为演绎故事情节的主要角色。（图1-87）

三维动画场景设计主要涉及动画场景的概念设计，包含场景的结构、渲染画面的色彩、场景各种光线条件下的效果（昼夜、季节、天气等）、场景贴图纹理变化等。（图1-88、图1-89）

在设计过程中，先从二维场景设计开始，通过后再运用三维软件搭建模型、赋予材质灯光等。前期创意的场景设计阶段，要设计场景概念图，包括绘制场景线稿图（图1-90）、材质贴图（图1-91）、渲染效果图（图1-92）。

前期设计在绘制过程中须进行反复修改，听取导演意见以满足客户的需求。该流程通常由编剧、导演和原画师三者共同完成。

场景的设计要依据故事情节的发展分设若干个不同的镜头场景，如室内景、室外景、街市、乡村等。场景设计师要在符合动画总体风格的前提下，针对每一个镜头的特定内容进行设计与制作。

①室外场景设计。

动画是一种想象力与再现现实相结合的艺术

图1-85《海上丝路南珠宝宝》产品图

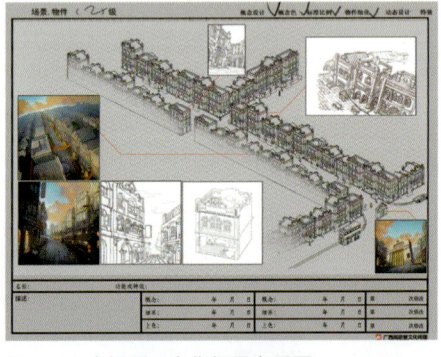

图1-86 主场景：老街场景布局图

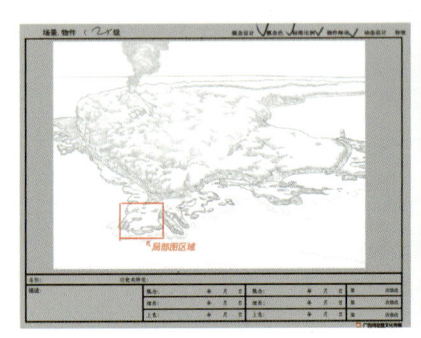

图1-87 主场景：海岛场景

图1-88 圣泉庙（白天景）

图1-89 圣泉庙（夜景）

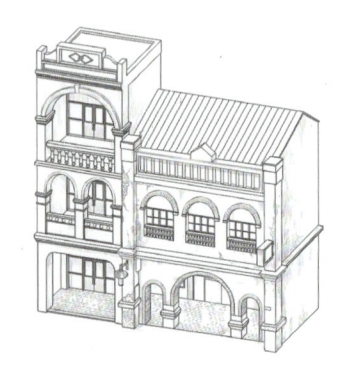

图1-90 北海老街场景线稿图

图1-91 北海老街独栋建筑效果图

载体，设计时要依据现实，从中提炼场景元素，所以在设计之前，要找大量的相关参考材料，力求所设计的场景符合故事的发展需求。如灯塔外景设计。（图1-93）

设计师根据故事情节构思整体场景，画出布局和结构线稿，然后根据剧本选择合适的表现角度绘制有光色、材质的效果表现图。在制作流程中，前者是搭建场景模型的依据，后者是制作材质贴图和后期灯光渲染的依据。如动画项目场景图、海底沉船图。（图1-94、图1-95）

②室内场景设计。

进行室内场景设计时，遵循的设计原则同室外场景一样。相比之下，室内场景设计对结构、布局和透视的要求更高。如灯塔室内设计图（图1-96）

图1-92 北海老街效果图

图1-93 灯塔外景效果图

图1-94 海底沉船线稿图

图1-95 海底沉船光影效果图

图1-96 灯塔室内设计图

图 1-97 鹿野苑考古博物馆（白天景） 　　　图 1-98 鹿野苑考古博物馆（夜景）

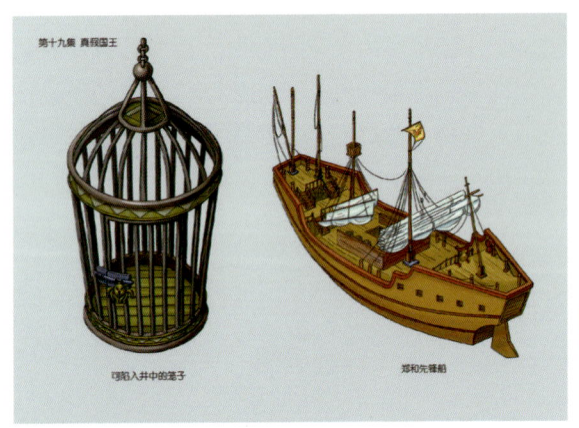

图 1-99 吊笼和先锋船 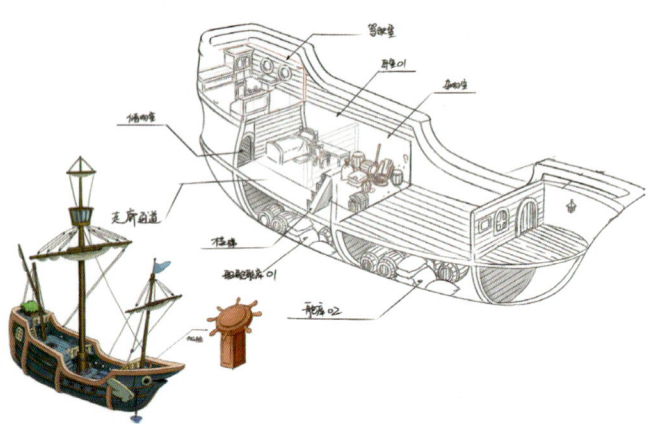　　　图 1-100 南珠宝船

　　设计室内场景时，常用透视图表现手法。它能很好地兼顾场景的结构布局表现，也能表现材质、灯光效果，给中后期制作带来方便。（图 1-97、图 1-98）

　　③道具设计。

　　道具设计一般依托于场景设计，是场景设计中的一环，在设计时遵循的原则同场景设计一样，要让模型师能清楚、明确地了解所设计道具的结构细节，方便模型师根据设计图纸做出相应的三维模型。对道具的材质也要做出明确的效果指示，方便后期材质贴图。（图 1-99、图 1-100）

图 1-101 钓鱼工具

　　要根据剧本中的道具需求，严格按照美术设定制作标准模型。另外，部分项目需画出草图，然后附上实物照片参考，让模型师理解道具的形状、材质即可，因为这些没有特殊要求的生活常用物品，有经验的模型师凭常识就能将其制作出来。（图 1-101）

　　一些在现实中找不到类似参考外形，有特殊形状、风格的道具、物品，原画师就需认真、仔细地将道具绘制出来，做好标注，必要时从多个角度进行绘制，让模型师在制作模型时能准确地把握物品的结构关系。（图 1-102）

图 1-102 放大缩小枪

### 3. 动画分镜设计

动画分镜设计是将文字性的动画剧本转化为以画面为主、辅以文字注释的一种画面叙事方式。分镜脚本除了要交代动画剧本包含的所有场次、时间、地点、人物、剧情、台词等信息以外，还需要交代每个镜头的镜头号、镜头长度、镜头景别、拍摄角度、镜头运动（运镜）、镜头衔接、角色表演提示、配音配乐等视听语言信息。动画分镜模板在设计时已经留好了相应的标注项和标注位置。（图1-103）

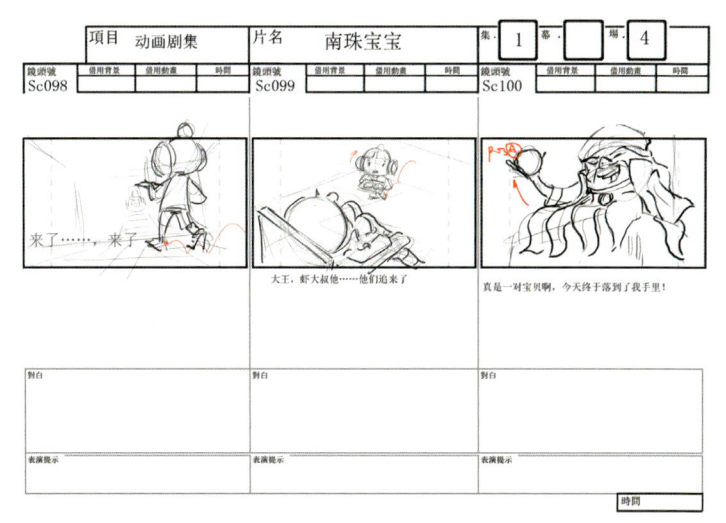

图 1-103 分镜绘制

图 1-104 动画分镜脚本

图 1-105 动画制作过程

图 1-106 动态分镜制作

导演通过动画分镜脚本这样的方式控制每一个镜头乃至整部动画的内容，以把握动画的节奏和风格。分镜画面不需要画得很精细，能够让后续的制作人员理解表现的内容即可。中后期的每一道制作工序都将以此为蓝图来"建设"和"施工"。分镜脚本确定了镜头拍摄角度、镜头景别、角色动作指示等相关信息，中期环节的"设计镜头"和"调节动作"都要依据分镜脚本来进行制作。（图1-104、图1-105）

早期动画因为技术限制，只有静态分镜脚本。静态分镜是以画面为主、辅以文字和符号进行注释的一种画面叙事方式。静态分镜相对不太直观，画面里充满了专业符号，正确解读静态分镜脚本需要接受一定的专业训练。

### 4. Layout

Layout有布局、设计图之意，在动画的特定语境下，可以理解为动态分镜，顾名思义就是动起来的分镜稿。随着技术进步，动态分镜脚本开始广泛使用，操作更方便，解读门槛更低，不需要经过专业训练也能明白导演意图。

动态分镜是动画由静到动的关键一步，它把静态分镜图串联成序列，并渲染成视频，为后期的动画制作奠定时间点和画面节奏。（图1-106）

通过动态分镜，制作者可以很准确地把握镜头的时间与节奏，为每一帧的细化和调整找到参考。导演还可以从中推测大致的工作量，确认需要多少预算，多少人手，工作量大小以及成片的时长等。在静态分镜的基础上，动态分镜可以快速生产和迭代，能在短时间内调整节奏等，供创作团队反复修改打磨。

导演可以高效地修改镜头方案，既不用等成品动画渲染出来，也不必担心花了大价钱的画面最后用不上造成浪费。

团队成员也可以集思广益并达成共识，谋定而后动，把各种变数都解决在前期制作里。导演敲定的动态分镜，将成为整个制作流程中的纲领性文件。各个环节，不同部门的工作人员，都必须以它为准，听它指挥。动画制作人多手杂，动态分镜是保证团队效率、节约工作时间的必要步骤。（图1-107）

## 二、中期动画制作

### 1. 模型制作

模型师的主要工作内容是按照前期的美术设计稿进行三维模型的制作。制作种类分为角色模型、场景模型、道具模型。总之，模型师的工作是构建、制作三维动画中的所有元素。

（1）角色模型。

模型部门依据角色设计图的内容，使用以Maya为主的三维软件完成模型制作。在执行过程中，建模师要完全按照图纸的角色比例、布线等标准进行制作。角色模型制作的要求更为严谨，一般会由经验丰富的模型师来负责审核，为后续的绑定和制作动画环节做好服务。模型制作是三维制作的第一个环节，模型的结构要准确，布线要合理。（图1-108）

（2）场景模型。

动画中的场景模型是作品的重要组成部分。场景模型可以提升动画的美感，能够使动画的渲染效果更加饱满。模型师要根据二维场景设计稿来制作三维场景模型。常见的制作方法是先制作一个整体的构架，再进行每个局部的制作，最后处理模型细节。（图1-109）

（3）道具模型。

动画创作中，道具模型也是其中的重要一环，是应用最广泛的类型。大家经常可以在动画中看到融入真实拍摄中的道具。道具可以交代人物身份、刻画人物性格、渲染情境、辅助表演、推动情节发展，其重要性并不亚于动画角色的表演。因此，应重视动画中道具模型的制作，把握好道具在动画中的作用。（图1-110）

图1-107 动态分镜设计

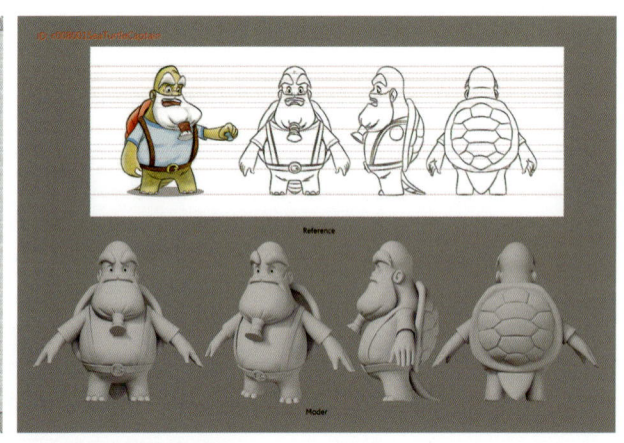

图1-108 角色模型制作

图1-109 场景模型制作

图1-110 道具模型制作

## 2. 材质贴图制作

材质是物体材料和质感的结合。材质贴图能赋予模型相应的颜色、纹理和质感，使模型在视觉上更加接近真实。建模师制作完三维模型后，要根据图纸给模型制作材质，将模型的UV展开，通过模型的UV来找准所制作材质的位置，以实现二维绘制的同步。确定所要表现的色调后，再用软件中的材质来加强模型的质感和纹理贴图，如色彩、纹理、光滑度、折射率、透明度等特性。（图1-111）

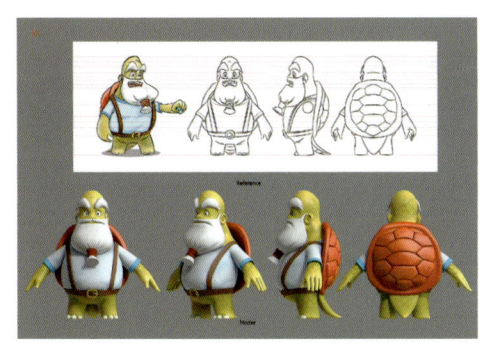

图 1-111 材质贴图制作

## 3. 骨骼绑定

骨骼绑定是在模型的基础上，通过软件中的虚拟控制器绑定角色运动关节，实现角色不同动作的变化，让角色在动画师的手中动起来。主要的工作内容是设定角色、道具、场景的内部结构，通过添加骨骼、变形器的运作完成模型的绑定。（图1-112）

图 1-112 骨骼绑定

## 4. 3D Layout

2D Layout 由导演审核并通过之后，提交给中期动画师进行 3D Layout 制作。动画师用三维软件进行简单的动作制作，以三维的形式来展示分镜故事版，更直观地看到镜头中的角色位置、空间关系，初步预演整部动画的节奏，为后续环节提供完整的制作信息，优化制作效果。（图1-113）

图 1-113 3D Layout

## 5. 动画制作

动画制作环节是实现动态效果的重要步骤。动态画面是最有表现力的部分，表现力的真实性和动作的流畅性会直接影响作品的质量。动画师根据剧情的表演要求，调度不同的角色来完成表演，推动剧情发展。优秀的动画师要透彻地研究动画运动规律，并且要具备很强的观察和模仿能力。（图1-114）

图 1-114 动画制作

# 三、后期合成

## 1. 灯光渲染

场景中的灯光是必不可少的要素之一，可以把控画面色彩，奠定作品基调，向观众传达更多的信息。三维动画制作完成后，要为动画镜头打上灯光。灯光是烘托和渲染气氛的有力手段，会根据情节而变化。制作人员根据后期合成的要求进行分层渲染，生成带有通道的序列帧图片，以便后期制作进行合成修改。（图1-115）

图 1-115 灯光渲染效果

图 1-116 后期合成

图 1-117 动画片配音

### 2. 后期合成

后期合成师将渲染好的系列图片用后期软件合成在一起，根据导演的要求将每一个镜头做校色、模糊等处理，调整特效镜头，完成最后的整合和修饰，使动画节奏流畅，展示出作品的视觉效果。（图 1-116）

### 3. 配音、配乐及音效

优质的配音、配乐让动画作品更有视听效果，实现角色对话，烘托情绪氛围。在配音、配乐、音效制作过程中，要根据配音导演的要求完成画面音乐效果。（图 1-117）

### 4. 宣传发行

动画宣传发行需要充分考虑目标受众、传播渠道、宣传材料和预算等因素，以最大限度地吸引观众，提升动画的市场表现。

（1）确定宣传重点。根据动画的主题和目标受众，确定宣传的重点，如角色、故事情节、视觉效果等。

（2）制订宣传计划。根据宣传重点，制订详细的宣传计划，包括宣传时间、地点、渠道、预算等。

（3）制作宣传材料，包括海报、预告片、宣传片等，这些材料应该尽可能地吸引观众的注意力，展现动画的亮点。

（4）建立合作伙伴关系。与其他媒体或公司建立合作关系，扩大动画的传播范围。

（5）社交媒体推广。利用社交媒体平台进行动画的推广，包括发布预告片、宣传片等活动。

（6）线下活动推广。组织线下活动，如展览、见面会等，吸引观众的参与，增加动画的曝光度。

（7）监测评估效果。监测宣传效果，评估宣传活动的效果，并根据反馈进行调整和改进。

## 课后总结

本章内容是学好动画的关键，开篇全面地梳理了动画传播与艺术创作的介质关系，详尽地回顾了世界范围内动画创作的发展历程，以及规范的三维动画制作流程。温故而知新，通过本章学习，学生能够很好地了解和掌握动画相关的理论知识，提高对艺术创作的认识，并在学习中不断思考当下艺术创作与实践的新路径，为即将开始的三维动画艺术创作打下良好的基础。

## 思考与练习

一、思考题

1. 动画的艺术表现风格有哪些？
2. 简述中国动画的表现形式。
3. 三维动画创作流程次序可以调换吗？为什么？

二、练习题

1. 任意选择国内外优秀动画作品，分析其艺术特征。
2. 选取《中国奇谭》动画系列中的一集，分析动画创作流程，尤其是三维动画的制作部分。

# CHAPTER 2

一

第二章

# 三维动画基础

**课程提要**

　　本章是三维动画软件学习的基础部分。三维动画艺术创作离不开基础设计手段的支撑，要让学生认识界面模块功能，掌握三维关键帧动画，动画曲线图编辑器的应用，摄影机的制作与调度方法及镜头运用等内容。结合新技术的应用，熟练地掌握基础制作方法与创作技巧，才能完美地制作出创作者想要的动画效果。为此，认真学好三维动画基础软件十分必要。

# 第一节 Maya 界面介绍

Maya 软件是 Autodesk 旗下的著名三维建模和动画软件。Autodesk Maya 可以大大提高电影、电视、游戏等领域的开发、设计、创作的工作效率。由于 Maya 软件功能更为强大，体系更为完善，因此，国内很多动画师都偏向于使用 Maya，大多数公司也都开始用 Maya 作为其主要的创作工具。Maya 软件主要用于动画、电影、电视栏目包装、电视广告、游戏动画制作等。本节主要依据 Maya2022 软件界面来讲解。（图 2-1）

### 本节重难点

重点：掌握 Maya 软件各个模块的功能。

难点：学习 Maya 软件在影视动画领域中的应用。

### 一、Maya 界面

启动软件后，打开 Maya 进入工作主界面。该界面由菜单栏、工具栏、状态栏、通道栏、播放控制区域、视图区等组成。（图 2-2）

### 二、标题栏

标题栏位于 Maya 软件界面的最上端，包含当前使用文件存放的路径，文件的命名等信息。（图 2-3）

### 三、菜单集

菜单集位于 Maya 的状态栏左侧下拉列表，用于切换 Maya 的各个模块，包含建模、绑定、动画、FX、渲染和自定义等选项。Maya 主菜单中的前七个菜单始终可用，其余菜单根据所选的菜单集而变化。（图 2-4）

若要在菜单集之间切换，可以使用状态栏中的下拉菜单，或者使用热键 F2- 建模、F3- 绑定、F4- 动画、F5-FX、F6- 渲染。

### 四、菜单栏

菜单栏包含在 Maya 场景中工作所使用的工具。主菜单栏位于 Maya 窗口的顶部，是用于展示面板和选项窗口的单独菜单，包括文件、编辑、创建、选择、修改、显示、窗口、缓存、阿诺德

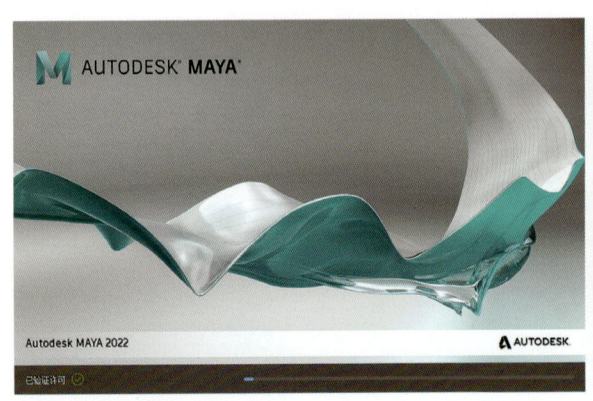

图 2-1 Maya 软件启动界面

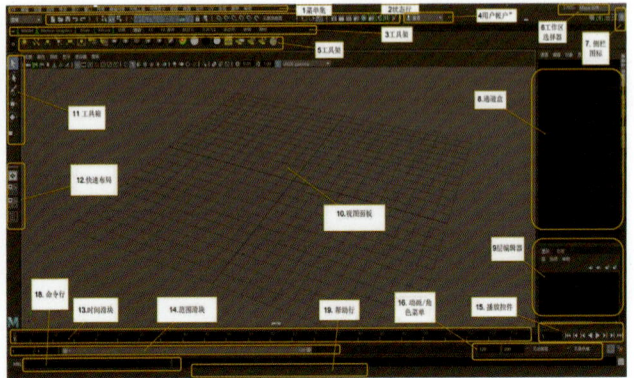

图 2-2 Maya 界面

图 2-3 标题栏

图 2-4 菜单集

渲染和帮助等，在视图面板中按住空格键即可打开热盒。（图2-5）

### 1. 文件（File）

此菜单用于文件管理。菜单命令包括新建场景、打开场景、保存场景、场景另存为、导入、导出全部、查看图像、项目窗口和设置项目等。（图2-6）

### 2. 编辑（Edit）

在制作过程中，常用的菜单有撤销、重做、最近命令列表、剪切、复制、粘贴、关键帧、删除、特殊复制、分组、建立父子关系等。（图2-7）

### 3. 创建（Create）

用于创建几何体、摄影机、灯光、文本等物体，常见的子菜单命令包含NURBS基本体、多边形基本体、体积基本体、灯光、摄影机、曲线工具、定位器等。（图2-8）

### 4. 选择（Select）

用于选择对象，常用的子菜单命令包括层级、反向选择、收缩、类似、所有CV、CV选择边界和曲线边界等。（图2-9）

### 5. 修改（Modify）

用于修改对象，常用的子菜单命令包括变换工具、重置变换、捕捉对齐对象、对齐工具、添加属性、编辑属性、删除属性、激活属性和绘制属性工具等。（图2-10）

### 6. 显示（Display）

用于显示相关的命令，常用的子菜单命令包括栅格、显示、隐藏、对象显示、变换显示、多边形、NURBS、动画和渲染等。（图2-11）

图2-5 菜单栏

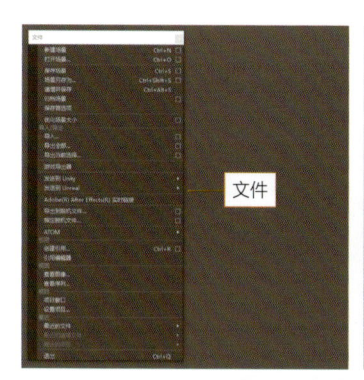

图2-6 文件 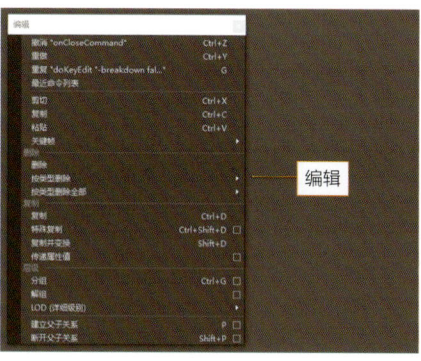　　图2-7 编辑 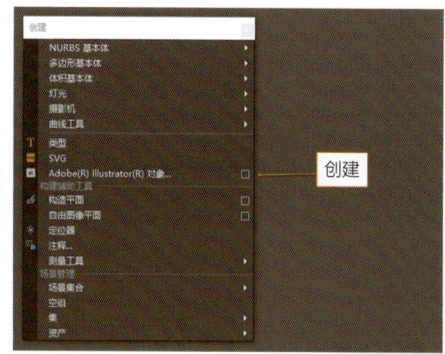　　图2-8 创建

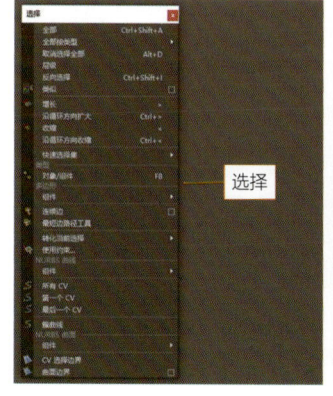

图2-9 选择 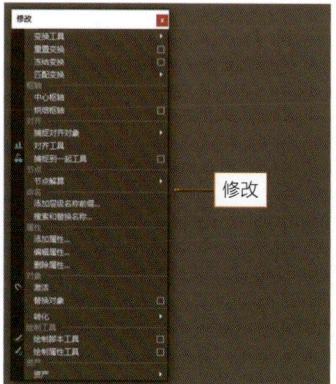　　图2-10 修改 　　图2-11 显示

## 7. 窗口（Windows）

用于打开窗口和编辑器，常用的子菜单命令包括常规编辑器、建模编辑器、动画编辑器、渲染编辑器、关系编辑器、UI 元素、大纲视图、节点编辑器、播放预览和最小化应用程序等。（图 2-12）

## 8. 缓存（Cache）

用于编辑缓存，常用的子菜单命令包括 Alembic 缓存、BIF 缓存、几何缓存和 GPU 缓存等。（图 2-13）

## 9. 阿诺德（Arnold）

用于编辑 Arnold 渲染器，常用的子菜单命令包括 Render、Lights、Volume 等。（图 2-14）

## 10. 帮助（Help）

用于查找 Maya 提供的帮助信息，常用的子菜单命令包括 Maya 查找菜单、教程、新特性、学习途径等。（图 2-15）

软件中的菜单栏可以显示为单独的窗口。在制作中如果要重复使用一个菜单，该功能将非常有用。向下拉动菜单，然后单击菜单顶部的拖曳线。拖曳菜单将始终置顶显示。（图 2-16）

## 五、状态栏

状态栏包括许多常用的命令对应的图标，以及用于选择、捕捉、渲染等的图标，还提供了快速选择字段，可针对输入的数值进行设置。单击垂直分隔线可展开或收拢图标组。（图 2-17）

### 1. 文件区

包含新建场景、打开场景、保存场景、撤销和重做 5 个快捷按钮。（图 2-18）默认情况下，状态栏的各部分处于收拢状态。单击"显示/隐藏"按钮可以展开隐藏部分。

### 2. 设置选择方式

Maya 软件提供了 3 个选择方式，从左到右排列，分别是按层次和组合选择（Select by hierarchy and combinations）、按对象类型选择（Select by object type）和按组件类型选择（Select by component type）。（图 2-19）

图 2-12 窗口

图 2-13 缓存

图 2-14 阿诺德

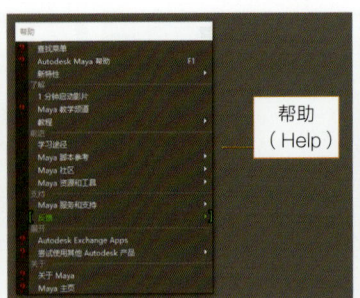

图 2-15 帮助

图 2-16 拖曳菜单栏

图 2-17 状态栏

当选择按对象类型选择（Select by object type）时，后面的选择元素如图 2-20 所示。

### 3. 捕捉区

捕捉区提供了各种捕捉功能快捷按钮，包括捕捉到栅格（Snap to grids）、捕捉到曲线（Snap to curves）、捕捉到视图平面（Snap to view planes）和激活选定对象（Make the selected object live）。（图 2-21）

### 4. 渲染区

渲染区提供了 8 个常用的快捷按钮，包括打开渲染视图（Open Render View）、渲染当前帧（Render the current frame）、IPR 渲染当前帧（IPR render the current frame）、显示渲染设置（Display Render Settings Window）、显示 Hypershade 窗口（Display Hypershade Window）、启动渲染设置窗口（Launch render setup Window）、打开灯光编辑器（Open the Light Editor）和切换暂停 Viewpore2 显示更新（Toggle Pausing viewport 2 display update）。（图 2-22）

### 5. 控制面板显示区

控制面板显示区位于 Maya 软件的右上方，包含显示/隐藏建模工具包（Show/hide Modeling Toolkit）、切换角色控制（Toggle the character controls）、显示/隐藏属性编辑器（Show/hide the Attribute Editor）、显示/隐藏工具设置（Show/hide the Tool Settings）和显示/隐藏通道盒（Show/Hide the Channel Box）5 个快捷按钮。（图 2-23）

## 六、用户账户菜单

登录 Autodesk 账户，单击以获取更多选项。例如，用于管理许可证或购买 Autodesk 产品的选项。（图 2-24）

## 七、工具架

默认工具架分为多个选项卡。工具架包含 14 个命令标签，代表 Maya 中设置的每个主要工具。每个选项卡均包含许多图标，分别代表每个集最常用的命令。（图 2-25）

### 1. 隐藏/显示工具架

点击左侧的工具架显示按钮后，可显示对应的命令工具，可以将工具切换到相对应的模式。（图 2-26）

### 2. 新建工具架

点击左侧的修改按钮，可以执行新建工具架（New Shelf）命令，弹出的框可以命名为工具

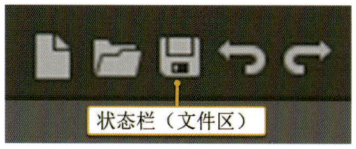

图 2-18 状态栏（文件区）　　图 2-19 设置选择方式　　图 2-20 按对象类型选择

图 2-21 捕捉区　　图 2-22 渲染区　　图 2-23 控制面板显示区　　图 2-24 用户账户

图 2-25 工具架

架的名称，单击按钮即可。（图2-27）

### 3. 删除工具架

点击左侧的修改按钮，执行删除工具架（Ddlete Shelf），弹出对话框后点击按钮即可删除该工具架标签。（图2-28）

## 八、工作区选择器

选择用于不同工作流的窗口和面板的自定义或预定义排列。此处显示的是Maya经典、建模-标准、建模-专家、雕刻、姿势雕刻、UV编辑等工作区。（图2-29）

## 九、侧栏图标

状态栏右端的图标可以打开和关闭许多常用的工具。从左到右，这些图标依次显示建模工具包（Modeling Toolkit）、HumanIK窗口、属性编辑器（Attribute Editor）、工具设置（Tool Settings）和通道盒/层编辑器（Channel Box/Layer Editor），默认情况下处于打开状态并在此处显示。（图2-30）

## 十、通道盒（Channel Box）

在通道盒中，可以编辑选定对象的属性和关键帧值。默认情况下将显示变换属性，但可以更改此处显示的属性。（图2-31）

## 十一、层编辑器

层编辑器（Layer Editor）中显示两种类型的层：显示层用于组织和管理场景中的对象；动画层用于融合、锁定或禁用动画的多个级别。在所有情况下都有一个默认层，对象在创建后最初放置在该层。（图2-32）

## 十二、视图面板

通过视图面板，可以使用摄影机视图通过不同的方式查看场景中的对象。可以显示一个或多个视图面板，具体取决于正在使用的布局。也可以在视图面板中显示不同的编辑器。通过每个视图面板中的面板工具栏，可以访问位于面板菜单中的许多常用命令。视图面板是用于查看场景中对象的区域，既可以是单个视图面板（默认），

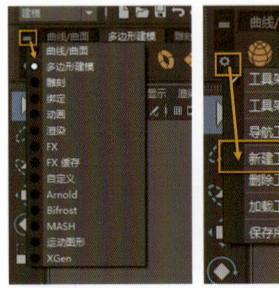

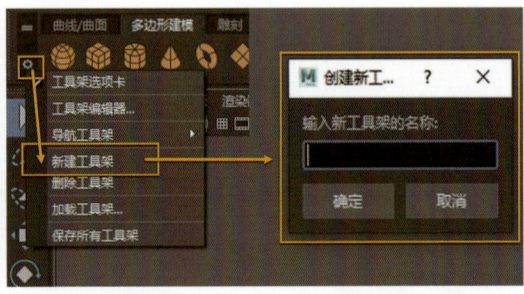

图2-26 隐藏/显示工具架　　图2-27 新建工具架　　图2-28 删除工具架

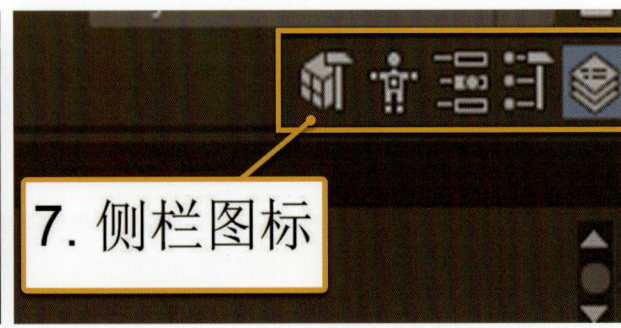

图2-29 工作区选择器　　图2-30 侧栏图标　　图2-31 通道盒

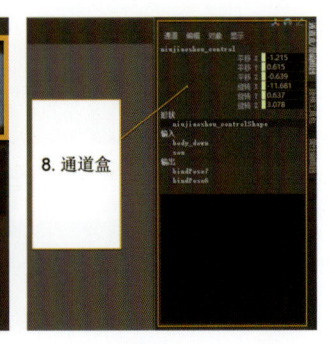

也可以是多个视图面板，具体取决于所选的布局。可以单击左侧的快速布局按钮，轻松地在单视图面板布局与四视图面板布局之间切换。设计师可以在每个视图面板中打开不同的摄影机，并逐个面板设置不同的显示选项。（图2-33）

## 十三、工具箱

工具箱包含始终用于选择和变换场景中对象的工具。使用标准键盘热键，可使用选择工具（Q）、移动工具（W）、旋转工具（E）、缩放工具（R）等。（图2-34）

## 十四、快速布局/大纲视图按钮

工具箱下面的前三个快速布局按钮，只需单击一次即可在有用的视图面板布局之间切换，底部按钮用于打开大纲视图。（图2-35）

## 十五、命令行

命令行的左侧区域用于输入单个MEL命令，右侧区域用于提供反馈。如果大家需要Maya的MEL脚本语言，则使用这些区域。在命令行中键入MEL或Python命令，结果显示在命令行右侧的彩色框中。你可以拖动输入框与结果框之间的分隔线来重新调整二者的大小。当光标位于命令行中时，使用上箭头键和下箭头键可浏览命令。（图2-36）

## 十六、帮助行

鼠标在工具和菜单项上滚动时，帮助行（Maya用户界面的左下部）会提供简短描述。此栏还会提示你完成特定工具工作流所需的步骤。（图2-37）

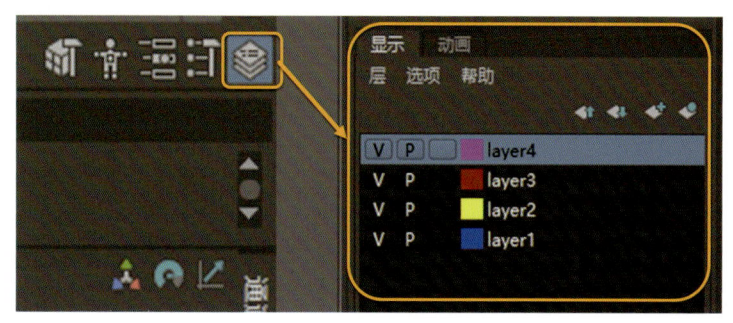

图2-32 层编辑器

图2-33 视图面板

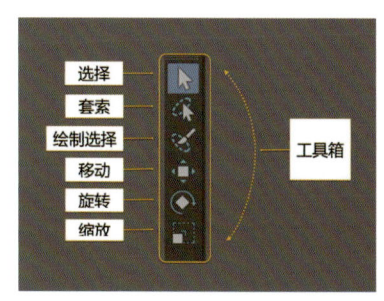

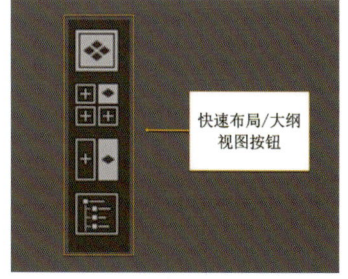

图2-34 工具箱　图2-35 快速布局/大纲视图按钮

图2-36 命令行

图2-37 帮助行

# 第二节 动画界面介绍

本节主要介绍动画模块界面，Maya软件中提供了快速访问时间和关键帧的工具，包括时间滑块、范围滑块、播放控制器等，在动画区域能够快速访问和编辑制作动画的参数。（图2-38）

### 本节重难点

重点：学习 Maya 软件动画模块常用命令的使用。
难点：掌握软件中特殊工具的运用。

## 一、时间滑块

时间滑块位于 Maya 界面最下面，显示可用的时间范围、关键帧（显示红色部分）和播放范围内的受控制帧。（图2-39）

如果在制作动画时，想在时间滑块上移动和缩放编辑范围大小值，我们可以按住 Shift 键，在时间滑块上点击并水平拖拉出一条红色的范围，选择你想要编辑的部分，开始帧和结束帧在选择区域的两头以白色数字显示。点击并水平拖拉选择区域两头的黄色箭头，可缩放选择区域。点击并水平拖拉选择区域中间的双黄色箭头，可移动选择区域。（图2-40）

图 2-38 动画时间控制器

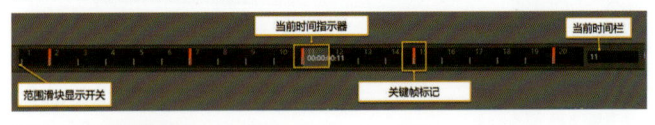

图 2-39 时间滑块

图 2-40 编辑时间滑块

图 2-41 范围滑块

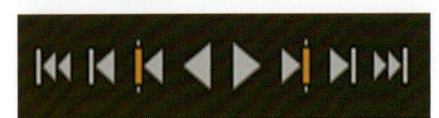

图 2-42 播放控件

## 二、范围滑块

范围滑块位于时间滑块下方，用于控制时间滑块中的播放范围。范围滑块用于设置场景动画的开始时间和结束时间，拖拉范围滑块可改变播放范围。双击范围滑块，播放范围会设置成播放开始时间栏和播放结束时间栏中数值的范围，再次双击可回到先前的播放范围。（图2-41）

## 三、播放控件

时间滑块的右侧是动画播放按钮。通过播放控件，可以依据时间移动并预览时间滑块范围定义的动画。（图2-42）

（1）单击"转到开头"按钮，会转到播放范围的起点。

（2）单击"后退一帧"按钮后退一帧。默认热键"Alt+,（逗号）"用于 Windows 和 Linux；"Option+,（逗号）"用于 Mac OS X。

（3）单击"后退关键帧"按钮，后退一个关键帧。

（4）单击"向后播放"按钮以反向播放。按 Esc 键停止播放。

（5）单击"向前播放"按钮以正向播放。默认热键"Alt+v"用于 Windows 和 Linux；"Option+v"用于 Mac OS X。按 Esc 键可停止播放。

（6）单击"前进关键帧"按钮前进一个关键帧。默认热键"Alt+.（句点）"用于 Windows 和 Linux；"Option+。（句号）"键用于 Mac OS X。

（7）单击"转到结尾"按钮转到播放范围的结尾。

（8）单击"停止"按钮停止播放。此按钮仅在播放动画时显示，用于替换"向前播放"或"向后播放"按钮。

## 四、动画控制菜单栏

在制作动画的过程中，在时间滑块上点击右键会出现一个快捷菜单栏，此菜单栏中的命令主要用于操作当前选择的关键帧。（图 2-43）

## 五、动画 / 角色菜单

通过动画 / 角色菜单可以切换动画层和当前的角色集。（图 2-44）

## 六、声音

在制作动画时，我们经常要根据声音的节奏调节动画，这就需要声音与动画关键帧同步进行。将音频文件导入 Maya 后，时间滑块上就会显示声音的波形图案。Maya 支持的格式为 AIFF 和 WAV 音频文件。（图 2-45）

音频文件导入场景的方法有以下三种：

（1）可以选择"File/Import"命令，直接导入相关的声音文件。

（2）在制作时可以选中一个音频文件，然后按下鼠标左键，拖动音频文件到 Maya 的任意一个视图中。

（3）选择一个音频文件，然后按下鼠标左键拖动到时间滑块上。

## 七、其他选项

使用播放选项可控制播放动画的方式，包括设置帧速率、循环控件、自动设置关键帧和缓存播放，而且支持快速访问时间滑块首选项。（图 2-46）

（1）帧速率（Framerate）菜单。

通过帧速率菜单，可以设置场景的帧速率，以每秒帧数（fps）表示。它显示当前帧速率。

（2）循环（Loop）。

（3）连续循环（Continuous loop）。

（4）播放一次（Play once）。

（5）往返循环（Oscillating loop）。

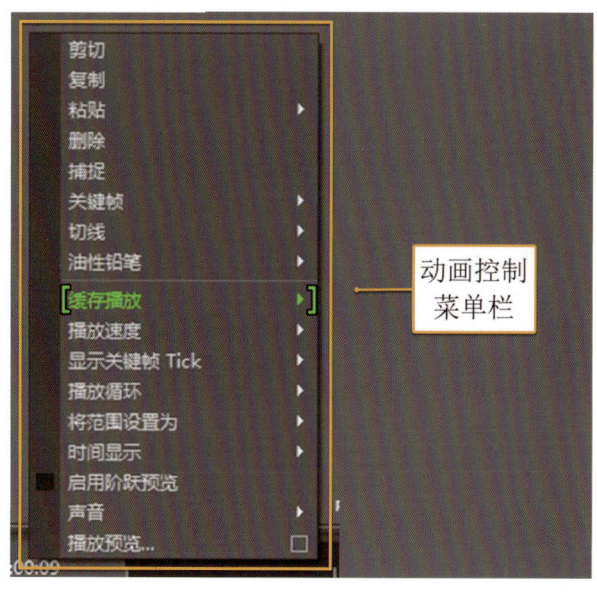

图 2-43 动画控制菜单栏

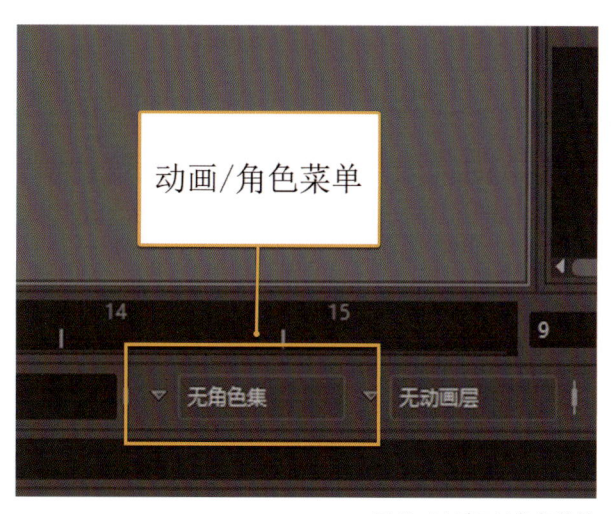

图 2-44 动画 / 角色菜单

图 2-45 声音

图 2-46 其他选项

（6）自动关键帧（Auto Key）。

可以使用此图标启用自动关键帧模式。使用自动关键帧后，当你更改当前时间和属性值时，系统自动在属性上设置关键帧。

（7）动画首选项（Animation Preferences）。

可以设置动画参数、关键帧、声音、播放、时间单位等。

## 第三节 关键帧动画

Maya软件中主要的动画方法包括关键帧动画、非线性动画、路径动画和动作捕捉动画等。关键帧相当于一个标记，设定关键帧就是设定动画中的计时和动作标记的过程。

**本节重难点**

重点：学习创建关键帧、曲线图的正确方法。

难点：掌握曲线图编辑器中的平滑帧、形状和运动等工具的应用技巧。

### 一、关键帧

关键帧用于指定对象在特定时间内的属性值。所谓动画，就是对象的状态随着时间的不同而发生变化。制作动画的方法有很多，其中使用最广泛、最灵活的就是关键帧动画技术。创建对象后，可以设置一些关键帧，用于标记该对象的属性何时发生更改。

**1. 属性编辑器中的关键帧**

在属性编辑器中，可以编辑和设定关键帧的属性。在属性编辑器中，通过在属性上单击鼠标右键，然后从弹出菜单中选择"设定关键帧"，Maya可设定其为关键帧。（图2-47）

在Maya中，默认情况下会为某些属性指定可设定关键帧的状态。例如，为所有对象指定以下可设定关键帧的属性：旋转X（Rotate X）、旋转Y（Rotate Y）和旋转Z（Rotate Z）、缩放X（Scale X）、缩放Y（Scale Y）和缩放Z（Scale Z）、平移X（Translate X）、平移Y（Translate Y）和平移Z（Translate Z）。（图2-48）

**2. 通道盒、曲线图编辑器（Graph Editor）和摄影表（Dope Sheet）中的关键帧**

可以使用通道盒对选定对象的属性执行关键帧设置操作。

还可以使用曲线图编辑器为先前已设定动画的对象编辑动画曲线，以及为这些曲线设定关键帧，还可以使用摄影表为对象设定计时和关键帧。

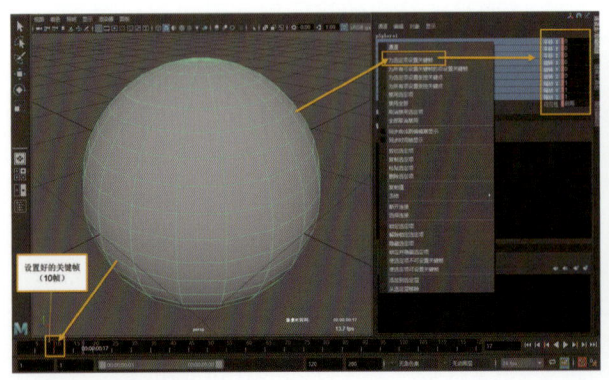

图2-47 属性编辑器

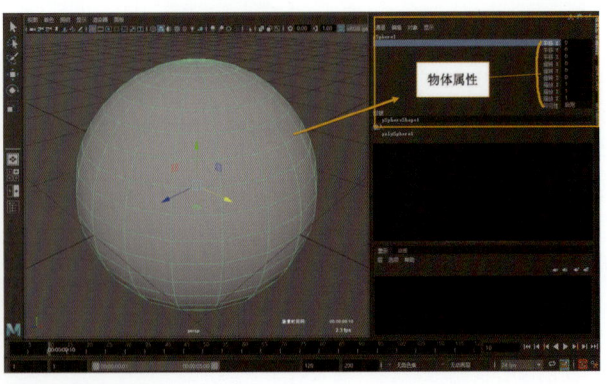

图2-48 物体属性

## 二、曲线图编辑器

在曲线图编辑器中，可以使用关键帧和动画曲线的可视表示形式编辑动画。（图2-49）

### 1. 动画曲线

曲线图编辑器可用作场景视图中的一个面板或一个独立窗口。若要将曲线图编辑器放置在场景视图中，先选择场景视图，再选择曲线图编辑器。（图2-50）

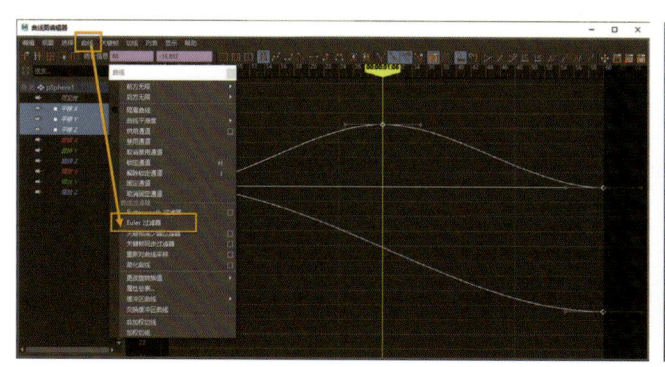

### 2. Euler过滤器

Euler过滤器使用三个单独的向量（X轴、Y轴和Z轴）计算旋转插值。在曲线图编辑器中，选择损坏的动画曲线，例如，旋转X（Rotate X）、旋转Y（Rotate Y）或旋转Z（Rotate Z），然后选择"曲线/Euler过滤器"（Curves/Euler Filter）。过滤始终应用到整个曲线，而不是某段时间内选定的曲线分段。（图2-51）

### 3. 设置IK/FK关键帧曲线

在IK和FK之间设置动画时，曲线图编辑器会将IK控制柄及其关节的动画曲线显示为一部分实线和一部分虚线。曲线在IK融合（Ik Blend）为0时显示为实线，在IK融合（Ik Blend）为10时显示为虚线。（图2-52）

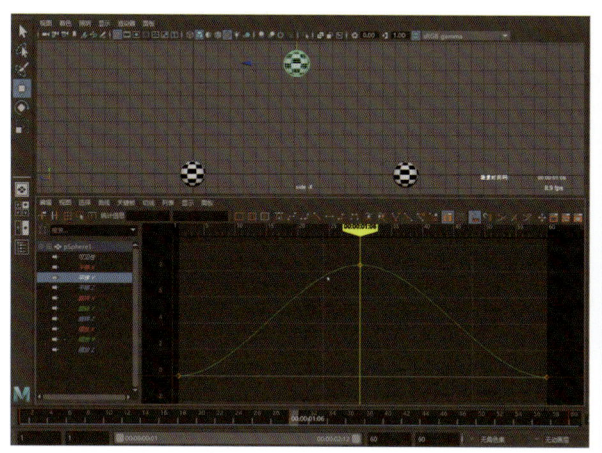

图2-49 关键帧动画和曲线图编辑器

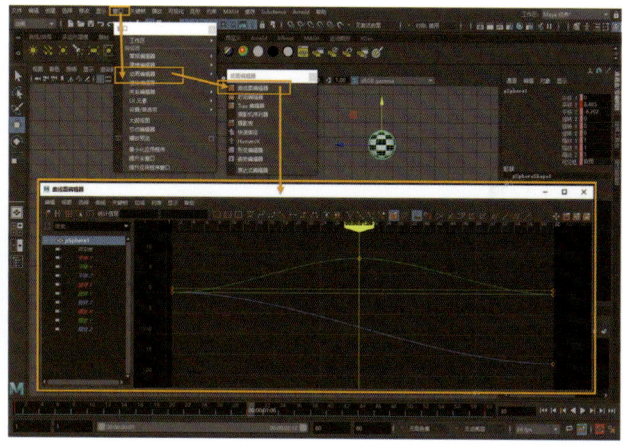

图2-50 曲线图编辑器

图2-51 Euler过滤器

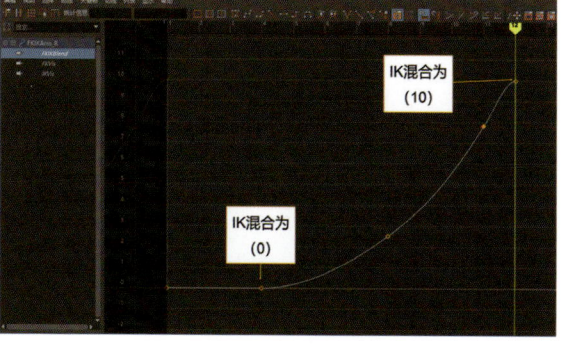

图2-52 IK/FK关键帧曲线

## 三、设置关键帧

当我们在 Maya 软件中设置关键帧时，需要使用关键帧菜单。（图 2-53）

### 1. 设置关键帧

（1）选择要设置关键帧的对象。

（2）选择"关键帧 / 设置关键帧"（Key/Set key）或按 S 键。

注：每次调整时间滑块上的时间和移动对象时，可以使用自动关键帧（Auto key）按钮自动设置关键帧。

### 2. 设置关键帧选项

选择"关键帧 / 设置关键帧"。此时将显示"设置关键帧选项"（Set key options）窗口。（图 2-54）

单击"设置关键帧"以设定动画关键帧。单击"应用"（Apply）以添加动画关键帧到对象。

## 四、编辑关键帧

### 1. 剪切关键帧

选择关键帧，点击"剪切关键帧"，然后设置所需的选项。（图 2-55）

（1）若要选择单个关键帧，在时间滑块中单击该关键帧，当前时间指示器将移动到单击的位置，且该关键帧被选定。（图 2-56）

（2）若要选择多个关键帧，按住 Shift 键并在时间滑块中的关键帧范围内进行拖动，该范围内的关键帧被选中并以红色显示。（图 2-57）

执行下列操作都可剪切关键帧：

（1）单击鼠标右键，从显示的菜单中选择"剪切"（Cut）。（图 2-58）

图 2-53 设置 关键帧

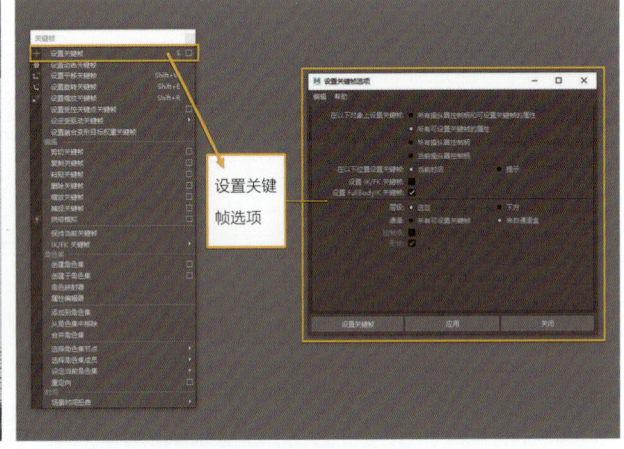

图 2-54 设置关键帧选项

图 2-55 剪切关键帧

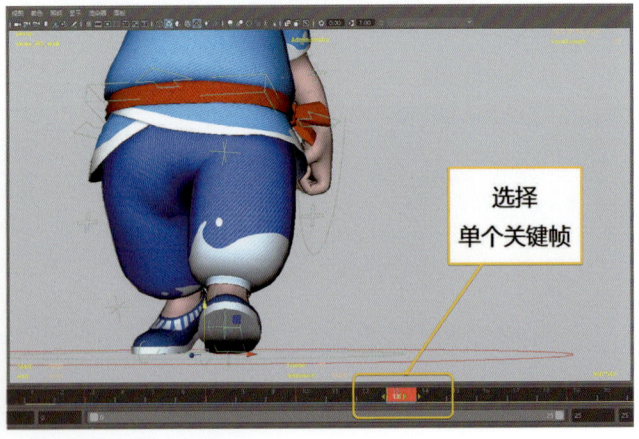

图 2-56 选择单个关键帧

（2）在关键帧菜单中选择"剪切关键帧"。（图2-59）

（3）按住Shift+S的同时单击鼠标左键，从显示的标记菜单中选择"剪切关键帧"（Cut keys）。

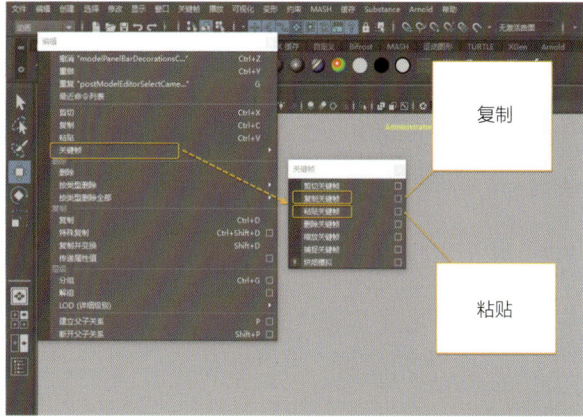

### 2. 复制并粘贴关键帧

复制并粘贴关键帧之前，要打开关键帧复制的选项窗口，以设置所需的"复制关键帧选项"（Copy keys options）。若要设置粘贴关键帧（Paste keys）选项，就要打开关键帧粘贴（Key/Paste）的选项窗口。（图2-60）

（1）在粘贴关键帧选项（Paste key options）窗口中，单击"粘贴关键帧"，以设定粘贴关键帧选项，并粘贴当前剪切的关键帧。

（2）复制并粘贴单个关键帧。

单击时间滑块中的关键帧，当前时间指示器将移动到单击的位置，且该关键帧被选定。（图2-61）

（3）复制并粘贴多个关键帧。

按住Shift键并在时间滑块中的关键帧范围上拖动。选中关键帧范围显示为红色。（图2-62）

图 2-57 选择多个关键帧

图 2-58 选择剪切

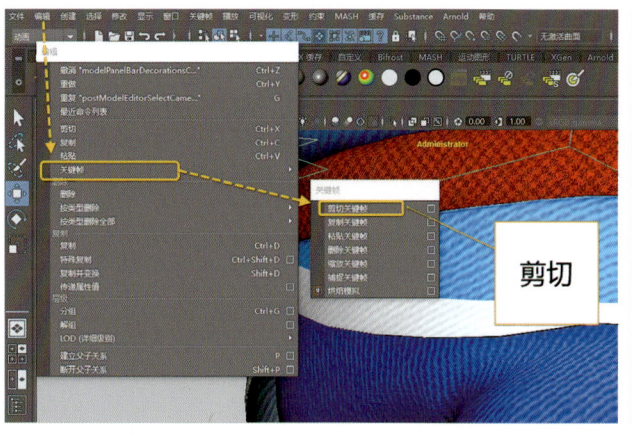

图 2-59 剪切关键帧

图 2-60 复制并粘贴关键帧

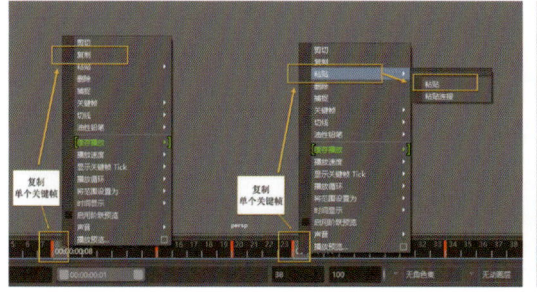

图 2-61 复制并粘贴单个关键帧

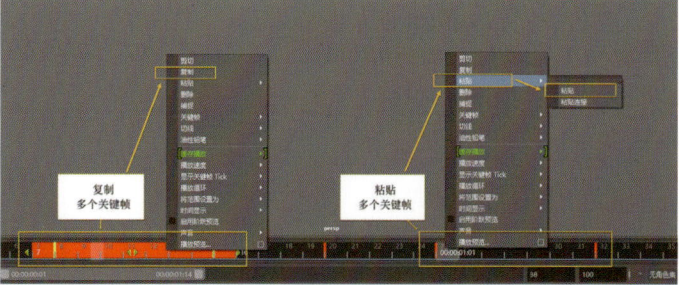

图 2-62 复制并粘贴多个关键帧

## 五、编辑曲线

此操作主要是复制曲线中的关键帧并将其粘贴到同一曲线中。（图2-63）

### 1. 复制关键帧并粘贴到同一曲线中

（1）在场景视图中，选择要复制和粘贴关键帧的对象。

（2）在曲线图编辑器的大纲视图中，选择要复制关键帧的特定通道，按 F 键，在视图中框显曲线。选定通道的曲线将出现在曲线图编辑器的当前视图中。

（3）选择要复制的关键帧，然后按 Ctrl+C。在曲线图编辑器的曲线视图中，将当前时间指示器移动到要粘贴已复制关键帧的位置，按 Ctrl+V。

### 2. 复制多个关键帧并粘贴到不同曲线中

（1）复制曲线中的关键帧并将其粘贴到另一对象的不同曲线中。

（2）复制某一对象内多条曲线中的多个关键帧，并将它们粘贴到同一对象的多条曲线中。

（3）复制多个对象的多条曲线中的多个关键帧，并将它们粘贴到不同对象的多条曲线中。

## 六、删除关键帧

删除关键帧是将关键帧从已设置动画的对象中移除，而不会将关键帧保存到剪贴板。

设定删除关键帧（Delete keys）选项，从关键帧菜单中选择"删除关键帧"。（图2-64）

## 七、缩放关键帧

缩放关键帧可以更改一系列关键帧的持续时间，或更改动画曲线分段。

选中要捕捉的关键帧范围，然后在关键帧菜单中选择"捕捉关键帧"。（图2-65）

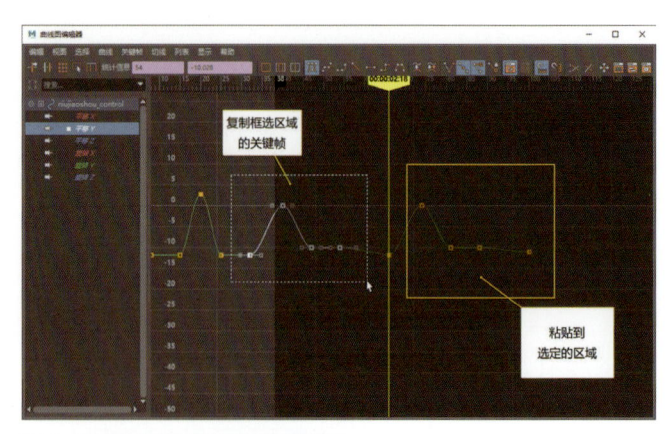

图2-63 复制并粘贴关键帧到曲线中

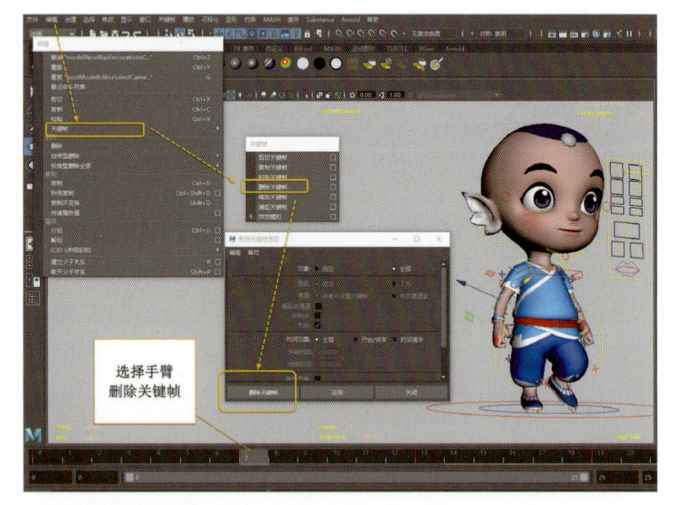

图2-64 删除关键帧

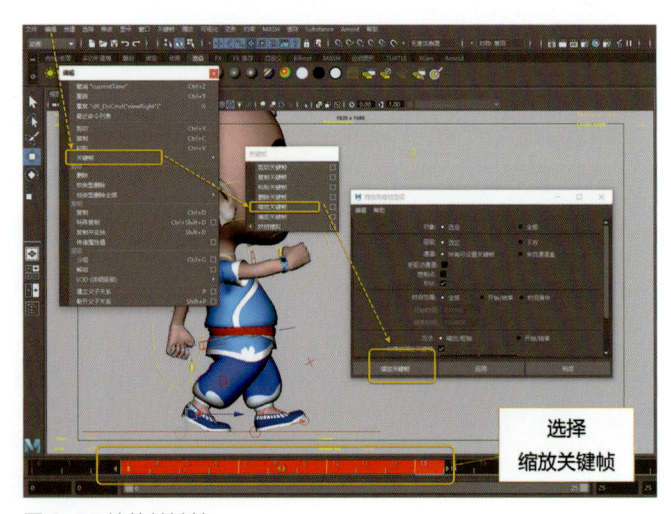

图2-65 缩放关键帧

## 八、捕捉关键帧

使用捕捉关键帧（Snap Keys）选项，可将选定关键帧的时间值及时捕捉到最近的整数时间单位值或属性值。

选中要捕捉的关键帧范围，然后在关键帧菜单中选择"捕捉关键帧"。（图 2-66）

## 九、烘焙关键帧

选择当前的关键帧。

在烘焙模拟选项窗口中，单击"烘焙"（Bake），以设定烘焙模拟选项并烘焙当前关键帧或关键帧集。（图 2-67）

如果要编辑单个动画曲线，可以在曲线图编辑器中烘焙动画。在动画通道上烘焙关键帧时，曲线上的每个帧都被设置为关键帧。（图 2-68）

图 2-66 捕捉关键帧

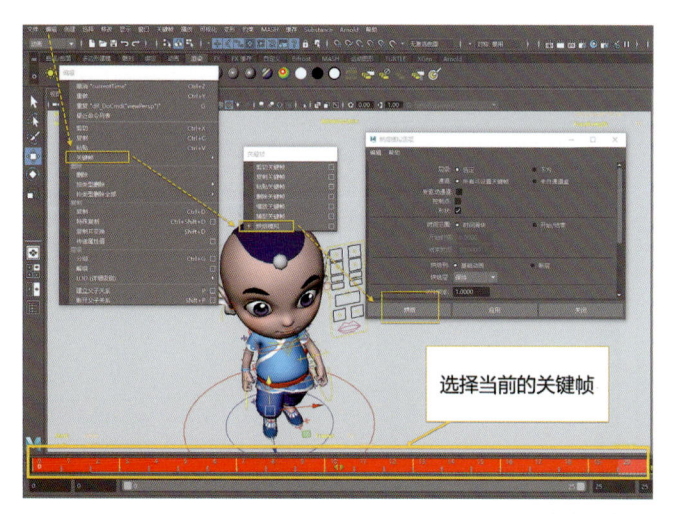

图 2-67 烘焙关键帧

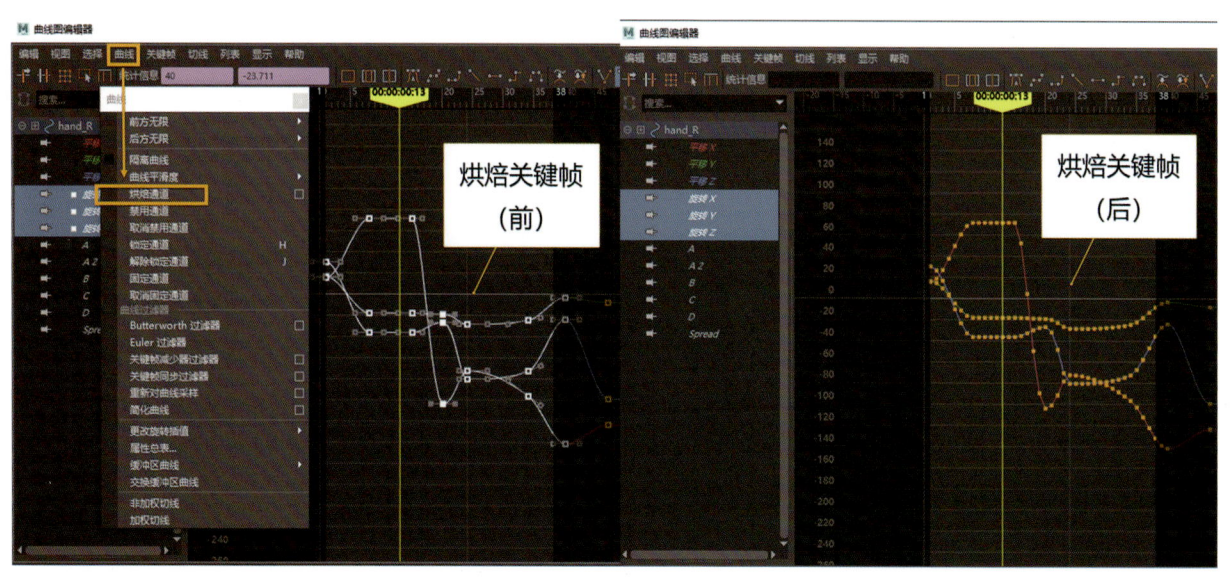

图 2-68 在曲线图编辑器中烘焙关键帧

# 第四节 播放动画

## 一、显示动画帧速率

要在 Maya 软件中显示场景视图中动画的帧速率，我们需要打开"显示/题头显示/帧速率"。帧速率显示在当前视图的右下侧。（图 2-69）

## 二、显示场景的时间码

### 1. 场景视图中显示时间码

从选项中选择"场景时间码"。时间码将显示在当前视图的右下角。（图 2-70）

### 2. 在时间滑块和范围滑块上显示时间码

（1）转到时间滑块首选项或动画控件菜单的时间显示（Time display）区域。（图 2-71）

（2）启用时间标记和播放范围上的时间码。时间码将显示在时间滑块和播放范围中。

## 三、使用动画控件

（1）Maya 的动画控件可以为对象设定关键帧，管理场景的时间轴以及播放动画。可以通过选择"窗口/UI 元素/时间滑块"隐藏或显示时间滑块。（图 2-72）

（2）显示范围滑块。

可以通过选择"窗口/UI 元素/范围滑块"隐藏或显示范围滑块。（图 2-73）

（3）使用时间滑块移动和缩放动画的范围。

按住 Shift 键并沿时间滑块拖动，选择一个时间范围，或双击时间滑块以选择整个范围。选定的时间范围为红色，开始帧和结束帧在选择块的两端以白色数字显示。

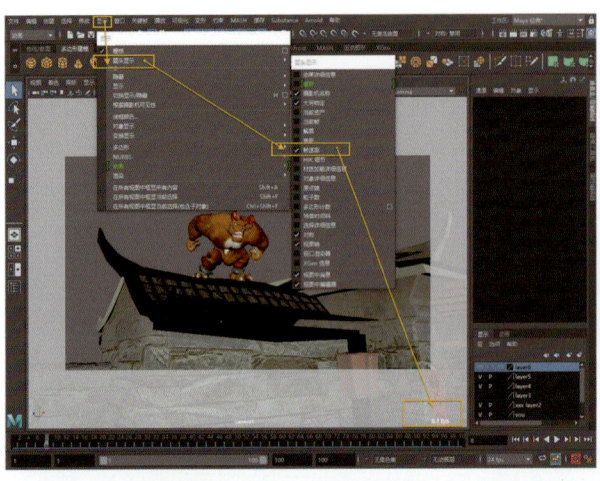

图 2-69 显示动画帧速率

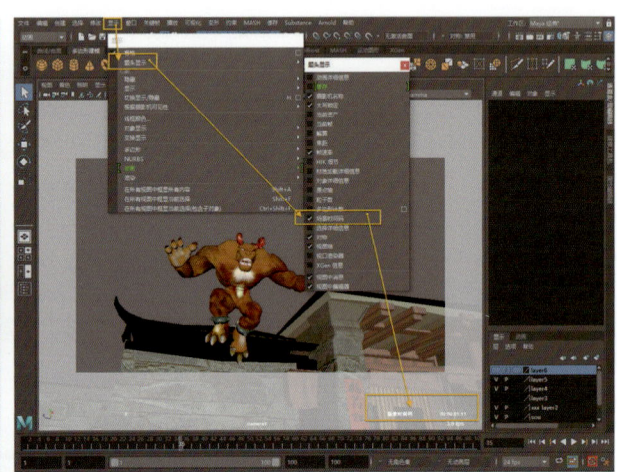

图 2-70 显示场景的时间码

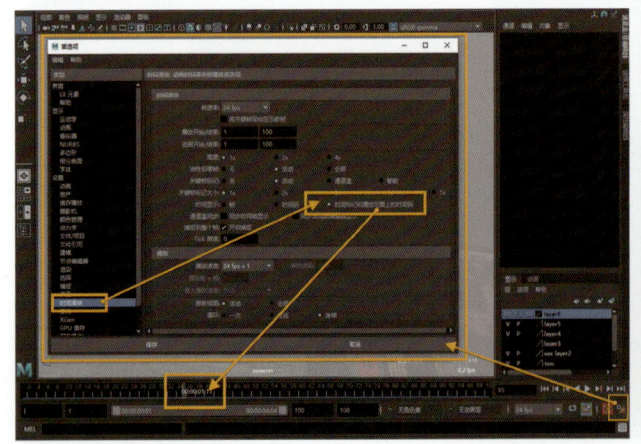

图 2-71 时间显示

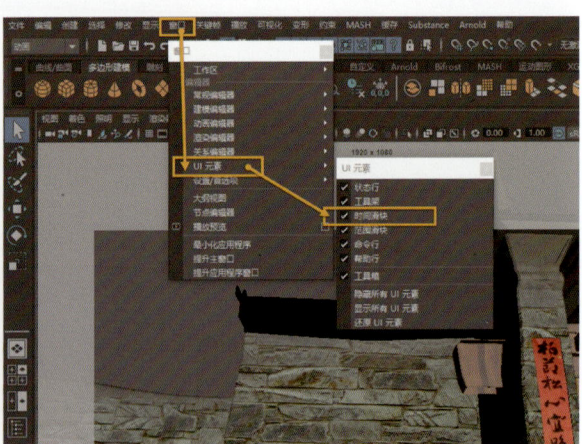

图 2-72 隐藏或显示时间滑块

## 四、播放期间查看对象操纵器

选择"显示/变换显示/局部旋转轴"以显示局部旋转轴。（图2-74）

## 五、预览动画

在处理动画时，设计师更希望以接近最终产品的速度进行预览。若要节省预览时间，就要平衡图形质量和播放性能。也可以启用显示选项，以方便查看可视化角色运动流。

正常情况下，单击正向播放按钮，动画应全屏、完全着色、实时、不漏掉任何帧地播放。一些文件量小的动画有可能达到这样的效果，场景越复杂，为显示每个帧所需要的计算量就会越大。

（1）选择"显示/变换显示/旋转枢轴"以显示旋转枢轴。（图2-75）

（2）使用运动轨迹，可以显示和编辑对象的轨迹。运动轨迹作用于通过关键帧动画、变形器或运动捕捉设置等处理后的对象。可以在为对象设置动画之前或之后创建运动轨迹。

## 六、播放预览

### 1. 播放预览操作

（1）窗口播放预览。

播放预览可以快速预览动画。播放预览时，可以逐帧对动画执行屏幕抓取，从而快速地预览动画。（图2-76）

（2）在动画时间栏中，选择"播放预览"。（图2-77）

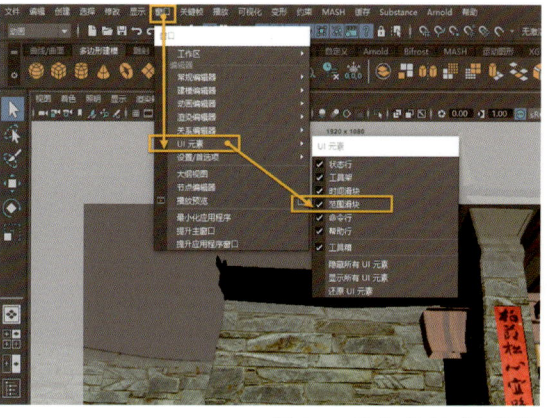

图 2-73 隐藏或显示范围滑块

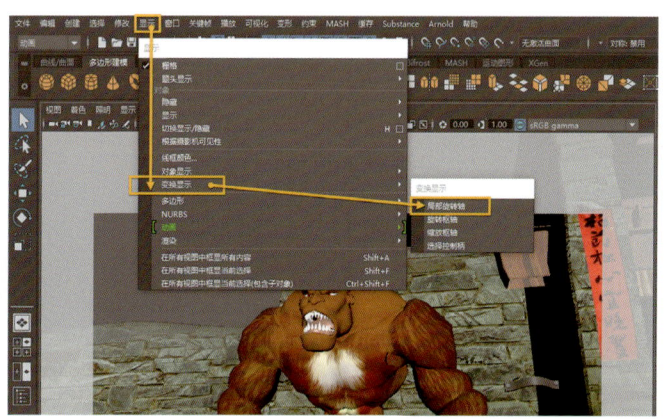

图 2-74 显示局部旋转轴

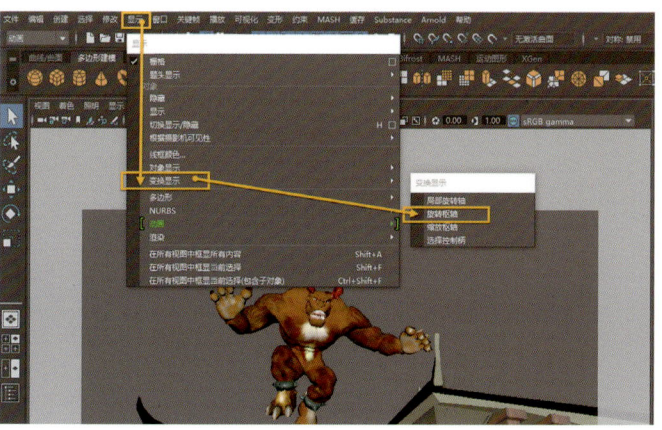

图 2-75 旋转枢轴

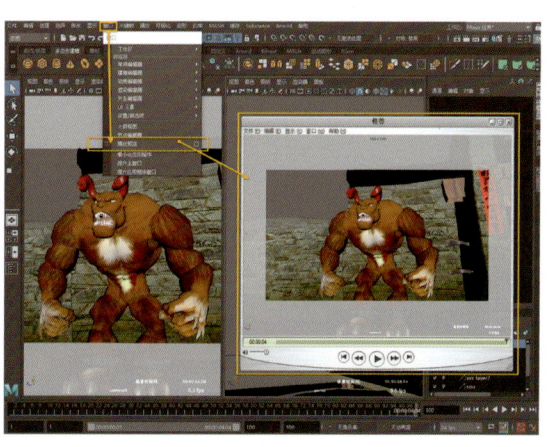

图 2-76 播放预览动画

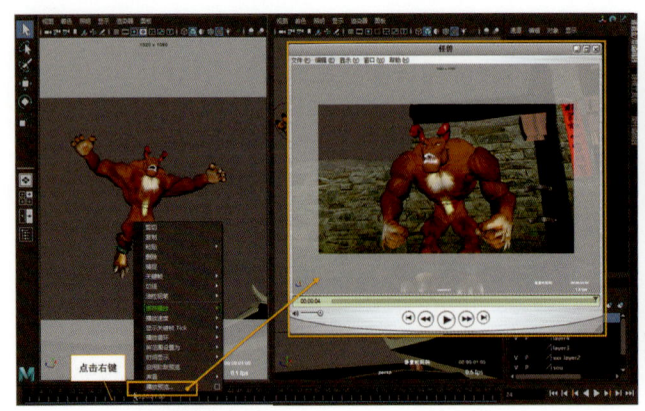

图 2-77 从时间栏播放预览

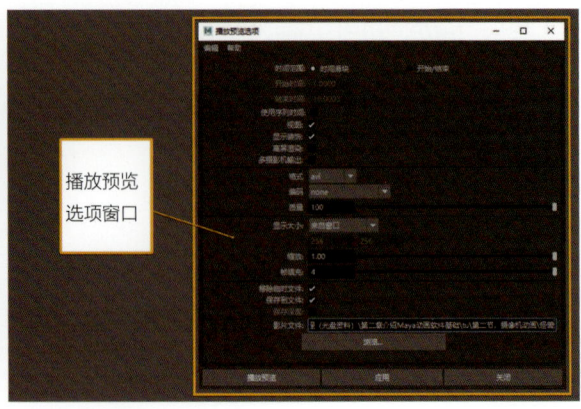

图 2-78 播放预览选项窗口

### 2. 播放预览选项（Playblast options）

选择"播放预览"，可以打开播放预览选项窗口。（图 2-78）

（1）时间范围。

用于设定播放预览显示在时间滑块中的整个时间范围，还可以为播放预览设定开始帧和结束帧。

（2）时间滑块。

启用时，将播放时间滑块中的当前时间范围。

（3）开始/结束。

启用时，可以设定播放预览的开始时间和结束时间。

（4）视图。

启用时，播放预览将使用默认的查看器显示图像；禁用时，播放预览过的图像将根据播放时的影片文件设置保存文件。

（5）显示装饰。

禁用该选项可以使播放预览动画隐藏图像平面的帧。无论已在图像平面的属性编辑器中启用还是禁用帧可见性，图像平面的帧都不会显示在播放预览中。

（6）多摄影机输出。

可使用屏幕外渲染缓冲区（而不是屏幕抓取）来播放预览。

（7）格式。

选择影片输出的格式。

（8）编码。

选择要用于动画输出的编解码器。此列表将基于选定的格式（Format）进行更新。

（9）质量。

用于控制动画输出的压缩值。根据在编码下拉列表中选择的编解码器，结果会有所不同。

（10）显示大小。

有三个选项用于控制已创建的播放预览图像的分辨率。对于这三种情况中的任一情况，图像的最终大小都将根据缩放选项中的量进一步缩放。

来自窗口：使播放预览图像与活动视图大小相同。

从纹理烘焙设置：使播放预览图像具有纹理烘焙设置所指定的大小。

自定义：激活显示大小选项下方的两个字段，允许指定播放预览图像的宽度（Width）和高度（Height）。

（11）缩放。

缩放选项可通过将比例应用于"显示大小"选项中指定的分辨率来进一步细化播放预览图像的大小。

（12）帧填充。

可用于为将要使用的播放工具自定义图像文件名。

（13）移除临时文件。

启用该选项可在结束时删除播放预览创建的临时文件。

（14）保存到文件。

默认情况下，动画或图像文件将写入系统的临时目录。如果要将动画保存到特定位置，可用该选项。

# 第五节 摄影机类型及应用

Maya 软件中，摄影机包含基础摄影机、高级摄影机、运动跟踪摄影机、高级运动跟踪摄影机、扫描摄影机等。基础摄影机是 Maya 中最基本的摄影机类型，它能提供基本的景深和运动模糊效果。基础摄影机可以用来创建静态或动态的摄影机视图。高级摄影机能提供更多的控制选项，包括焦距、视野和纵横比等。它适合需要更高精度和更多控制的场景。运动跟踪摄影机用于进行运动跟踪，它可以记录场景中物体的运动轨迹，并将其与摄影机同步。高级运动跟踪摄影机是一种更高级的摄影机类型，它提供了更精确的控制和更好的性能，适用于需要高度精确的运动跟踪和匹配的场景。扫描摄影机用于扫描三维空间中的物体，生成动画场景中的关键帧。它适合创建复杂的运动和动画效果。这些不同类型的摄影机具备不同的特性和不同的控制功能，我们可以根据需要选择适合的摄影机类型来创建所需的动画效果。

## 本节重难点

重点：学习不同摄影机的应用及操作方法。

难点：掌握摄影机视图和布局的制作技巧。

## 一、摄影机设置

在 Maya 中查看场景时，通常都是通过摄影机查看的。默认情况下，Maya 有四种摄影机，分别为透视摄影机和与默认场景视图对应的三个正交摄影机（侧视图、顶视图、正视图）。当你为角色进行建模、设置动画、着色和应用纹理时，可通过这些摄影机视图进行观察，也可以任意切换摄影机窗口。（图 2-79）

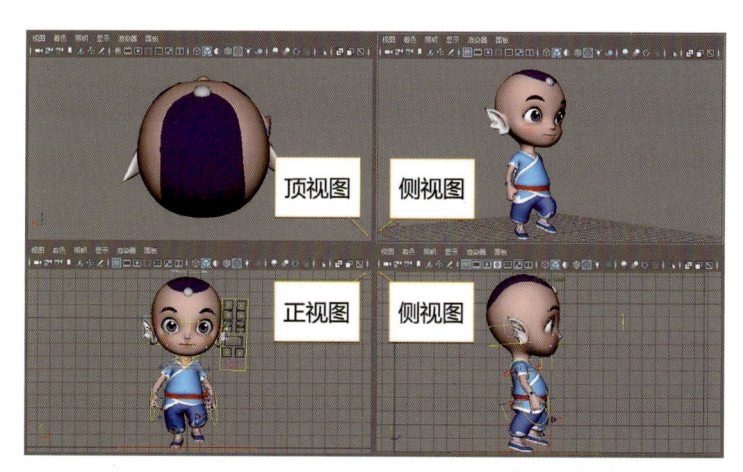

图 2-79 默认摄影机视图

### 1. 设置摄影机

选择"创建"菜单中的"摄影机"，在下拉菜单中选择摄影机类型。制作镜头时，要根据镜头的表现需要选择摄影机类型。（图 2-80）

### 2. 查看摄影机与渲染摄影机

默认情况下，场景中仅包含一个能够渲染场景中所有对象的可渲染摄影机（原始透视摄影机）。

如果场景中有多个摄影机，则可以将其他摄影机添加到渲染设置窗口的可渲染摄影机部分，使这些摄影机可渲染。

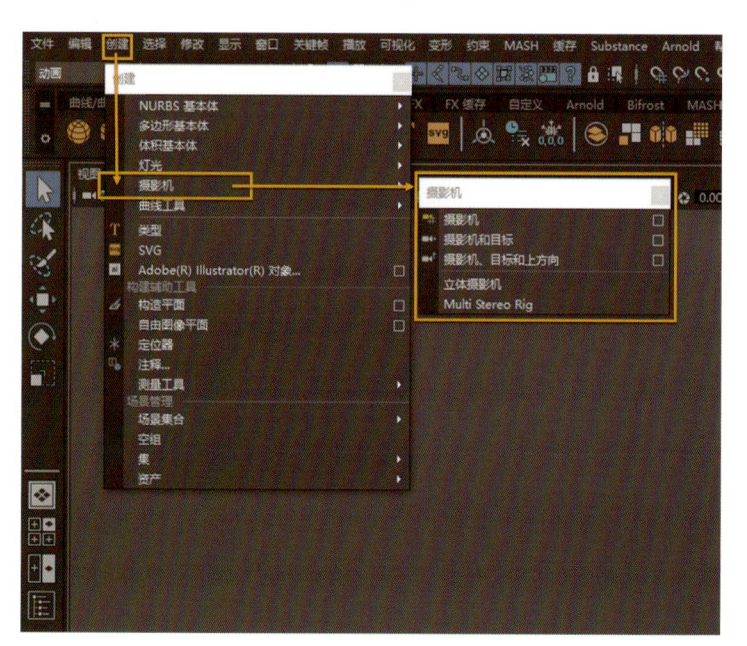

图 2-80 设置摄影机

## 二、创建摄影机

创建摄影机，（图 2-81）显示该摄影机的选项。（图 2-82）

通过摄影机查看场景的步骤如下：

（1）在窗口中选择摄影机。（图 2-83）

（2）在视图面板菜单中，可以选择"在摄影机之间循环切换"。（图 2-84）

（3）摄影机名称显示在窗口底部。（图 2-85）

## 三、摄影机功能

### 1. 静态摄影机和动态摄影机

（1）基本摄影机可用于静态场景和简单的动画（向上、向下、一侧到另一侧，进入和出去），如场景的平移。（图 2-86）

（2）"摄影机和目标"可用于较为复杂的动画，如追踪动物的飞行路线。（图 2-87）

（3）使用"摄影机、目标和上方向"可以指定摄影机的哪一端必须朝上。此选项适用于复杂

图 2-81 创建新摄影机

图 2-82 摄影机选项

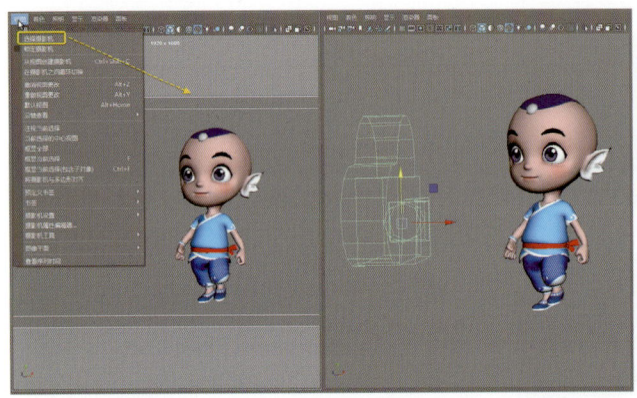

图 2-83 选择摄影机

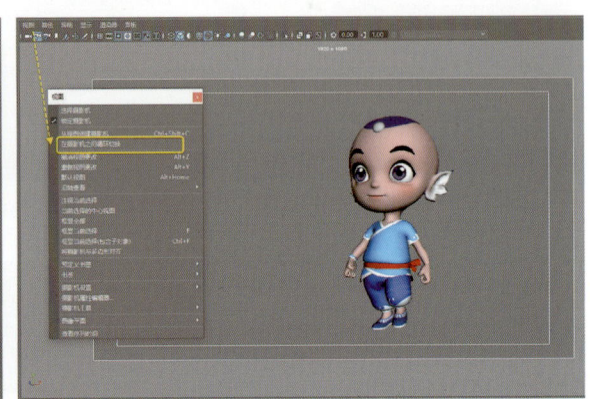

图 2-84 在摄影机之间循环切换

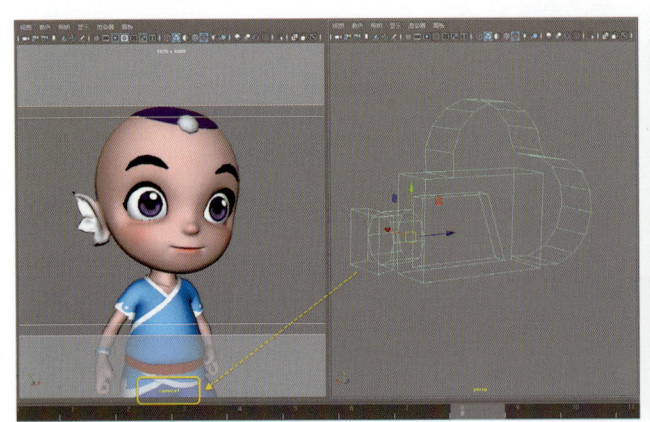

图 2-85 显示摄影机名称

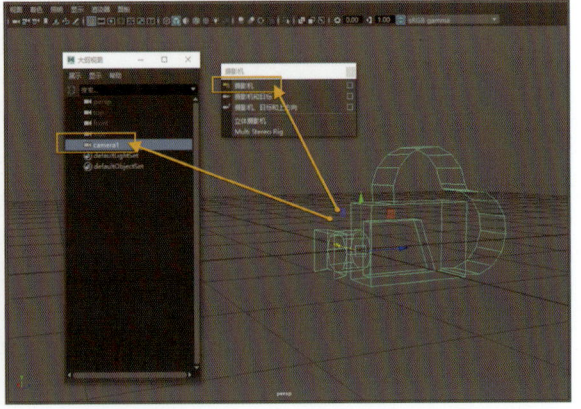

图 2-86 基本摄影机

的动画，如跟随过山车移动。（图2-88）

### 2. 立体摄影机

立体摄影机可以创建具有三维景深的渲染效果。在渲染立体场景时，Maya会考虑所有的属性，并执行计算以生成可被其他程序合成的立体图或平行图像。（图2-89）

## 四、摄影机框显示

（1）选择"面板/透视/camera1"。（图2-90）
（2）按住Ctrl+Alt键的同时拖动该区域。（图2-91）
（3）将当前摄影机设为活动摄影机。视图周围有白色轮廓。（图2-92）

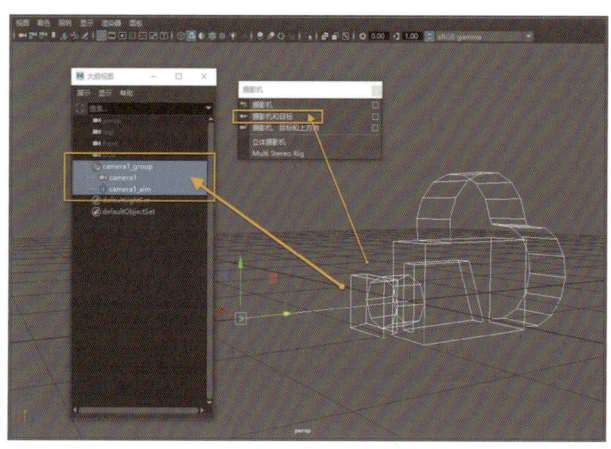

图2-87 摄影机和目标

图2-88 摄影机、目标和上方向

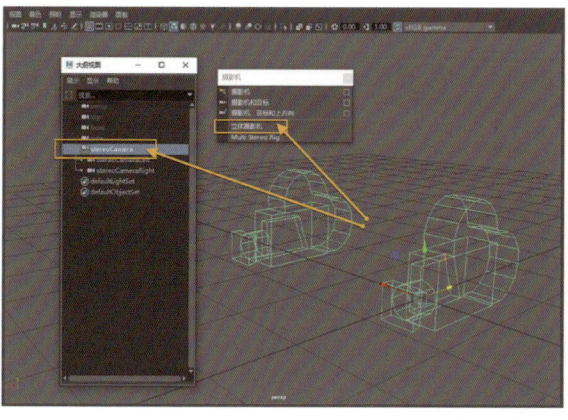

图2-89 立体摄影机

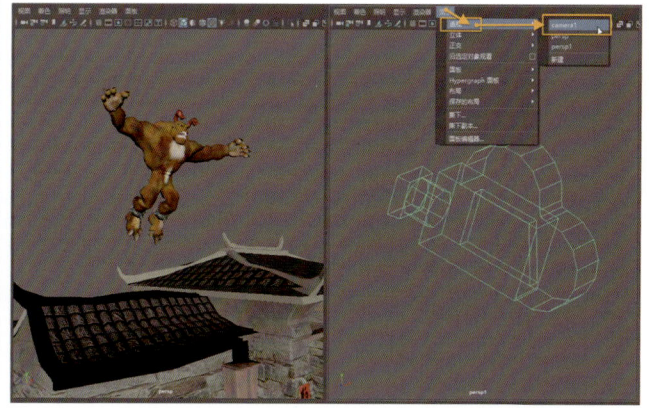

图2-90 摄影机视图

图2-91 拖动该区域

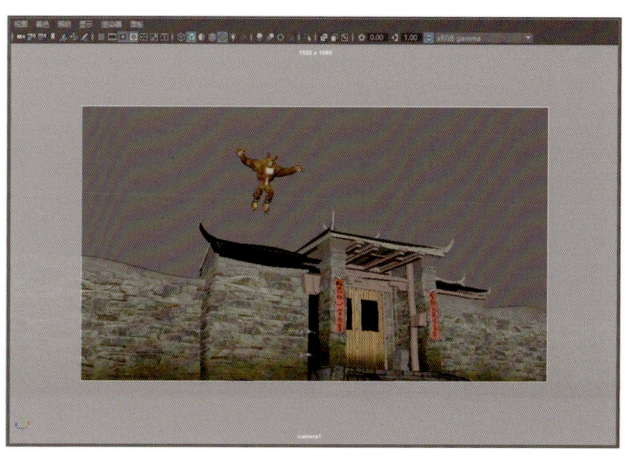

图2-92 设定活动摄影机

## 五、锁定摄影机

单击面板工具栏上的图标或选择"锁定摄影机",可以锁定当前选定的摄影机。这样可以避免意外更改摄影机位置进而更改动画。(图 2-93)

若要覆盖任何值的锁定设置,在属性上单击鼠标右键,然后选择"解除锁定属性"。若要重新锁定该属性,在属性上单击鼠标右键并选择"锁定属性"。(图 2-94)

摄影机的锁定或解锁状态通过此图标反映出来。当任何一个或所有已锁定属性解除锁定后,该图标呈现解锁状态。

# 第六节 曲线图编辑器

曲线图编辑器是制作三维动画时修改动画曲线和时间节奏的主要工具,可以通过改变动画曲线的形状来调整动画的运动方式。下面从曲线图编辑器的界面、工具栏、大纲视图、图表视图几个方面来讲解。(图 2-95)

### 本节重难点

重点:掌握曲线图编辑器常用的工具栏命令。

难点:学习角色表演动作在曲线中的调整方法和技巧。

## 一、曲线图编辑器界面概述

曲线图编辑器界面主要包括工具栏、大纲视图和图表视图。曲线图编辑器的工具栏位于顶部,其中包括一些快速访问控件,用于在图表视图中处理关键帧和曲线。左侧是曲线图编辑器大纲视图,可以在其中找到表示动画曲线的曲线图编辑器节点。(图 2-96)

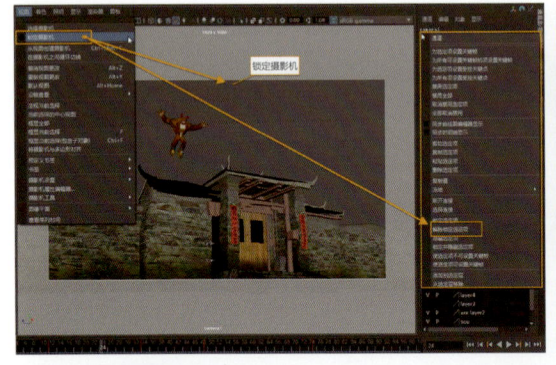

图 2-93 锁定摄影机

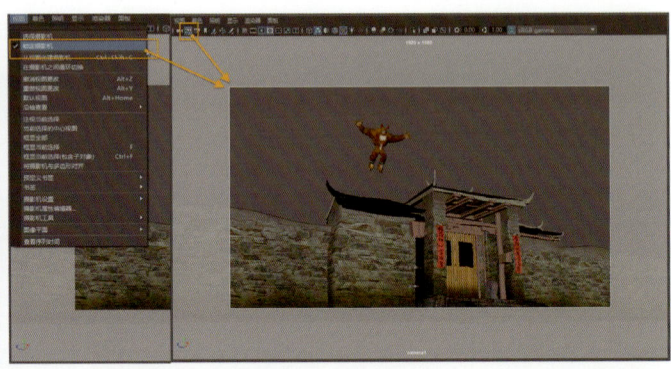

图 2-94 锁定属性

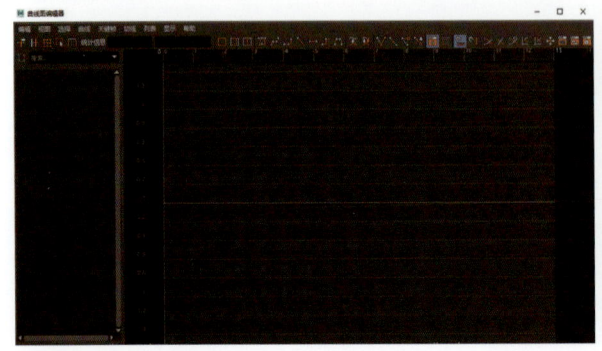

图 2-95 曲线图编辑器

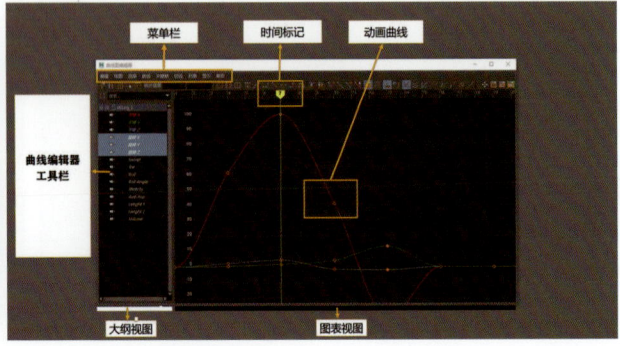

图 2-96 曲线图编辑器界面

### 1. 曲线图编辑器菜单栏

曲线图编辑器菜单栏包含了很多操作选项，可以在图表视图内操纵动画曲线和关键帧。（图 2-97）

### 2. 曲线图编辑器工具栏

曲线图编辑器工具栏包含很多常用工具选项，方便调整的时候快速选择。（图 2-98）

图 2-97 曲线图编辑器菜单栏

图 2-98 曲线图编辑器工具栏

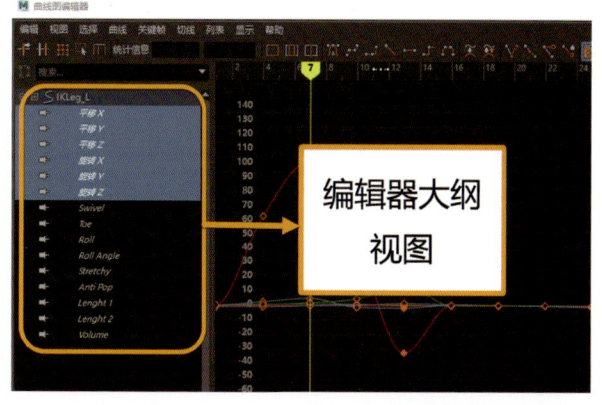

图 2-99 曲线图编辑器大纲视图

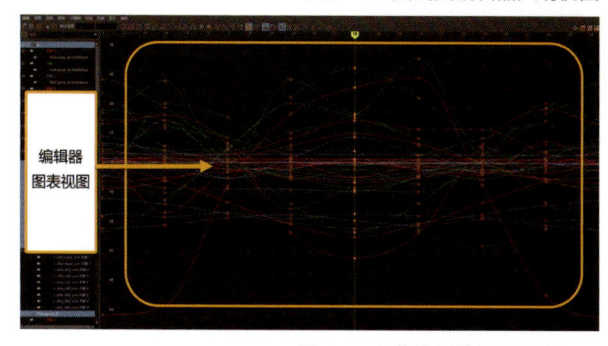

图 2-100 曲线图编辑器图表视图

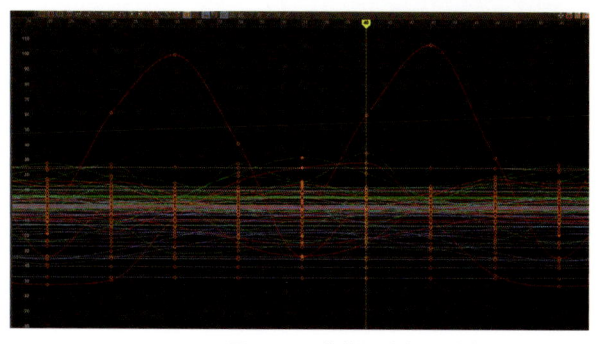

图 2-101 曲线图编辑器的当前时间标记

### 3. 曲线图编辑器大纲视图

曲线图编辑器中的大纲视图以大纲形式显示场景中所有可视通道的层次列表，可以展开和收拢层次中分支的显示。在曲线图编辑器大纲视图中，可以选择图表视图中要显示的动画曲线。（图 2-99）

### 4. 曲线图编辑器图表视图

曲线图编辑器中的图表视图可以显示动画曲线分段、关键帧和关键帧切线。使用与 Maya 视口相同的导航热键，可以通过图表视图进行平移和缩放，并通过向左或向右拖动当前时间标记，沿顶部的时间标尺拖动动画。（图 2-100）

### 5. 曲线图编辑器的当前时间标记

曲线图编辑器的当前时间标记指示视口中当前显示的帧。沿图表视图顶部的时间标尺拖动该帧，即可在整个动画中进行拖动。（图 2-101）

如果时间标记已锁定，则无法拖动图表视图，这可防止曲线被意外拖动。若要解除锁定以便在图表视图中拖动，就在拖动的同时按 K 键。

## 二、曲线图编辑器工具栏介绍

### 1. 移动最近拾取的关键帧工具（Move nearest picked key tool）

使用该工具，可以通过单一鼠标操作来操纵各个关键帧和切线。该工具与移动工具有所不同，同一时间只能操纵一个关键帧。它可以操纵某条活动曲线的最近选定关键帧，而无需在图表视图中精确地选择关键帧或切线控制柄。（图 2-102）

### 2. 晶格变形关键帧工具（Lattice deform keys tool）

使用该工具，可以围绕关键帧组绘制一个晶格变形器。在曲线图编辑器中操纵曲线，可以同时操纵许多关键帧。该工具可提供对动画曲线的高级别控制。（图 2-103）

### 3. 区域工具（Region tool）

启用区域选择模式，可以在图表视图中拖动鼠标左键以选择一个区域，然后在该区域内从时间和值上缩放关键帧。（图2-104）

### 4. 重定时工具（Retime tool）

启用重定时工具，可以双击图表视图区域来创建重定时标记。然后，可以拖动这些标记来直接调整动画中关键帧移动的计时，使其发生得更快或更慢，或提前或延后发生。（图2-105）

### 5. 框显全部（Frame all）

在曲线图编辑器图表视图中框显所有当前动画曲线的关键帧。（图2-106）

### 6. 框显播放范围（Frame playback range）

在曲线图编辑器图表视图中框显当前播放范围内的所有关键帧。（图2-107）

### 7. 视图围绕当前时间居中（Center the view about the current time）

在曲线图编辑器图表视图中使当前时间居中。（图2-108）

### 8. 自动切线（Auto tangents）

对曲线图编辑器菜单的切线选项自动进行访问。（图2-109）

### 9. 样条曲线切线（Spline tangents）

提供对曲线图编辑器菜单栏选项"切线/样条曲线"的直接访问。（图2-110）

### 10. 夹具切线（Clamped tangents）

该工具可以使动画曲线既有样条线的特点，也有直线的特点。（图2-111）

### 11. 线性切线（Linear tangents）

该工具可以使相邻的两个关键帧之间的曲线变为直线，并影响到后面的曲线连接。（图2-112）

图2-102 移动最近拾取的关键帧工具

图2-103 晶格变形关键帧工具

图2-104 区域工具

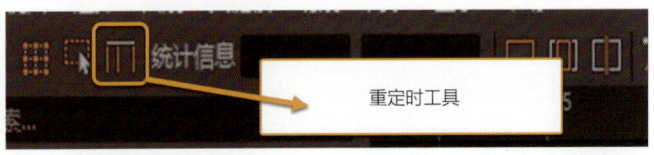

图2-105 重定时工具

图2-106 框显全部

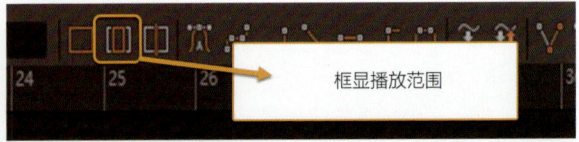

图2-107 框显播放范围

图2-108 视图围绕当前时间居中

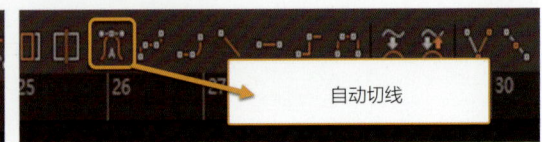

图2-109 自动切线

## 12. 平坦切线（Flat tangents）

该工具可以将选择的关键帧控制手柄全部旋转到水平角度。（图2-113）

## 13. 阶跃切线（Step tangents）

该工具可以将任意形状的曲线强行转换成阶梯状曲线。（图2-114）

## 14. 点平化切线（Plateau tangents）

该工具用于将所选控制点所在的曲线转换为切线状态。（图2-115）

## 15. 缓冲区曲线快照（Buffer curve snapshot）

若要拍摄曲线的快照，选择该动画曲线，然后选择"曲线/缓冲区曲线快照"或直接点击缓冲区曲线快照按钮。（图2-116）

## 16. 交换缓冲区曲线（Swap buffer curve）

若要将缓冲区曲线与已编辑的曲线交换，可选择"曲线/交换缓冲区曲线"或直接点击交换缓冲区曲线按钮。（图2-117）

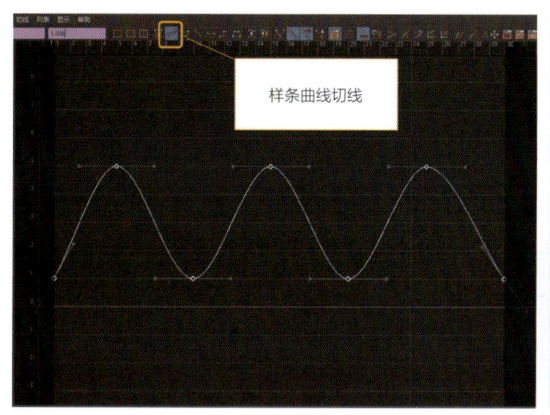

图2-110 样条曲线切线

图2-111 夹具切线

图2-112 线性切线

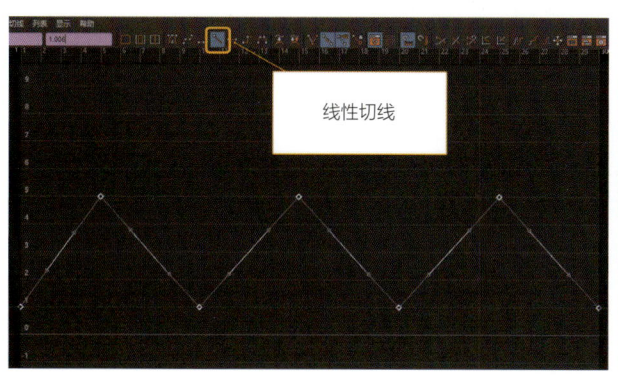

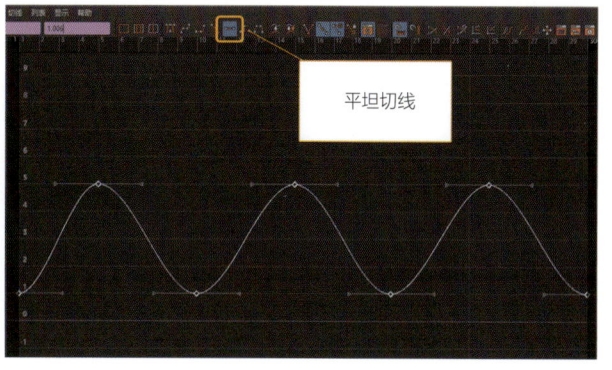

图2-113 平坦切线

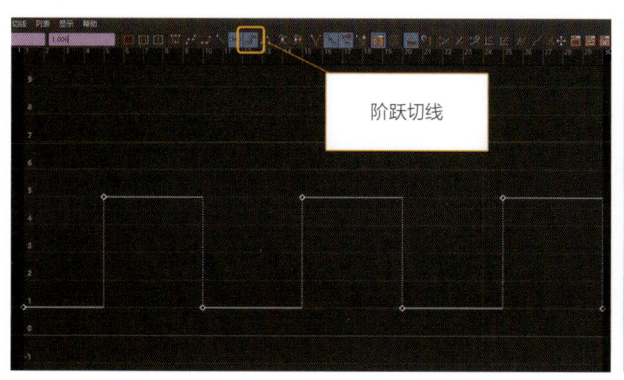

图2-114 阶跃切线

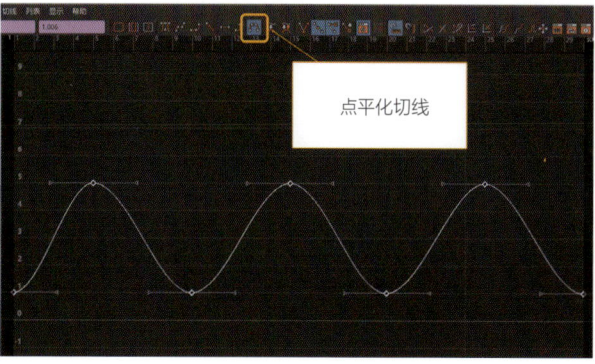

图2-115 点平化切线

### 17. 断开切线（Break tangents）

该工具可以将关键帧点上的两个控制手柄强行打断。打断后，两边的控制器手柄不再相互连接，可以对控制手柄单独进行操作，从而自由调节关键帧两边的曲柄，以达到自己想要的曲线形状。（图2-118）

### 18. 统一切线（Unify tangents）

该工具可以将关键帧上打断的控制手柄再次连接成一个相关联的手柄。（图2-119）

### 19. 释放切线权重（Free tangent length）

关键帧控制手柄的权重是锁定的，不可以被拉长。单击此按钮后可释放权重，调节曲线长度。（图2-120）

### 20. 锁定切线长度（Lock tangent length）

该工具可将释放后的关键帧手柄的权重重新锁定。（图2-121）

### 21. 自动加载曲线图编辑器（Auto load graph editor）

在列表菜单中找到"自动加载选定对象"选项。（图2-122）

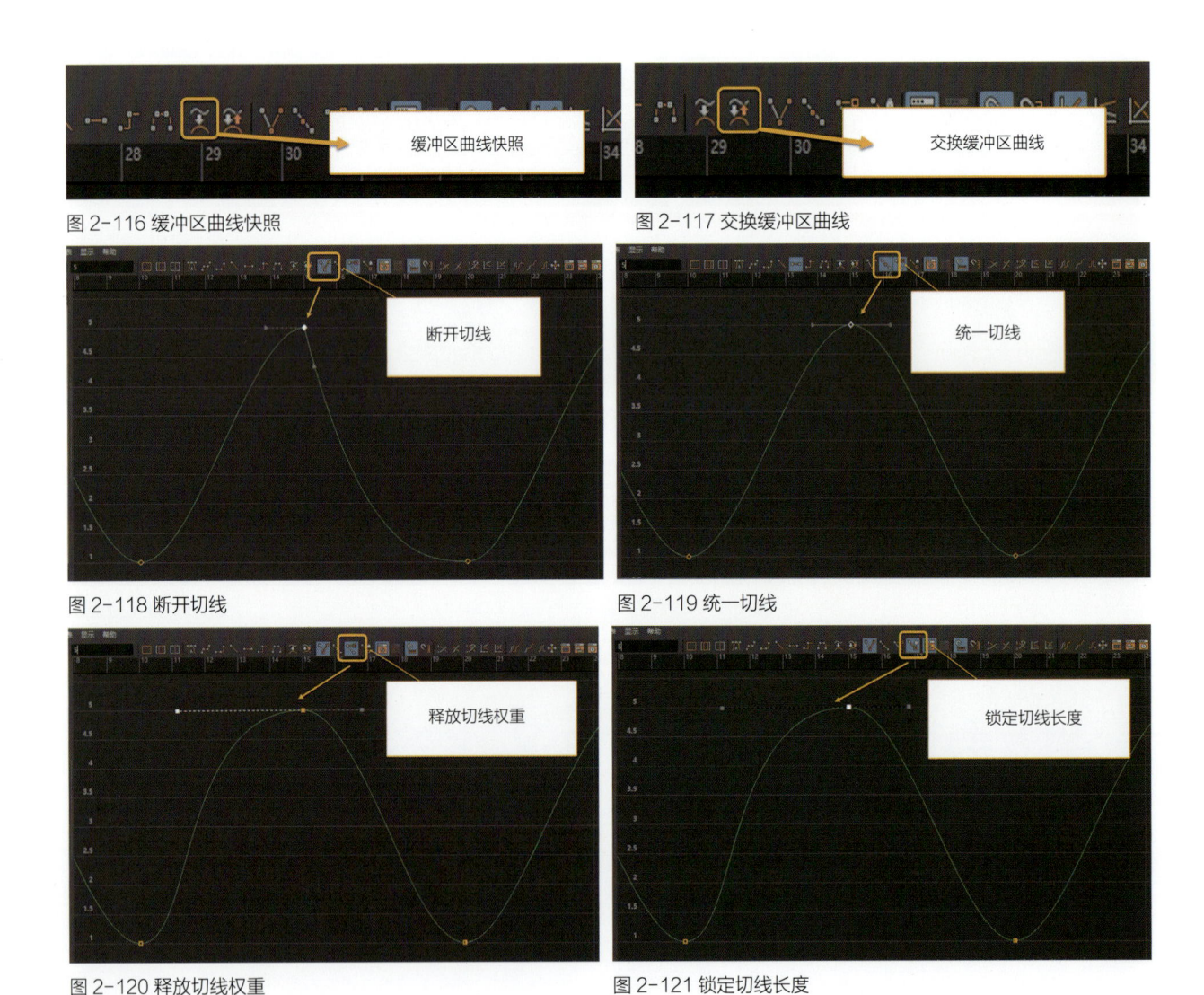

图 2-116 缓冲区曲线快照

图 2-117 交换缓冲区曲线

图 2-118 断开切线

图 2-119 统一切线

图 2-120 释放切线权重

图 2-121 锁定切线长度

## 22. 选择加载曲线图编辑器（Load graph editor from selection）

将选定对象加载到曲线图编辑器中。（图 2-123）

## 23. 时间捕捉（Time snap）

使在图表视图中移动的关键帧始终捕捉到最近时间的整数值。（图 2-124）

## 24. 值捕捉（Value snap）

使图表视图中的关键帧始终捕捉到最近参数的整数值。（图 2-125）

## 25. 绝对视图（Absolute view）

提供对曲线图编辑器菜单栏选项"视图/绝对视图"的启用或禁用。（图 2-126）

## 26. 堆叠视图（Stacked view）

提供对曲线图编辑器菜单栏选项"视图/堆叠视图"的启用或禁用。（图 2-127）

## 27. 重新规范化（Renormalize）

提供对曲线图编辑器菜单栏选项"视图/重新规范化"的轻松访问。（图 2-128）

## 28. 前方循环（Cycle before）

提供对曲线图编辑器菜单栏选项"曲线/前方无限/循环"的访问。（图 2-129）

图 2-122 自动加载曲线图编辑器

图 2-123 从当前选择加载曲线图编辑器

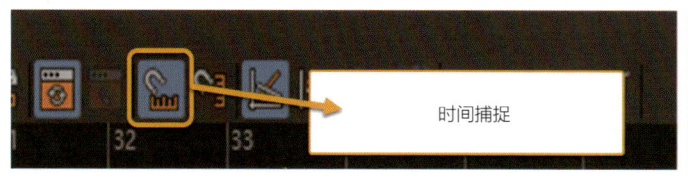

图 2-124 时间捕捉

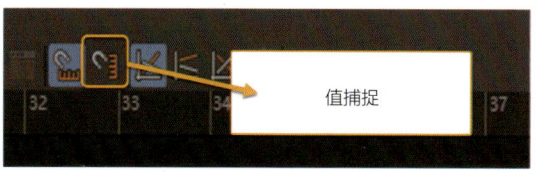

图 2-125 值捕捉

图 2-126 绝对视图

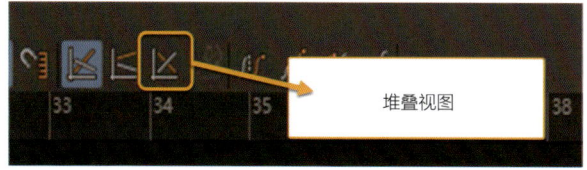

图 2-127 堆叠视图

图 2-128 重新规范化

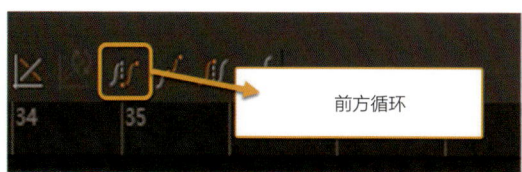

图 2-129 前方循环

## 29. 带偏移的前方循环（Cycle before with offset）

提供对曲线图编辑器菜单栏选项"曲线/前方无限/带偏移的循环"的访问。（图2-130）

## 30. 后方循环（Cycle after）

提供对曲线图编辑器菜单栏选项"曲线/后方无限/循环"的访问。（图2-131）

## 31. 带偏移的后方循环（Cycle after with offset）

提供对曲线图编辑器菜单栏选项"曲线/后方无限/带偏移的循环"的访问。（图2-132）

## 32. 未约束的拖动（Unconstrained drag）

可以将控制点往任何方向移动。（图2-133）

## 33. 打开摄影表（Open the dope sheet）

打开摄影表并加载当前对象的动画关键帧。（图2-134）

## 34. 打开Trax编辑器（Open the trax editor）

打开Trax编辑器并加载当前对象的动画片段。（图2-135）

## 35. 打开时间编辑器（Open the time editor）

打开时间编辑器并加载当前对象的动画关键帧。（图2-136）

## 三、曲线图编辑器大纲视图

### 1. 按时间编辑器片段显示动画

使用曲线图编辑器大纲视图菜单中的"显示/按片段组织"，可在相关的时间编辑器片段中排列动画曲线。

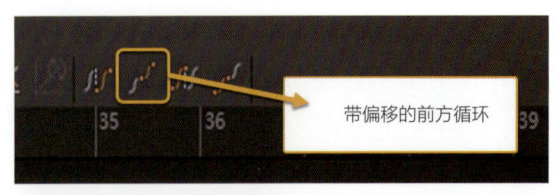

图2-130 带偏移的前方循环

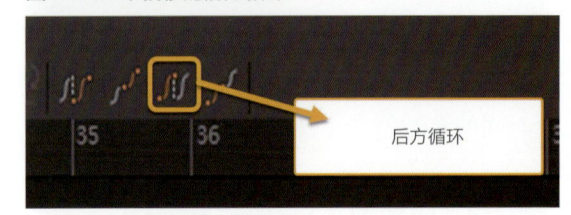

图2-131 后方循环

图2-132 带偏移的后方循环

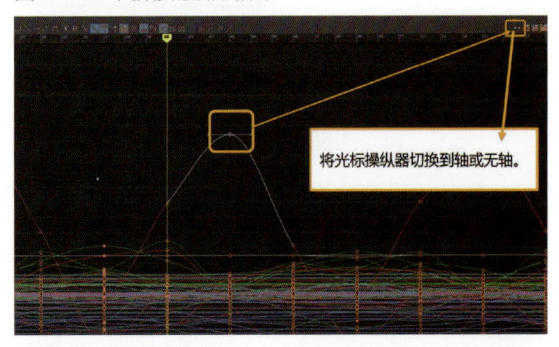

图2-133 未约束的拖动

图2-134 打开摄影表

图2-135 打开Trax编辑器

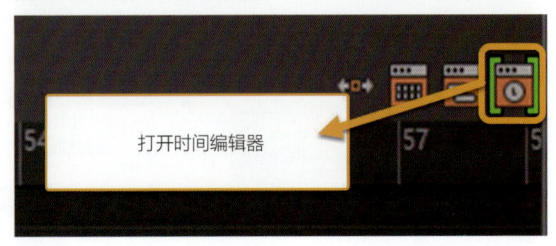

图2-136 打开时间编辑器

## 2. 曲线图编辑器大纲视图搜索

曲线图编辑器大纲视图搜索可用于在曲线图编辑器中过滤对象，这在大型场景中跟踪节点时十分有用。在场景中选定对象之后，在搜索框中输入相应字段，任何关联的对象将会亮显。（图2-137）

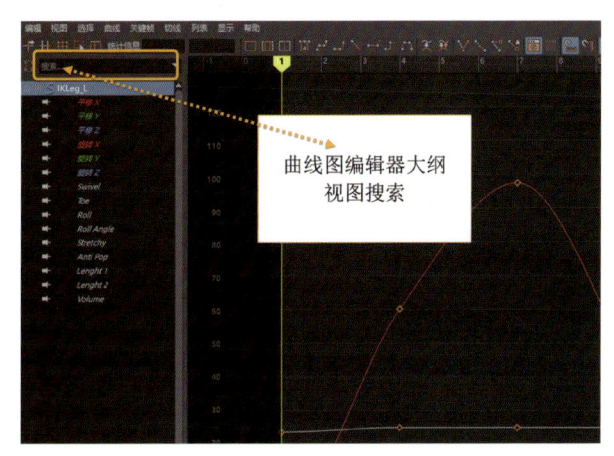

图 2-137 曲线图编辑器大纲视图搜索

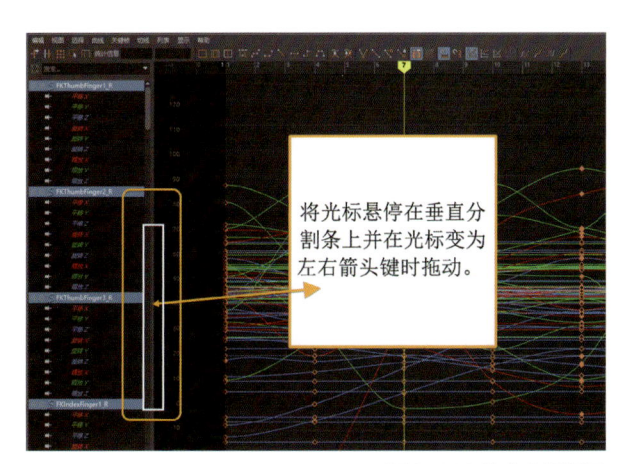

图 2-138 隐藏大纲视图

图 2-139 选择工具

## 3. 曲线图编辑器大纲视图中的通道

如果已通过简单的关键帧动画给对象设定了动画，那么所选对象的每个属性将存在一条驱动该属性的动画曲线。

## 4. 曲线图编辑器大纲视图分割控制

该功能可以分割曲线图编辑器大纲视图，以便同时查看两个不同的列表，更轻松地在不同的动画曲线集之间来回切换。

若要分割大纲视图，向大纲视图的底部移动光标。此时将看到光标的图标更改为上下箭头。拖动光标以移动大纲视图分隔符，将创建第二个大纲视图空间。

## 5. 曲线图编辑器大纲视图中的禁用图标

可以在曲线图编辑器中禁用动画通道。如果某个通道已禁用，曲线图编辑器中的通道名称旁会显示一个图标。

## 6. 隐藏曲线图编辑器大纲视图

可以关闭曲线图编辑器大纲视图，为图表视图留出更多空间。将光标悬停在垂直分割条上并在光标变为左右箭头键时拖动。（图2-138）

### 四、曲线图编辑器图表视图

曲线图编辑器的图表视图可以显示动画曲线分段、关键帧和关键帧切线。在曲线图编辑器中的任何位置单击鼠标右键，可打开包含曲线图编辑器菜单栏选项的弹出菜单。

## 1. 选择工具（Select tool）

使用选择工具来选择图表视图中的曲线、分段、切线和关键帧。使用鼠标按钮向下扫描已选择区域的内容，单击动画曲线、切线控制柄、或关键帧，选择单个条目。（图2-139）

## 2. 移动关键帧工具（Move keys tool）

这是使用移动关键帧工具选择并操纵图表视图的组件。只有在曲线图编辑器处于活动状态时，

图 2-140 移动关键帧工具

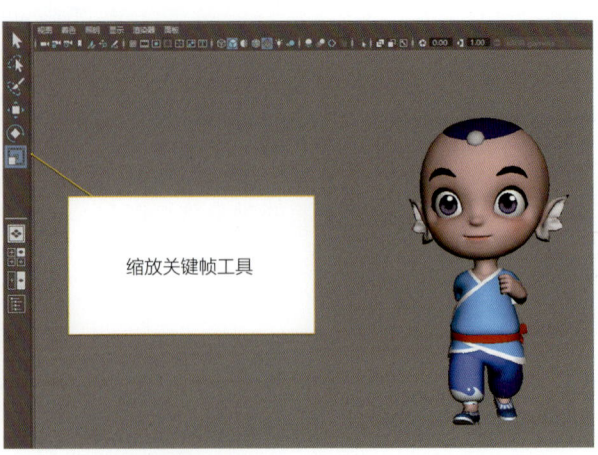

图 2-141 缩放关键帧工具

移动工具的移动关键帧设置才可用。（图 2-140）

### 3. 缩放关键帧工具（Scale keys tool）

缩放关键帧工具用来缩放图表视图中动画曲线分段的区域和关键帧的位置。（图 2-141）

## 课程总结

本章教学内容是三维动画专业学生必备的基本技能，是实现创作想法与施工设计的基本保障。大部分内容是 Maya 软件的应用，有必要通过实际范例进行深入学习，从而熟练掌握常用的动画模块属性命令、摄影机的创建和应用、曲线图编辑器的应用等。因此，学生应掌握本章的重点内容，能够理解软件知识，这对学习后续的动画技术呈现有着重要的意义。

## 思考与练习

一、思考题

1. Maya 软件中摄影机有哪些作用与功能？如何理解不同摄影机的技术应用？

2. 曲线图编辑器在调节动作过程中起到什么样的作用？

3. 为什么动画关键帧之间的距离不完全是均等的？

二、练习题

1. 创建三个不同的摄影机，根据不同摄影机的功能测试摄影机运动效果，分别把它们摆放到相等的距离和不相等的距离，体会它们的运动变化。

2. 根据项目案例的二维分镜台本要求，用摄影机来表现镜头运动效果，体会摄影机运动过程中对时间与节奏的控制。

# 第三章

# 三维动画原理

**课程提要**

　　熟练应用三维动画的基本原理，会使动画的视觉效果更加符合动画艺术创作的特殊要求，塑造的情节和人物更具戏剧化艺术特征。掌握了三维动画的基本原理，在创作过程中就能依据基本原理去选择和判断角色表演形态的设计思路与方法。本章着重阐述动画原理的基本概念和本体动画的基本内容，以及在动画艺术创作过程中动画原理的重要性。一名合格的动画师必须系统地掌握动画的基本原理，这有助于为未来动画创作打下良好的基础。在案例分析中，要学会归纳和总结动画原理在实际创作中的应用，观察研究角色运动中每一个关键形态的变化，准确把握角色的基本特征。运用动画原理需要大量地去认识日常生活中存在的规律，要善于发现问题，使学习能由浅入深，从中发现规律并找到解决问题的方法，创作出更加鲜活生动的动画作品。

# 第一节 动画原理

## 一、基本原理

动画运动规律是动画专业学习中最重要的内容，也是动画专业的核心课程。在动画创作过程中，动画运动规律是动画专业学生必须掌握的基础知识。所谓规律，是指同类角色运动形态的共性特征。在大千世界，不同的形象和物体的形态各异。动画艺术创作要接触到的形象种类繁多，既包括有生命的形象，也包括无生命的形象。因此，用动画的独特语言形式给不同类型的运动形态找到相同的规律，其目的是学会观察、归纳与表现的方法，准确地把握物体和角色的基本运动规律、运动技巧和设计方法。

### 1. 曲线运动

曲线运动（图3-1）是物体的运动形态在外力的作用下，形成的运动轨迹为曲线的运动。它是自然柔和的、质感的、有节奏的、有情绪的运动规律。曲线运动规律是动画艺术创作中最基本的运动规律，也是动作运动规律中的重要内容。应用曲线运动规律完成的动画创作，会使动画视觉效果更加符合动画艺术的特殊要求，塑造的形象更具有戏剧化、夸张性特征。在绘制过程中，要依据自然运动规律，判断和选择关键运动形态的原画设计。同样，动画的渐变过程也需要参照曲线运动规律进行设计。曲线运动规律在动画艺术创作中运用非常广泛，所有运动的物体都会出现曲线运动现象。因此，它是动画专业学生必须掌握的一项基本技巧。

曲线运动在实际创作中大体可以归纳为三种类型。

（1）弧形运动。

物体在运动中，由于受到地心引力、空气阻力、主动力的作用，被迫改变运动方向，所呈现出抛物线状的运动，称为弧形运动。

弧形运动应用在动画的设计过程中，必须强调动画的特征和戏剧效果，夸大自然现象的基本形态。例如：射出去的箭头在飞行过程中，按照一条微小的运动弧线向前运动。由于箭自身的质量和空气的阻力，以及飞行中与空气产生摩擦作用，箭在按照弧形轨迹运动的同时，箭体也会颤动，这是物体的复合运动状态。枪射出去的子弹，通常人们认为它是直线运动，可是，创作者一旦把射出去的子弹画成直线运动，就失去了动画的趣味性、戏剧性，也不符合动画运动的基本规律。也就是说，动画的设计要遵循规律，但是画面视觉效果更为重要。用力抛出去的篮球，在运动中呈抛物线状态向前弹动，这种弹动的方式是沿着弧线运动轨迹连续运动。它的弧形运动方式完成了，可这样的设计由于缺少物体质感的体现而过于机械。如果设计任何物体的运动，不分质感和轻重都用同样的方法，就无法体现不同物体的质感和轻重。在遵循弧形运动规律的前提下，物体应有自身的运动节奏、运动状态和运动方式。这需要我们认真观察和体会，并找出形态差别，才能让运动中的物体在动画中表现得更生动更形象。比如青蛙的跳跃动作等。（图3-2）

还有一种弧形运动，即一些比较有韧性的物体，其一端固定在某一个位置上，受到外力的作用时，其运动形态也会产生非直线的弧形运动。在绘制这类物体的运动时，要注意受力点的位置，它决定了物体运动的质感、韧性、柔软度。（图3-3）受力点越靠近固定位置的末端，运动物体的质感越柔软、质地越轻，受力

图3-1 曲线运动

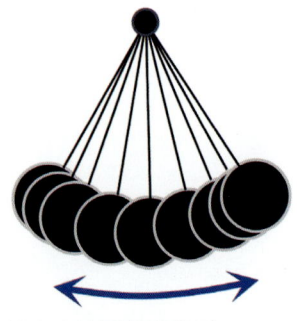

图3-2 弧形运动

图3-3 钟摆的弧形运动

点越远离固定位置，运动物体的质感越僵硬、质地越重。例如，挥动柔软的长鞭、被风吹动的草、树枝的摆动、人身体及四肢关节的运动过程，等等，都应仔细观察被描绘对象的运动方式、柔韧度、运动受力点的位置，才能有很好的动画视觉效果。（图3-4）

（2）波形运动。

波形运动是指振动的传递波动。在现实生活中有各种形态的波形运动，例如：水波，声波，质地柔软轻薄的物体、形态飘忽变化的气体、液体及人物的轻柔运动等。

在表现波形运动时，必须注意以下四点。

第一，强调和夸大波动的现象，过于自然的表现会使动作缺少动画特征。

第二，受力点的移动。在波形运动中，一般是波形推进循环和力的传递产生的运动形态。

第三，重视质感的表现。体现质感来源受力点的位置，在受力点位置的形象的带动下，整体运动形态会产生跟随滞留差。物体轻重不同，跟随滞留差也不一样，这样才有轻盈飘逸的感觉。

第四，注意运动方向和节奏。在运动中，不可以中途改变方向。推进的速度要视外力作用的大小而定。波形运动的节奏要有韵律，形态要富于变化。例如：田野里被风吹动的麦浪、江河湖海中的水浪、燃烧着的火焰、乡村民房上的炊烟、空中飘忽不定的云彩，等等，都需要按照波形运动规律去完成。（图3-5）

（3）S形运动。

S形运动中，运动物体自身具备主动力条件，比较柔软而又有韧性。主动力在一个点上。依靠主动力驱动以及外部阻力的限制作用，物体把力量从一端传递到另一端，形成的运动状态呈现S形运动。由于物体质感不同或受力大小不一样，其S形运动的幅度也不一样。运动的物体在摆动时，通常会出现正反两个S形，连成一个8字运动线。

理解了这些基本的曲线运动规律后，还应当在实践中不断体会。它们是相辅相成的，通常是三种运动方式同时使用，动画所呈现的动作才会合理、柔和、流畅与生动。（图3-6）

**2. 案例：南珠宝宝转头动作**

当角色头部从左向右转时，在中间位置的时候，头部运动并非水平运动。这时应当将头部降低一点，否则在视觉上会产生僵硬、受限制的感觉。从案例中观察，随着角色在中间位置低头，他的头顶、五官等运动都由直线运动变成了弧线运动。三维动画制作中，在表现弧形运动的时候要注意物体的前后变化，把握好加减速原理。掌握了力的基本原理，包括重力、空气阻力、摩擦力以及力的传递等对弧线运动的影响和作用，才能使角色动作有优美感。

（1）先从二维图分析转头的关键pose（原画）。（图3-7）

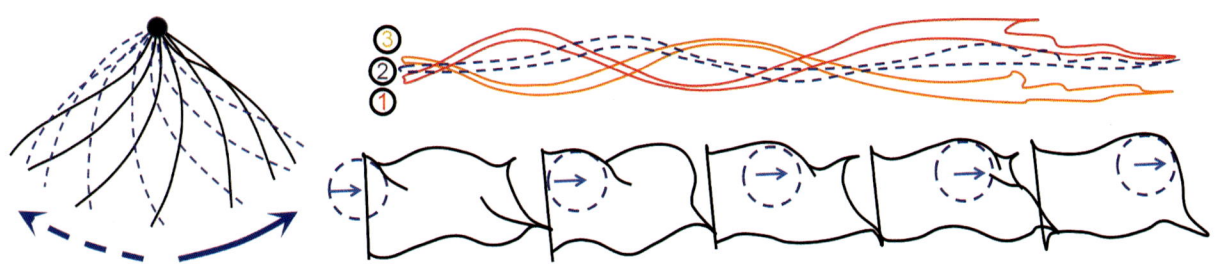

图3-4 枝条的弧形运动　　　　　　　　　　图3-5 绸带、彩旗被风吹起时的波形运动

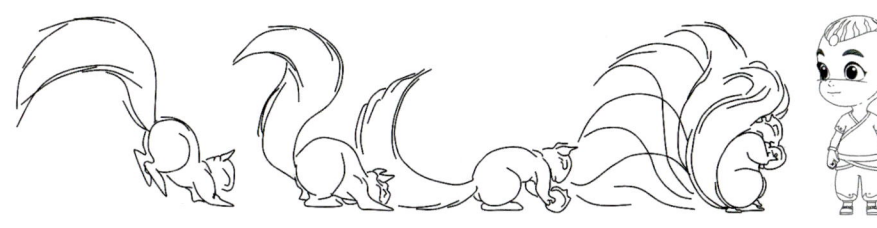

图3-6 松鼠尾巴运动　　　　　　　　　　　图3-7 南珠宝宝转头1

（2）将二维图的pose用三维动画表现出来。（图3-8）

（3）根据转头的3个关键pose（原画）可以发现，这样转头拍出的动画效果看起来非常死板。如果想表现出转头的自然效果，需将中间帧的头部往下降低。（图3-9）

（4）对二维图的pose进行修改后，用三维动画表现出来。（图3-10）

## 二、预备与缓冲

### 1. 预备

预备是加入一个反向的动作以加强正向动作的张力，并提示下一个将要发生的动作。

在制作动画时，完成一个动作需要经历预备动作、过程动作和结束动作三个阶段。预备动作通常幅度较大，方向与过程动作相反，而且比较缓慢。我们通过最简单的小球动画来观察小球运动的预备动作效果。（图3-11）

### 2. 缓冲

缓冲是加入一个消解力量的动作，以延长力量作用的时间，从而加强主要动作的张力。某些时候前一个动作的缓冲也是为了准备下一个动作。

缓冲能够使角色动画更富有节奏感，能够避免角色匀速运动时产生呆板生硬的感觉，并且常与预备动作同时应用于角色动画的制作中，使角色的动作真实自然，符合运动规律，进而提升动画的质量。（图3-12）

动画师要长期观察并揣摩对象的情绪、动作和各种行为方式，总结归纳动作的预期性规律。

### 3. 案例1：南珠宝宝的跳跃动作

（1）要分析南珠宝宝的整个跳跃动作过程。预备动作是为了让观众更清晰地看到主要动作，明白动作之间的联系，否则角色的动作会显得非常不自然。（图3-13）

（2）预备动作是角色做运动前的蓄势过程。（图3-14）

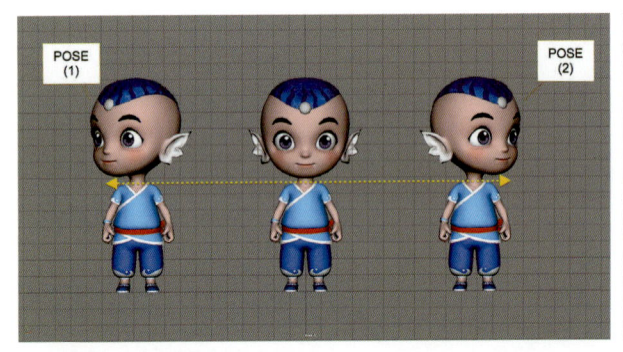

图3-8 南珠宝宝转头2

图3-9 南珠宝宝转头3

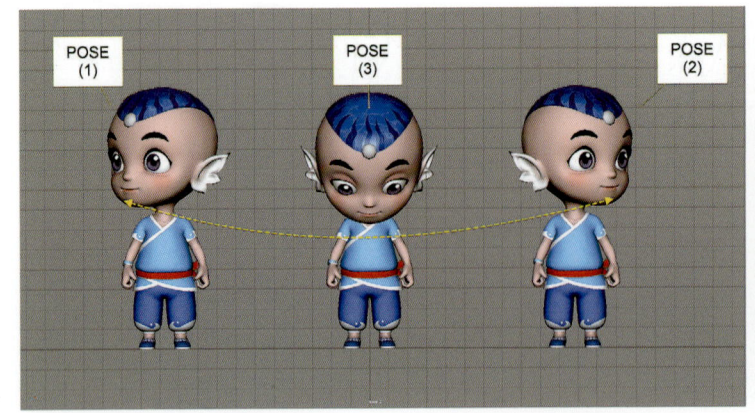

图3-10 南珠宝宝转头4

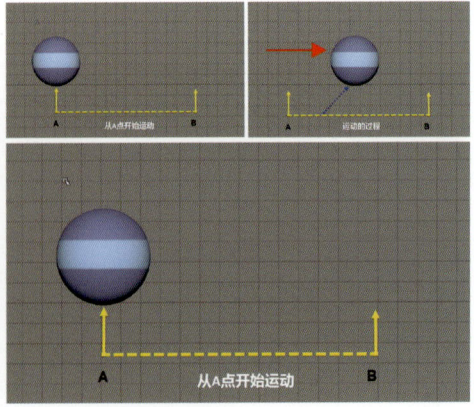

图3-11 小球的预备动作

（3）预备动作通常是先向运动的反方向运动。（图3-15）

### 4. 案例2：皮皮特的连贯动作

动作分析：下蹲（跳起的预备），脚接触地，下蹲（落地的缓冲），胸腔、头部继续向下，臀部向上运动（起立的预备动作），快速直起身体（极限动作），放松身体（缓冲动作），身体重心转移到右脚并抬起左脚（走的预备动作）迈步走。

（1）在第1帧处记录关键pose1。（图3-16）

（2）到第10帧，在躯干控制器中控制Y轴向下移动，旋转X轴向顺时针方向转动；分别旋转腰部和胸部控制器，使人物腰部弯曲；左右手上移；选择头部控制器，X轴逆时针方向旋转，记录关键pose2。（图3-17）

（3）在第14帧选择躯干控制器向前移并逆时针旋转；选择腰部和胸部控制器逆时针旋转；选择左脚上移及前移，右脚顺时针方向旋转；分别选择左右手旋转、下移及后移；选择整体，记录关键pose3。（图3-18）

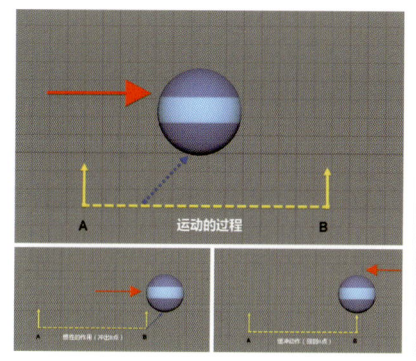

图3-12 缓冲动作

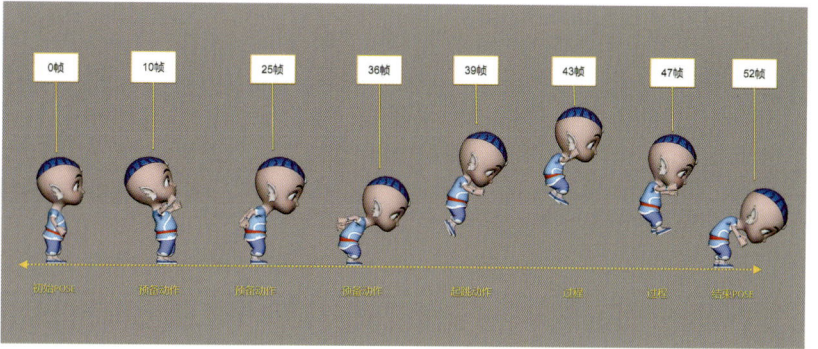

图3-13 南珠宝宝跳跃过程

图3-14 南珠宝宝蓄势过程

图3-15 反方向运动

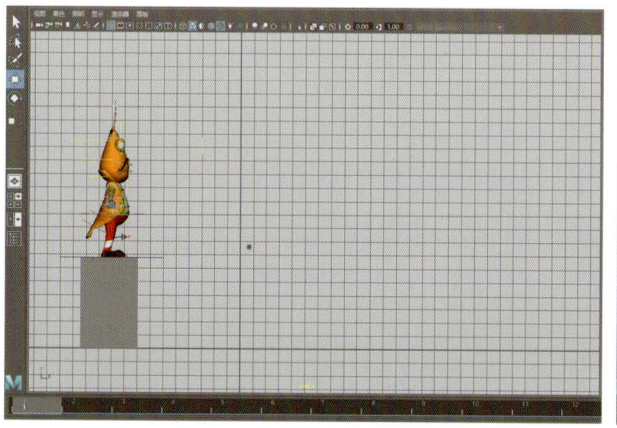

图3-16 关键pose1

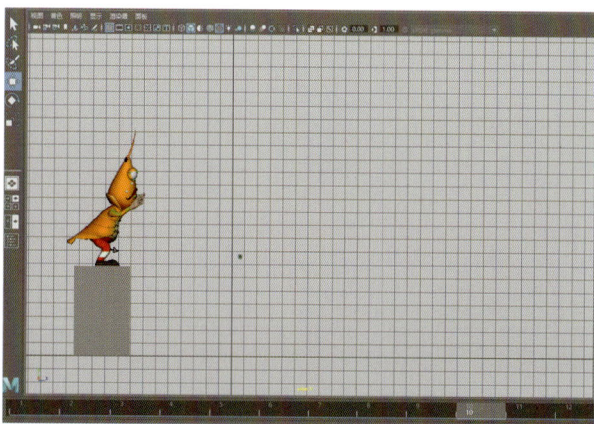

图3-17 关键pose2

（4）选择第24帧，移动整体控制器，选择躯干控制器顺时针旋转；分别选择腰部和胸部控制器顺时针旋转；选择头部控制器顺时针旋转；选择右脚上移，左右手旋转及上移；选择全部控制器，记录关键pose4。（图3-19）

（5）选择第19帧，将姿势调整为腾空，记录关键pose5。（图3-20）

（6）选择第28帧，将左脚控制器顺时针方向旋转至踏地；选择右脚前移及下移，让脚后跟接触地面；分别选择左右手肘控制器上移；选择全部关键帧，记录关键pose6。（图3-21）

（7）选择第34帧，将右脚控制器逆时针旋转至脚踏地面；选择躯干控制器下移并顺时针旋转；顺时针旋转腰部、胸部控制器；将左右手控制器上移，手肘控制器下移；头部控制器逆时针旋转。选择全部控制器，记录关键pose7。（图3-22）

（8）选择第44帧，将躯干控制器上移，分别选择躯干、腰部、胸部控制器逆时针旋转；头部控制器顺时针旋转；旋转左右手并上移，手肘上移；选择左脚控制器，将脚后跟向上旋转；选择全部控制器，记录关键pose8。（图3-23）

（9）选择第58帧，将腰部、胸部、头部控制器移动旋转属性归零，然后分别选择左右手控

图 3-18 关键 pose3

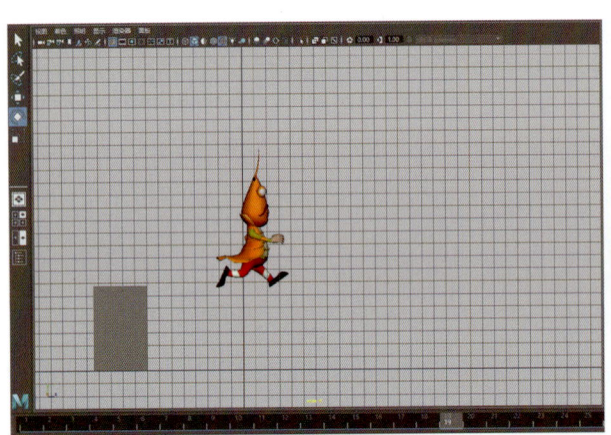

图 3-19 关键 pose4

图 3-20 关键 pose5

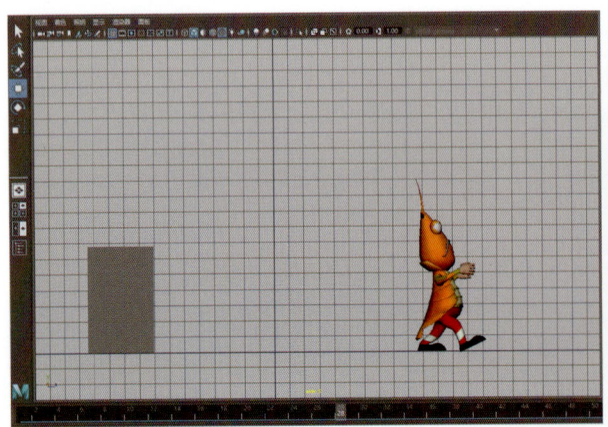

图 3-21 关键 pose6

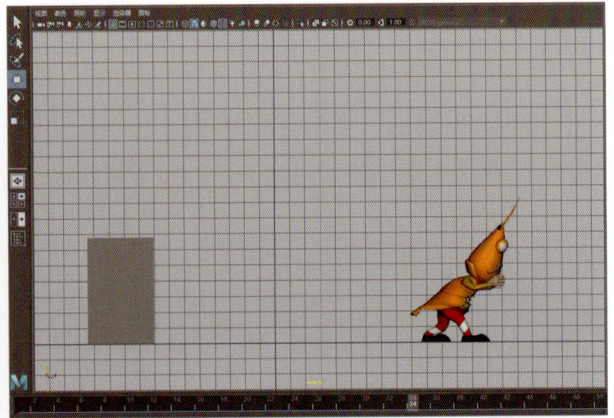

图 3-22 关键 pose7

制器内移、上移和下移；选择全部控制器，记录关键 pose9。（图 3-24）

（10）选择第 78 帧，将躯干控制器向左手方向移动，并按顺时针方向旋转；胸部控制器按顺时针方向旋转；右脚上移；左手控制器向外前移，右手控制器向外后移；选择全部控制器，记录关键 pose10。（图 3-25）

（11）选择第 84 帧，将躯干控制器向右手方向前移，逆时针方向旋转；选择腰部控制器向逆时针方向旋转，胸部控制器向左旋转，胯部控制器向右旋转；左脚前移，脚后跟触地；选择左手控制器向前移，右手控制器向后移；选择全部控制器，记录关键 pose11。（图 3-26）

以上案例中，pose1 至 pose2 为起跳的预备动作，pose3 至 pose5 为空中动作，pose6 至 pose9 为落地的缓冲动作和直立的预备动作，pose10 至 pose11 是起身的缓冲动作。

## 5. 预备与缓冲的作用及其特点

（1）预备与缓冲的作用。

从力度的角度分析，预备动作是一个动作的开始（积蓄力量），缓冲动作是一个动作的结束（即卸力）。从视觉的角度分析，预备动作可以提醒观众注意下一个动作要开始了，缓冲动作可以提醒观众注意这一个动作结束了。预备和缓冲还可以使动作更为流畅，更有节奏感。

（2）预备与缓冲的特点。

基于预备与缓冲动作的作用，所有预备与缓冲动作的速度相对较慢，占整个动作的时间也多些。主体动作越快，预备与缓冲动作就越慢，用的时间就越多。主体动作越慢、力度越小，预备与缓冲作用的时间就越少。动作方向讲究欲前先后，欲上先下，欲张先缩。

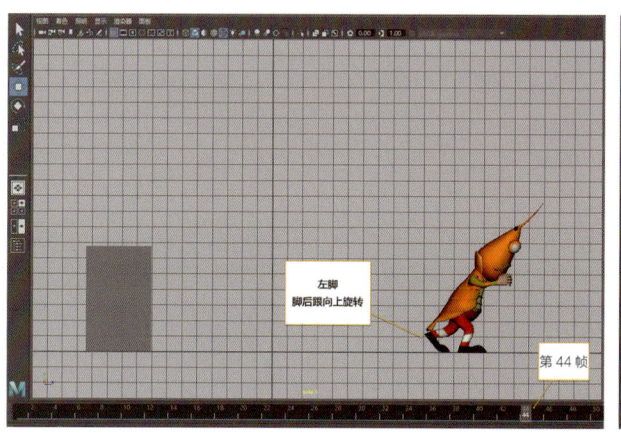

图 3-23 关键 pose8

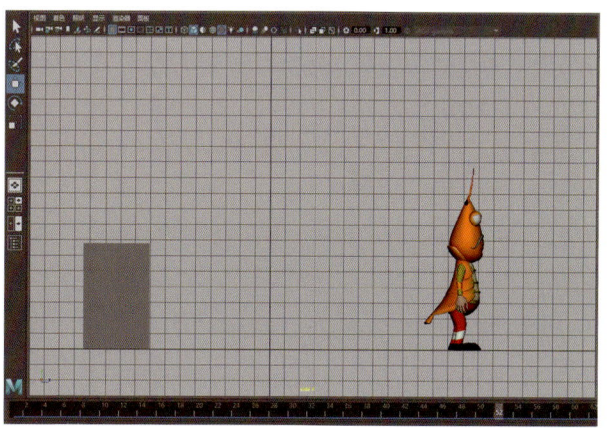

图 3-24 关键 pose9

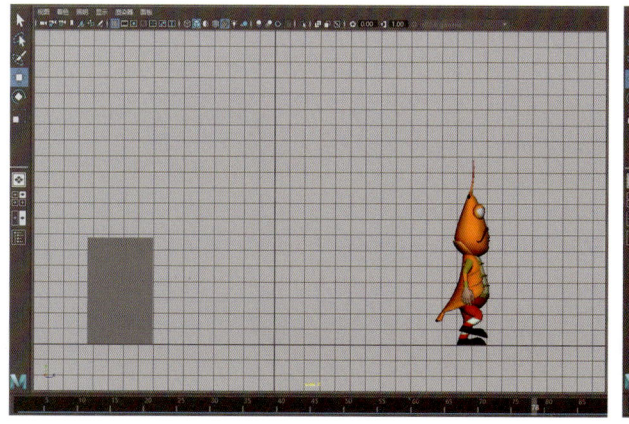

图 3-25 关键 pose10

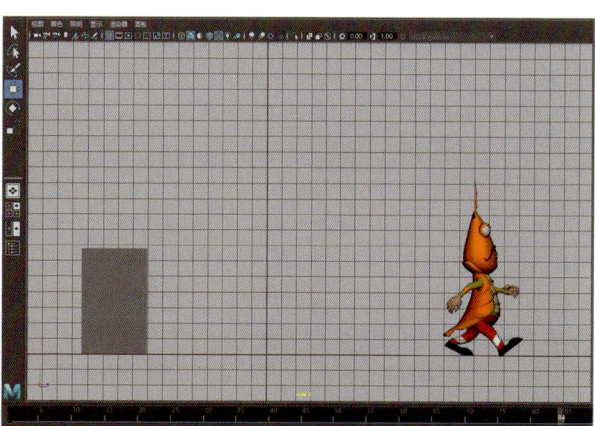

图 3-26 关键 pose11

### 6. 预备与缓冲的表现形式

预备与缓冲主要有两种表现形式：一是用预备动作和缓冲动作来表现；另一种是用动作的慢起和慢停来表现（如比较慢的抬手动作和转头动作）。有些动作也可以看作预备动作，如：一个角色全身不动（眼睛都不眨），长时间盯着一个物体看，眨眼后快速转头。这里转头前的眨眼，可以看作转头的预备动作（角色长时间不眨眼，给观众的感觉是没有生机。当他做眨眼的动作时，自然会引起观众思考，他动了，他想干什么？）。还有一种预备，称为"情绪的预备"。一个人在生闷气时突然爆发，"人生闷气"就是爆发的预备动作。

## 三、时间的掌握

一个动作的发生需要时间，把握好动作的时间是控制动画节奏的关键。

时间点掌握在动画创作中是非常关键，同时也是很难把握的内容，在很多人眼里是只可意会、不可言传的。时间对动画师而言是可塑的，既可压缩也可扩张，极度的自由意味着难以把握。把握时间是动画创作的重要方向，动画是在时间的流动中存在的。本章讲到的所有动画运动规律，如果没有适当的时间把握，都无法完成。（图3-27）

## 四、重心

重心处于人或物重量分布区域的中心，整体的运动总是随着重心的变化而变化。重心直接影响动画的稳定感和量感。

在做角色动作时，要把所学的内容与动画结合起来，从多个角度去观察重心的位置。（图3-28）

人体重心是随人体动作的变化而移动的，要使人体保持重心稳定，重心的位置与人体主要部位移动的位置应该保持一致。重心落在支撑面，人体就能维持平衡，支撑面越大，平衡感越强。如坐卧时，支撑面包括人体与地面的接触面和支撑面与地面的接触面之间的整个区域。重心超出了支撑面，身体就会失去平衡，产生不稳定的感觉。

重心位置变化可以分为三个类型。

（1）支撑面以内的重心姿态。（图3-29）

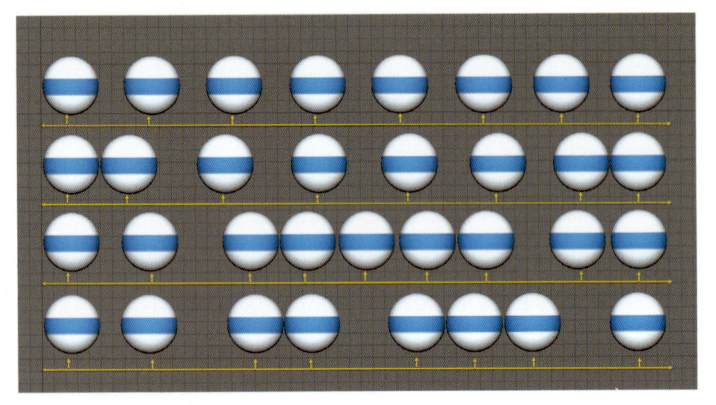

图3-27 小球不同节奏的效果

图3-28 角色站立的重心

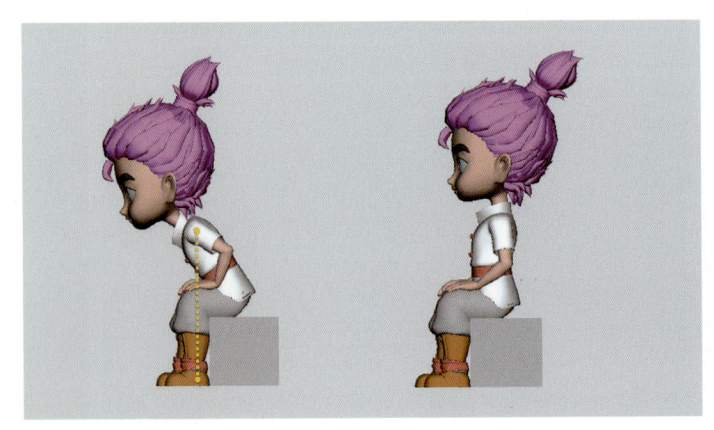

图3-29 角色坐的重心

（2）超越支撑面的重心移动的动作(走、跑、推、拉等)。（图3-30）

（3）离开支撑面的动作（跳跃与游弋等）。（图3-31）

图3-30 角色推东西的重心

图3-31 角色跳跃的重心

## 五、重量

重量在动画中体现为重量感，可以通过物体自身的运动状态来体现，也可以通过与它接触的人或其他物体来体现。

自然界所有的物体都有自身的重量、结构和不同程度的柔韧性。所以，在受到力的作用时，不同的物体都会有自己特有的反应。在动画中，角色重量感需要肢体的综合运用才能体现。这是非常重要的，可以使整个画面情节变得更加立体。（图3-32）

体现重量的方法有很多，要熟练掌握实例分析中所提到的技术要点，根据动画的实际需要进行分析制作。每个动作带给观众的重量感都是不一样的，最好的方法就是观察实际生活中的动作变化，来更好地完成重量感的体现。（图3-33）

图3-32 角色拿东西

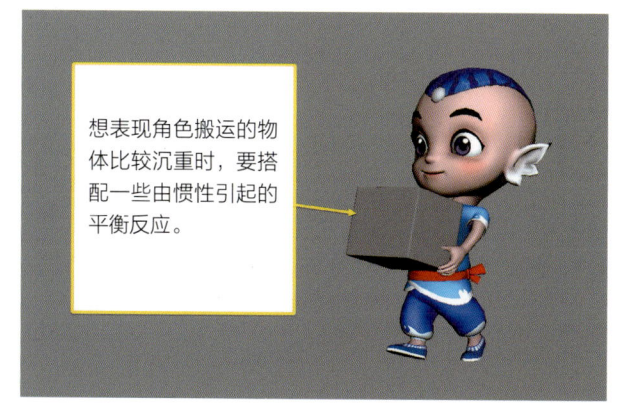

想表现角色搬运的物体比较沉重时，要搭配一些由惯性引起的平衡反应。

图3-33 角色搬东西

## 六、夸张

夸张是指以一种更强、更极端的方式来表现动作，而不是严格地写实。

我们看到的大多数动作是由于力作用于物体而产生的。在动作过程中，进行适当的创造性夸张，可以使动作更有戏剧化效果，也使动画更具表现力。对照日常生活中的动作与动画中的动作可以看出，动画中的动作运用夸张的变形手法，使得动作更加生动有趣。（图3-34）

在制作动画时想要达到好的夸张效果，需要具备较高的概括能力，使角色最快地表现出自身的性格特点和动作风格。通过对夸张的讲解和实例的分析，相信大家已经了解到，在动作中适当的夸张是可接受的。

要将正常的动作（图3-35）调整成夸张的动作，夸张的表现方式和幅度应该由动画当前情景下的动作性质来决定，不能为了夸张而夸张。（图3-36）

## 七、挤压和拉伸

以物体形状的变化来强调瞬间的物理变化，增加画面的表现力和趣味性，挤压和拉伸是主要表现手法之一。

在现实生活中，运动物体不变形的情况很少。不管物体多么坚硬，运动时都会变形。生活中变形是无处不在的，没有变形就没有了生命力。（图3-37）

挤压和拉伸是动画制作中的一个重要环节。在制作动画的时候，为了得到一个相对稳定且又富有弹性的鲜活角色，就必须运用挤压和拉伸，对于卡通角色更是如此。它可以生动地体现角色的构成、尺寸和重量，展示力的大小，力越大，挤压和拉伸的效果越强，反之亦然。挤压和拉伸也可以获得更自然的面部表情动画。在三维动画制作中需要注意的是，角色的身体有固定的体积，这个体积由内在骨骼与肌肉来支撑，所以动画师在制作挤压和拉伸效果时，既要基于骨架与肌肉的一定逻辑产生变形，又要通过其他手段来保持角色体积的恒定，只有这样做出来的效果才能使角色的表现更有说服力。

## 八、慢入慢出

所有物体从静止到移动，是渐快的加速运动；从移动到静止，则是渐慢的减速运动。

日常生活中，物体开始运动或者停止的时候，会经历加速和减速的自然过程。在软件中实现慢入慢出，主要是借助调节动画曲线来完成，所以一定要对动画曲线理解透彻。（图3-38）

图3-34 日常生活动作与动画动作对照

图3-35 正常动作

图3-36 夸张动作

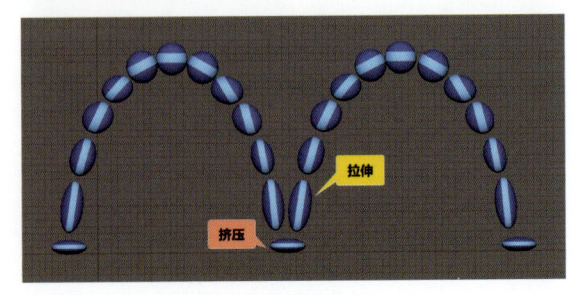

图3-37 小球运动过程中的挤压与拉伸

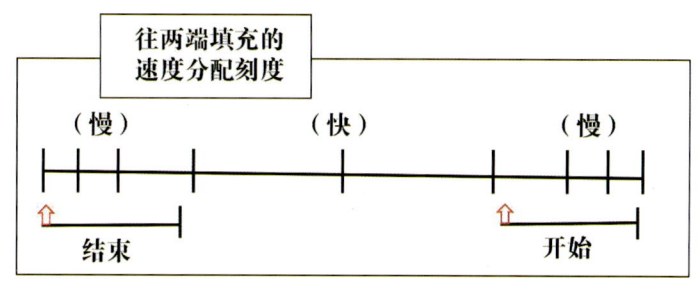

图 3-38 速度的分配

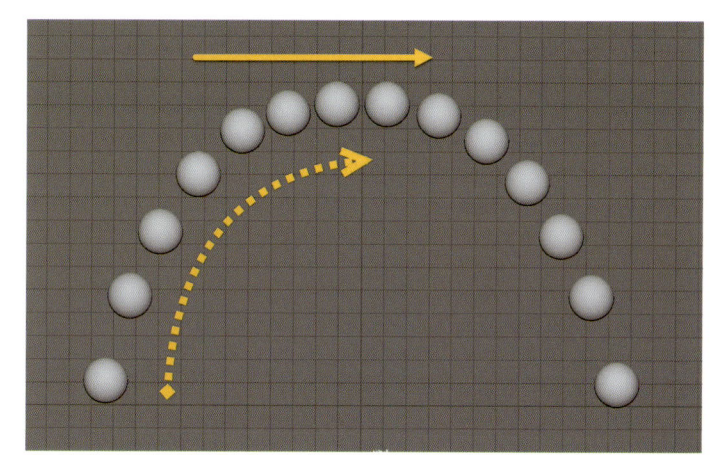

图 3-39 小球从地面弹起

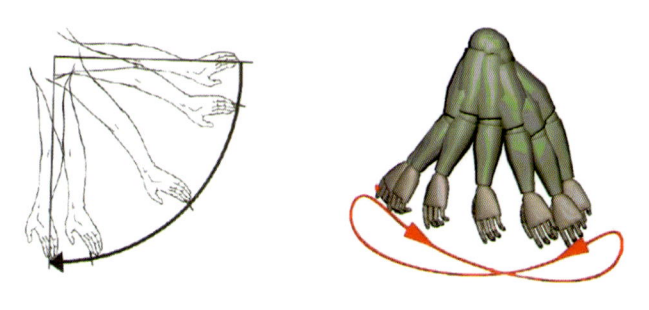

图 3-40 手臂的慢入慢出运动

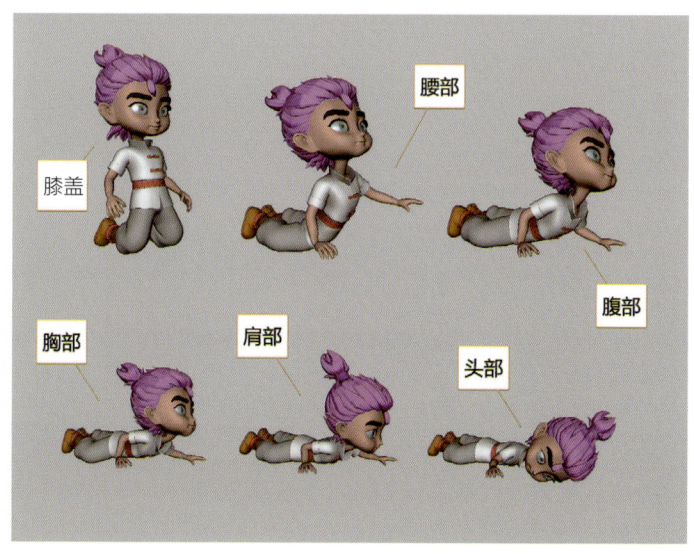

图 3-41 角色摔倒的跟随与重叠动作

以小球从地面弹起为例，它会用较少的时间快速弹向空中到达最高点，在接近高点时逐渐减速，直到重力拖得它开始下落。小球在抵达最高点之前就是慢入，一旦过了最高点就会开始慢出。（图 3-39）

又如手臂摆动。观察人行走时手臂的左右摆动动作。（图 3-40）

## 九、跟随和重叠

华特·迪士尼认为，没有任何一种物体会突然停止，物体的运动是一个部分接着一个部分的。其实质就是一个物体跟着另一个物体的运动而运动，或物体自身的一部分跟随另一部分的运动而运动。这种运动不是同步的，而总是会慢上一拍。跟随和重叠动作在动画制作过程中是最重要、最常见的元素之一。制作角色动画时，在没有特殊要求的情况下，应避免角色身体部位在同一时刻开始或停止运动，应尽量使用跟随和重叠动作，它会使动作看起来非常柔韧而有活力，使角色更加鲜活。

以角色摔倒为例，分析角色的跟随和重叠动作，接触地面的顺序应依次为：膝盖—腰部—腹部—胸部—肩部—头部。（图 3-41）

## 十、反作用力

当力发生变化时，总会有一个反方向的反作用力正在产生。动画应当恰当地通过灵活的手法表现这个反作用力。

通过对反作用力的认识和理解，以及借助实例说明它是如何作用的，有助于让学生更深入地理解怎样使用这些规律来更好地表现角色的动作。

动画规律不能彼此孤立地出现在动画中，而应作为整体的一部分而存在。（图3-42）

以角色向前跳跃为例，为了向上运动，角色起跳，施力朝向地面，地面便向角色施以一个力度相等但方向相反的力，使角色升起。

角色从一个箱子上跳向另一个箱子的时候，会经历从发力到受到反作用力的过程。（图3-43）

## 十一、次要动作

当角色在完成主要动作时，某些肢体部位也可以做一些衬托性的动作来增强感染力。同时，角色的附属物也应自然地运动，起到点缀主要动作的效果。

次要动作由一系列小的运动组成，用于丰富主要动作的细节，增加动画的趣味性和真实性。添加次要动作要适当，既要使次要动作能让大家察觉，又不能掩盖主要动作。次要动作是对正在发生的主要动作的反应，它的出现不能过于独立或唐突。优秀的次要动作能够提升动画的质量，增加动画的表现力。

以图3-44为例，手臂的动作以配合性的动作出现，作为辅助的次要动作，为主要动作增加细节，提升动画的表现力。如果没有次要动作，画面显得枯燥单调，角色的情感得不到完整的表述（图3-45）。加入手的动作作为适当的次要动作，能使画面丰富，提升表现力，动画质量得以提升（图3-46）。

## 十二、姿势

角色肢体呈现出来的形态要能够有效地表达角色的特性及故事中的信息，包括事件、角色心理、情感等。一个动作的产生不会是单一的某个部位的运动。要体现出真实的运动感觉，就必须考虑这个动作的力量是从哪里产生，并向什么方向传递。（图3-47）

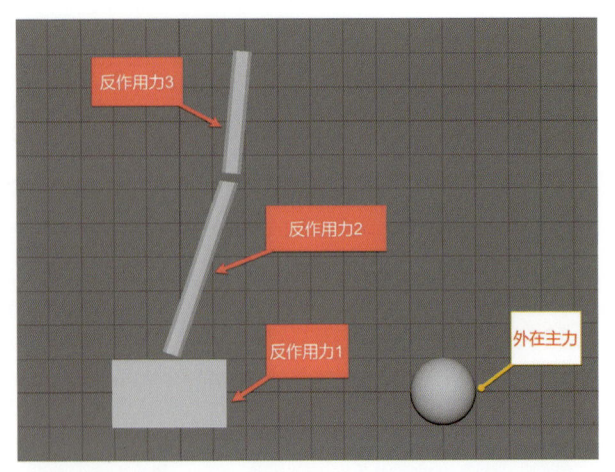

图3-42 反作用力

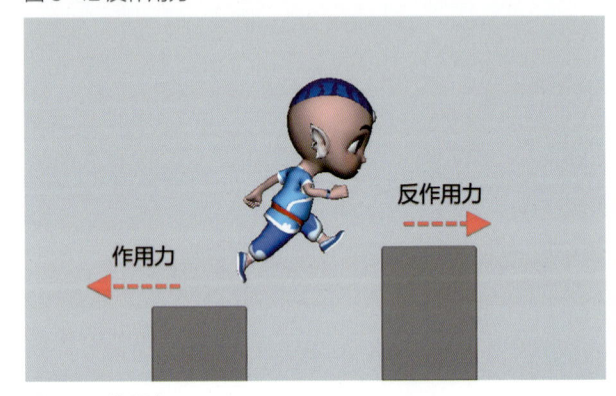

图3-43 作用力

图3-44 次要动作

图3-45 没有次要动作

图3-46 加入次要动作

例如抬手动作，许多初学者只考虑到手的运动，但是，抬手并不是只有手的运动。因此，如果动画师想让观众感受到手是角色自己用力抬起来的，就需要同时考虑腰部、大臂、小臂、手腕相互之间的关系。（图 3-48）

### 十三、剪影

动画中的剪影应当尽可能保证清晰。清晰的剪影更容易让观众感受到动作本身的魅力。角色摆出的关键姿势应该能够让观众在第一时间联想到角色想要表达的意思。这种姿势需要具备美感，同时要把事件交代精确、完整、清楚。合适的剪影需通过角色的姿势与摄影机角度来得到较好的效果。（图 3-49）

### 十四、保持

动画中某些姿势需要保持一段时间，其目的是让观众能够清楚地看到并感受到这种姿势想要表达的内容，或者借以强化其前后动作的表现力。（图 3-50）

## 第二节 案例分析

### 一、小球动画介绍

当我们要制作球体弹跳动画的时候，其核心问题是时间和节奏。时间可以理解为球体每次从离开地面到落地的总时长。节奏可以理解为两次弹跳之间的时间差，这种时间差具有一定的规律性。同时，球体弹跳还有内部节奏。从垂直运动速度来看，它接触地面的一瞬间速度最快，到达最高点的时候速度最慢。在实际制作的时候，要考虑不同材质的球体弹跳产生的节奏不同。弹起的球体由于受到地心引力的作用，向上运动时会逐渐减速，等球体到最高处时转变为向下的加速运动，当球体向下撞到地面时，球体的重力瞬时转化为向上的力，小球就会再次跳起，并不断重

图 3-47 抬手 1

图 3-48 抬手 2

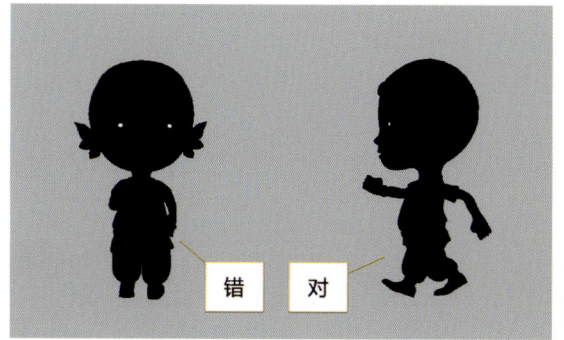

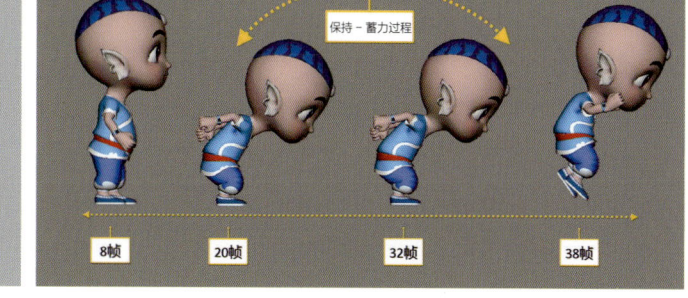

图 3-49 剪影

图 3-50 保持

复这个过程。因为每次弹跳都伴随着能量的损耗,所以小球的弹跳会逐渐减弱,直到能量消耗完毕而停止运动。(图3-51)

在生活中要善于发现,比如球的材质不同,其运动状态也会不同。接下来以乒乓球、皮球、铁球为例,制作每一种球体的运动动画。在制作过程中,可以根据球体特性来制作变形效果。为了实现夸张效果,可以用挤压和拉伸等手段。

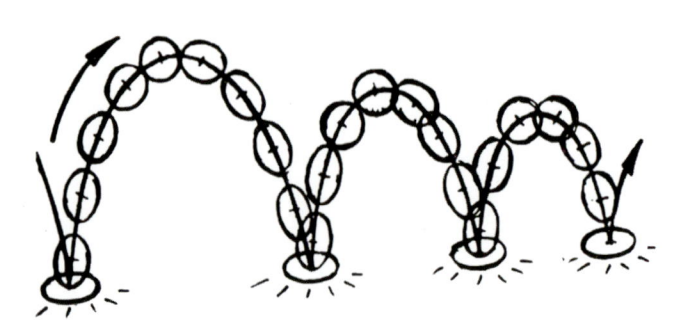

图3-51 小球运动规律

## 二、原地弹跳制作方法

### 1. 创建小球模型

(1)根据所要制作的小球动画,创建一个小球模型。打开Maya软件,新建一个场景,菜单栏中找到"创建/多边形基本体/球体",并给予小球贴图。(图3-52)

(2)设置好动画帧数、关闭面选项等属性,避免选到其他物体,提高工作效率。(图3-53)

### 2. 原地弹跳制作

(1)制作第1个关键帧。将小球移到最高点(位移Y轴:30)记录第1帧,准备让小球从最高点掉到地面上。(图3-54)

(2)将时间滑块移动到第9帧(位移Y轴:3,旋转Z轴:-90.921,缩放,X轴:1.471),让小球先接触地面。这时候要分析小球运动的原理,根据小球掉下来的力度测算时长。这一帧让小球在接触地面的时候发生挤压变形。(图3-55)

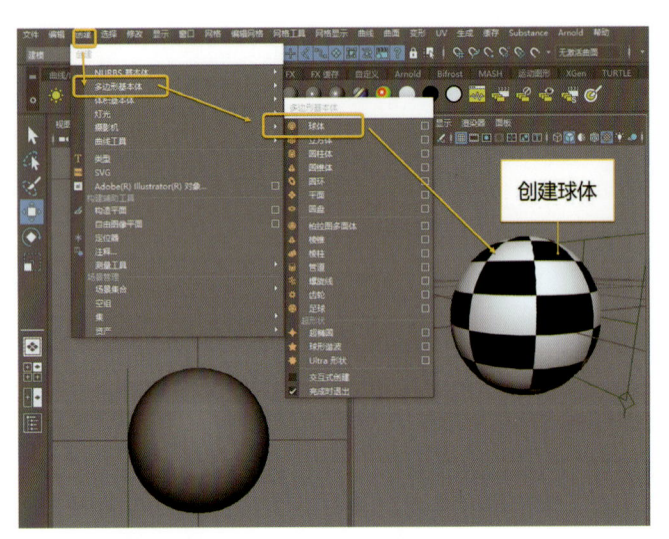

图3-52 创建小球模型

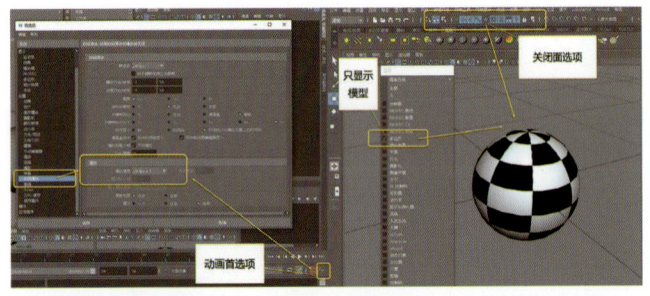

图3-53 设置好动画帧数、关闭面选项等属性

(3)将时间滑块移动到第19帧,将小球移动到最高点(小球的数值为位移Y轴:30,旋转Z轴:100)并记录。(图3-56)

(4)小球从高处掉落到地面,然后又从地面弹回。为更好地表现小球的弹跳效果,可以用挤压的方式来调整小球,使其更有弹性,在第9帧左右各添加1帧。第8帧数值为位移Y轴:10,缩放Y轴:1.5(图3-57)。第10帧数值为位移Y轴:6,缩放Y轴:1.5(图3-58)。

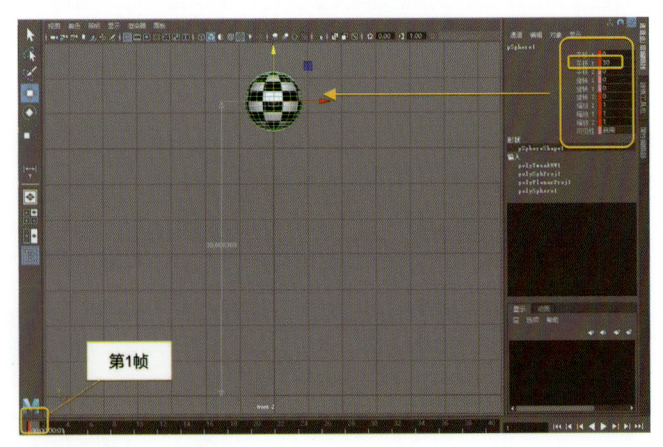

图3-54 第1个关键帧

（5）选择第5帧，对小球进行微调（位移Y轴：21.178，缩放Y轴：1.356）并记录。然后将时间滑块移动到第15帧，对小球进行微调（位移Y轴：21，缩放Y轴：1.2）并记录。（图3-59）

（6）要注意的问题。

球体在弹跳过程中的高度递减。如果弹跳时有水平方向的位移，距离也应递减。速度在运动过程中的变化要自然。

不同材质的球体在运动过程中会有节奏的差异，比如：乒乓球、皮球、铁球等。在运动过程中，要通过球体压缩和拉伸来体现小球弹跳时的变形。

## 三、不同小球的动画制作

### 1. 乒乓球动画制作

（1）首先在现实中找一个乒乓球试验一下，仔细观察乒乓球从高处落到地的运动轨迹。（图3-60）

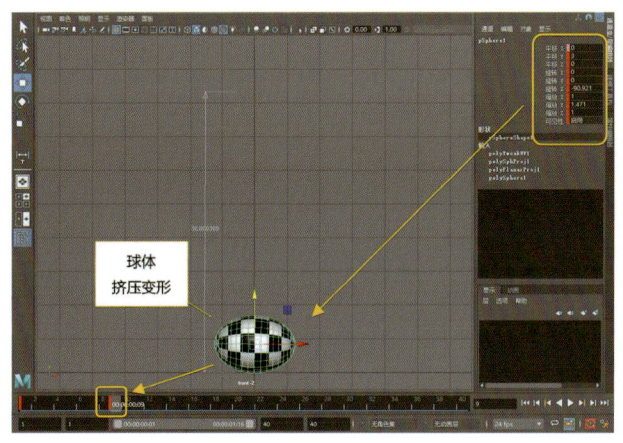

图3-55 第9帧

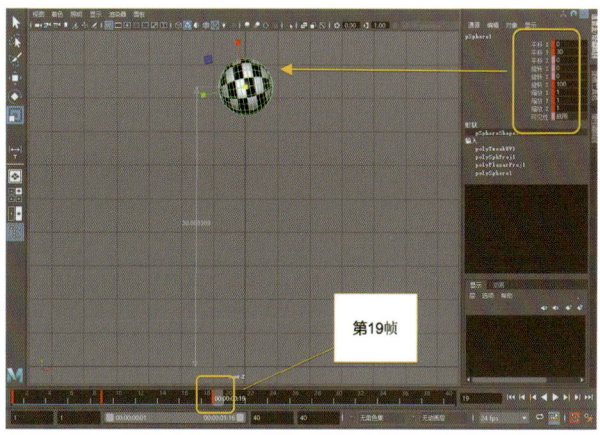

图3-56 第19帧

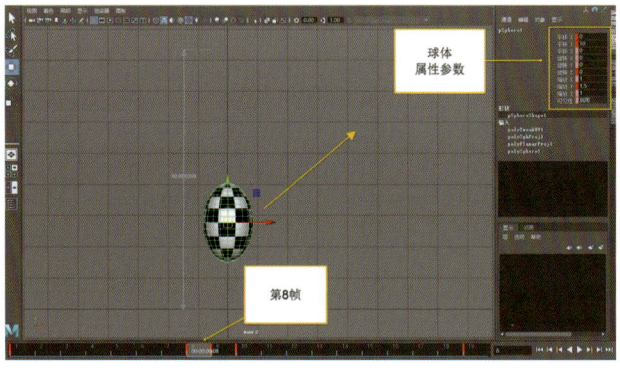

图3-57 第8帧

图3-58 第10帧

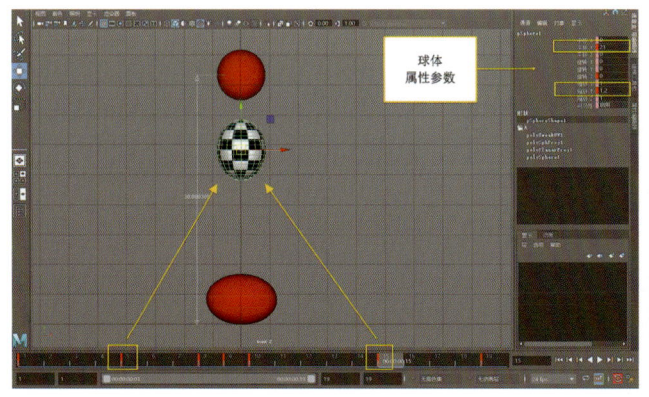

图3-59 第5、15帧

图3-60 现实中的乒乓球运动

（2）制作乒乓球动画。在 Maya 软件中新建一个小球，设置好时间帧率、动画的开始帧（第1帧）和结束帧（第95帧）。参考现实的乒乓球运动来制作。（图 3-61）

（3）制作乒乓球从高处掉落在地面上的过程，先要找出乒乓球在运动过程中的关键 pose，再根据乒乓球的运动特点加中间帧。（图 3-62）

（4）加入中间帧，让乒乓球弹跳的时候发生变化。（图 3-63）

（5）用曲线图编辑器来调整乒乓球在运动中上下弹跳的节奏变化。先移动 Y 轴曲线，调整乒乓球弹起的高度,让乒乓球弹跳得更有表现力。(图 3-64）

（6）移动 Z 轴，参考现实的效果测算好乒乓球弹跳的距离。（图 3-65）

（7）旋转 X 轴，当乒乓球从高处落下的时候，让乒乓球根据受力的情况产生旋转效果。如果每一帧都要调整，可能需要花很多时间，这时若使用曲线表来调整则非常方便。（图 3-66）

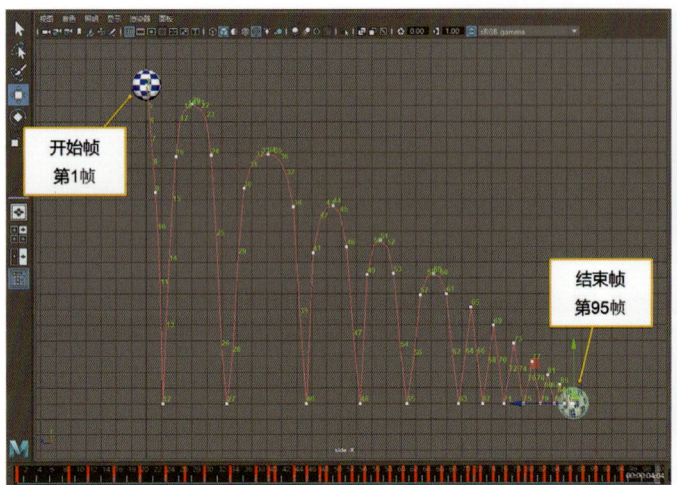

图 3-61 乒乓球动画制作过程

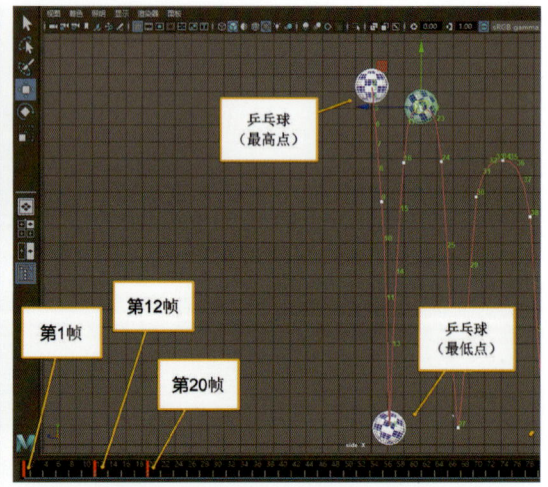

图 3-62 最高点、最低点

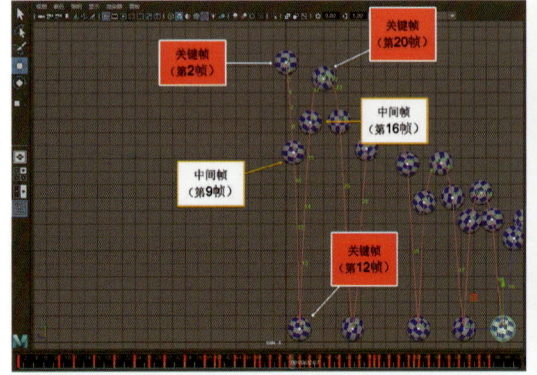

图 3-63 中间帧

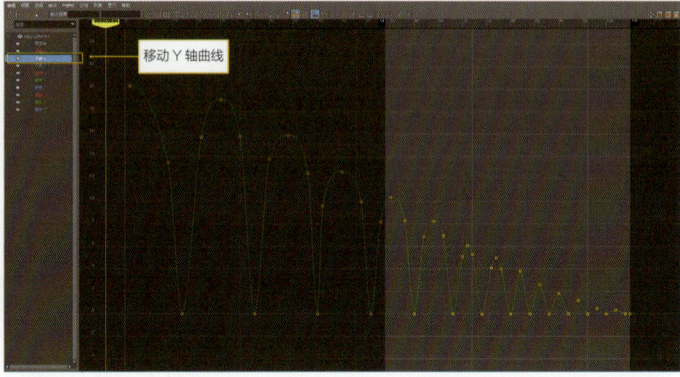

图 3-64 曲线图编辑器

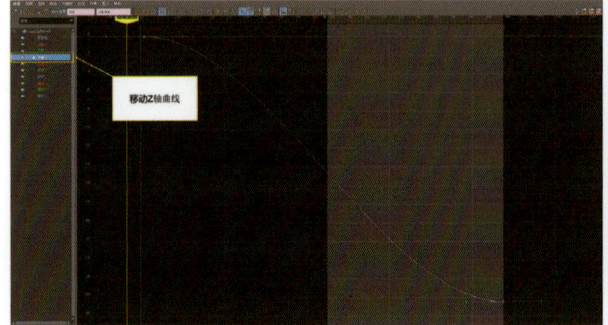

图 3-65 移动 Z 轴曲线

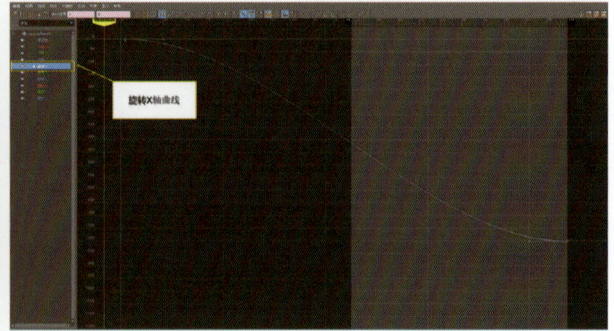

图 3-66 旋转 X 轴曲线

## 2. 皮球动画制作

（1）先找一个皮球来测试一下，仔细对比不同质感的球体从高处落地的运动规律。（图3-67）

（2）制作皮球动画。在Maya软件中打开一个绑定好的皮球文件，检查球体曲线控制器的设置。（图3-68）

（3）在做动画之前要估算好皮球运动总时间，设置好帧率（25帧/秒），动画的开始帧（第1帧）和结束帧（第76帧），根据现实的皮球运动来制作。（图3-69）

（4）找出皮球运动过程中的最高点和最低点，根据皮球的运动特点做好原画帧。（图3-70）

（5）为了很好地表现出皮球的运动轨迹，打开Maya动画模块可视化菜单中的创建可编辑运动路径，这样就可以很清楚地看到皮球的运动路线。（图3-71）

（6）加入中间帧。现实中的皮球接触地面时会产生变形。根据皮球变形的位置，选择皮球的顶部和底部控制器进行编辑，先将第13帧（关键帧）进行挤压变形（图3-72），然后插入中间帧（第12帧、第14帧）。（图3-73）

图3-67 皮球

图3-68 皮球曲线控制器

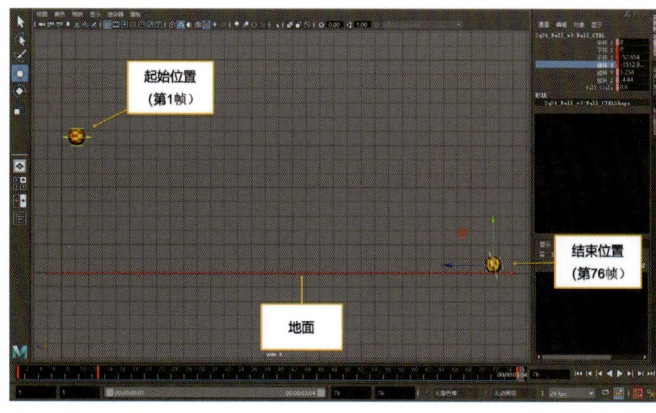

图3-69 起始位置、结束位置

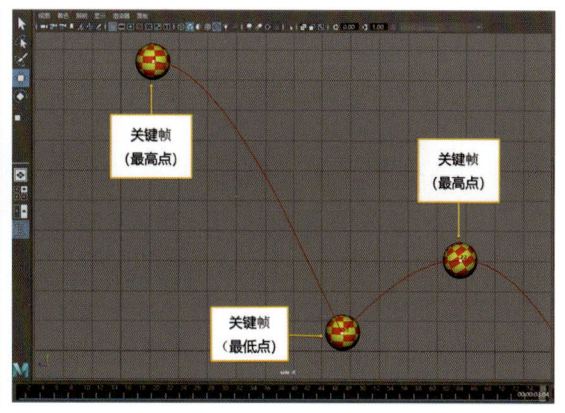

图3-70 最高点、最低点

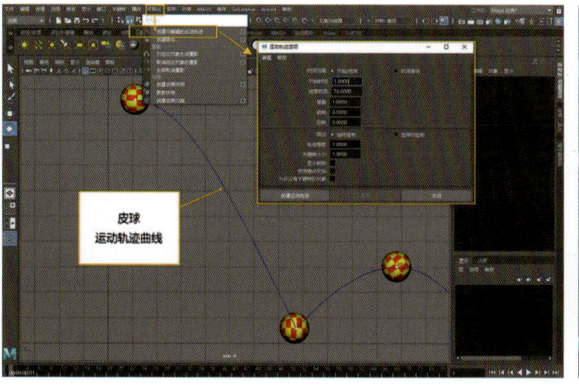

图3-71 运动轨迹属性

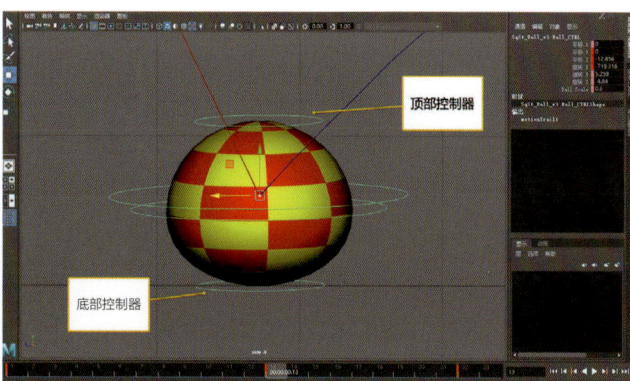

图3-72 调整第13帧

（7）根据皮球的运动规律，将整个运动过程制作出来。（图3-74）

（8）制作完皮球运动过程后，为了表现出皮球的动画效果，用曲线图编辑器进行调节。（图3-75）

（9）近距离观察皮球落地和腾空两处的时间变化，你会发现：当皮球落地时受力变化速度较快，由此可用曲线图编辑器中的线性切线工具调整皮球的运动速度。（图3-76）

（10）腾空的时候，皮球速度因为受到重力和空气阻力等影响减慢。要表现出皮球的动画效果，可使用曲线图编辑器中的加权切线命令。（图3-77）

（11）让腾空的皮球在运动过程中降低速度来表现出良好的节奏，实现更自然的动画效果。（图3-78）

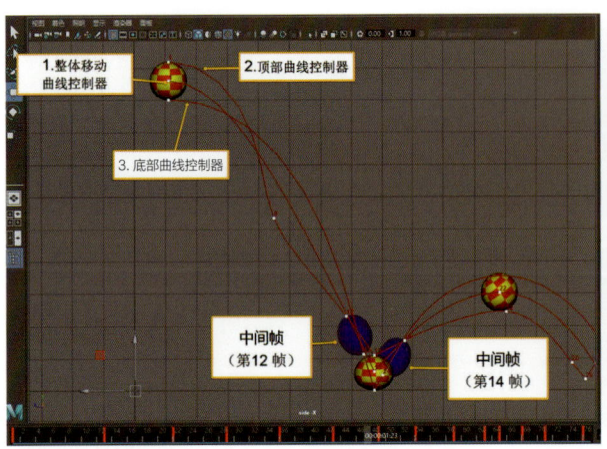

图3-73 中间帧

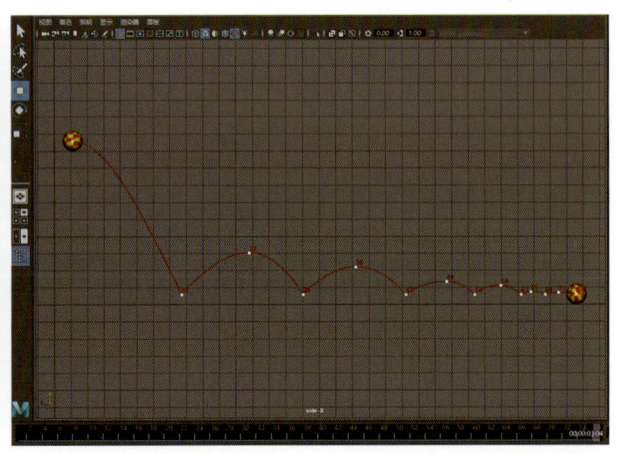

图3-74 皮球运动过程

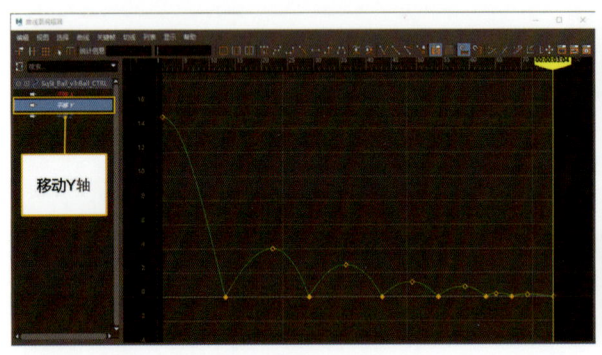

图3-75 曲线图编辑器移动Y轴

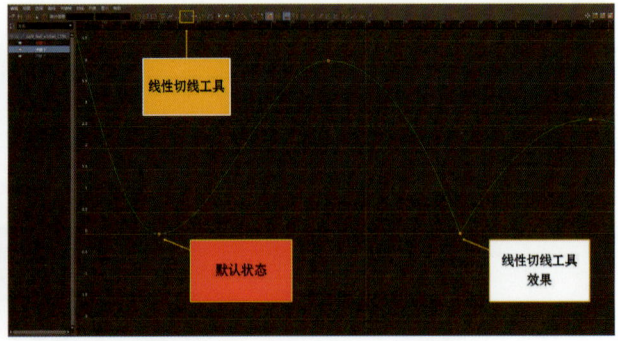

图3-76 线性切线工具

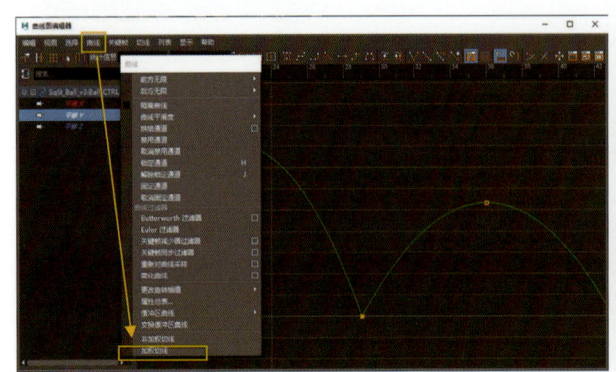

图3-77 加权切线

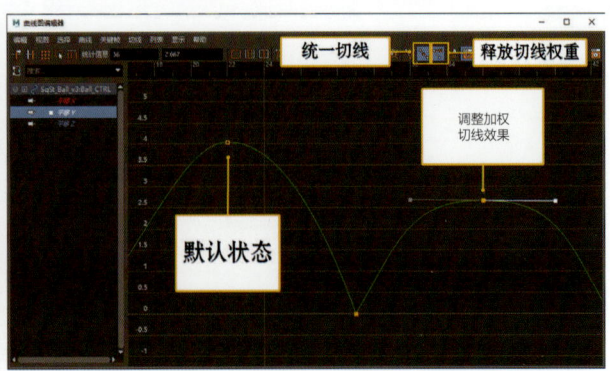

图3-78 调整加权切线效果

## 3. 铁球动画制作

（1）相比前两种球体，铁球较重，弹跳的次数少，可以借助现实的铁球运动规律来制作三维动画。创建小球时，可以适当加一点颜色。（图 3-79）

（2）在制作动画之前要估算好运动总时间。设置好帧率（25 帧 / 秒）以及动画的开始帧（第 1 帧）和结束帧（第 25 帧），参考现实的铁球运动规律来制作动画。（图 3-80）

（3）在铁球从高处掉落在地面上的过程中，找出球体运动的最高点和最低点，根据铁球的运动特点先做好原画帧。（图 3-81）

（4）根据铁球的运动规律，将整个过程制作出来。（图 3-82）

（5）制作完铁球动画后，为了表现出铁球的动画效果，用曲线图编辑器进行调节。（图 3-83）

（6）根据铁球的运动规律，仔细观看铁球动画并调节曲线。铁球因为太重，落地的速度较快，可以用线性切线工具调整。（图 3-84）

（7）当铁球从地面弹起腾空后，将第 12 帧用加权重切线调整。铁球腾空的时间久一点，这样铁球弹跳的动画会更有节奏。（图 3-85）

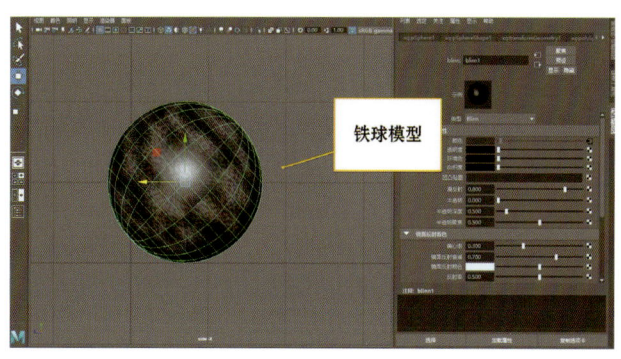

图 3-79 铁球模型

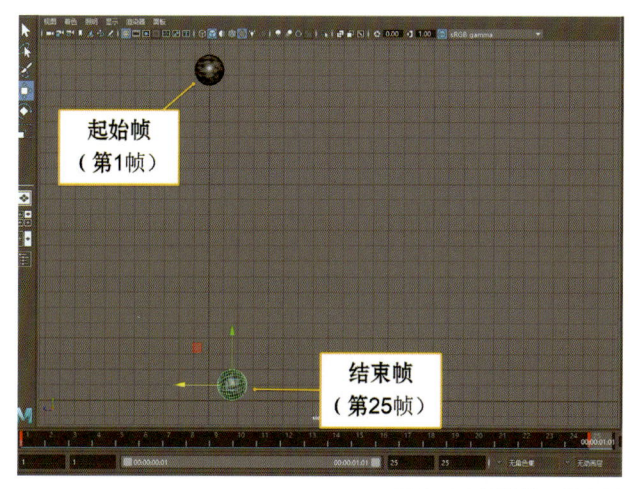

图 3-80 起始帧、结束帧

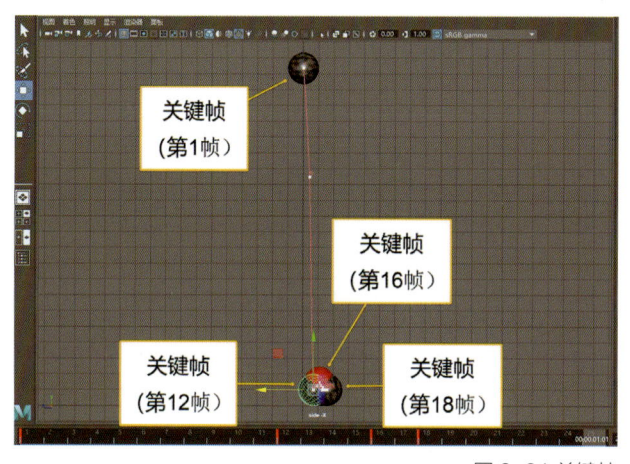

图 3-81 关键帧

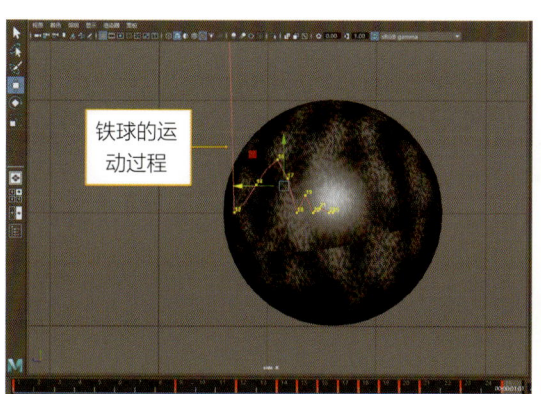

图 3-82 铁球的运动过程

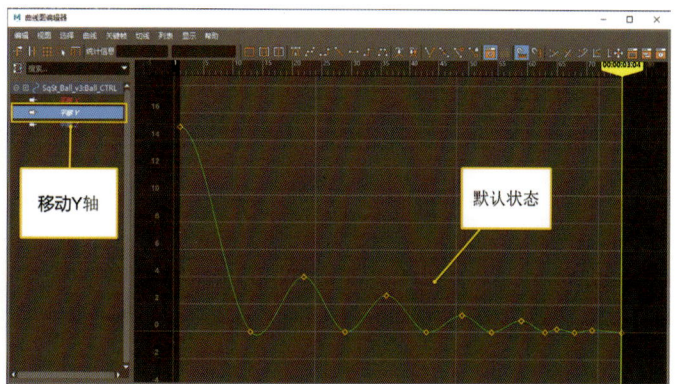

图 3-83 移动 Y 轴

图 3-84 线性切线工具

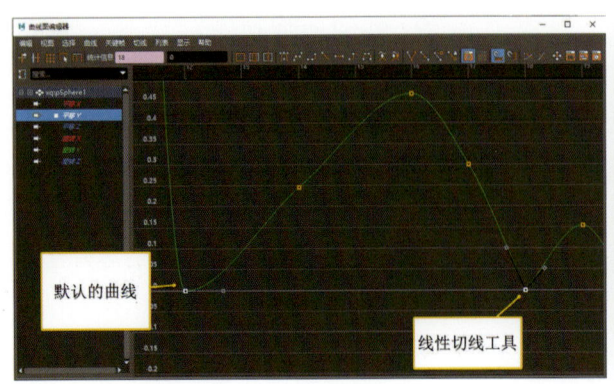

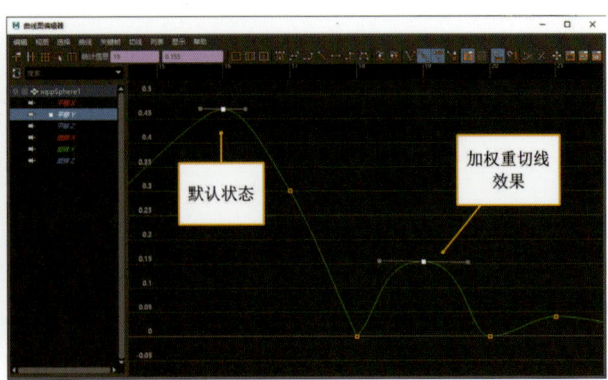

图 3-85 加权重切线效果

# 第三节 尾巴动画

## 一、带尾巴的小球运动原理

图 3-86 带尾巴的小球运动规律

在动画制作中，尾巴跟随是典型的运动跟随。随着根部的运动，尾巴的每部分自然而柔软地跟随运动。中间帧不能出现直挺挺的尾巴这种不自然的状态或其他僵硬的运动。可以通过中间帧调节尾巴的不同部分，来达到自然柔软的效果。尾巴跟随运动最简单的实现方式是拖帧法，即从根部到尾部按顺序少选一个控制器，将关键帧依次向后拖动几帧（让尾巴从根部向尾部的运动依次向后慢几帧）。尾巴的运动效果，取决于运动跟随的幅度，跟随运动幅度越大，表现得就越软。

带尾巴的小球的二维动画 S 形运动规律如图 3-86 所示。

小球跳跃带动尾巴上下摆动。尾巴摆动的最大幅度不是出现在小球跳跃的最高点，而是在跳起与落下的过程中，并且一直伴随着根部带动尾部的跟随运动（图 3-87）。

制作过程如下：

（1）打开带尾巴的模型，调整好动画帧率，检查模型是否完整，了解

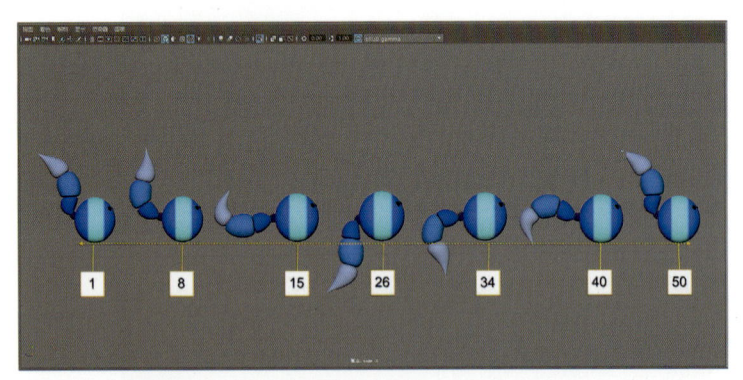

图 3-87 尾巴曲线

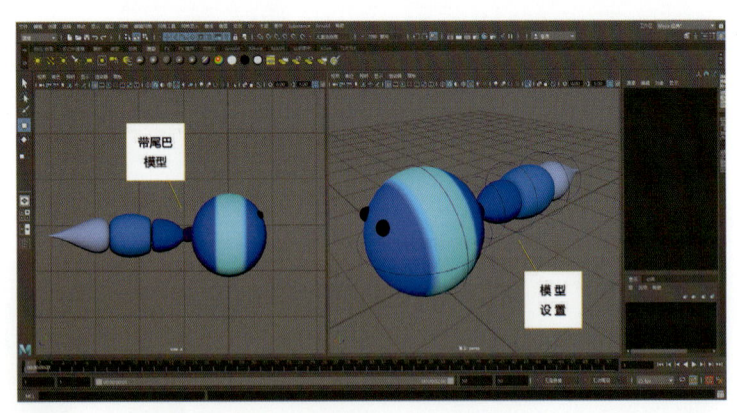

图 3-88 模型设置

模型的设置属性等，方便在制作的时候灵活运用。（图 3-88）

（2）根据尾巴的运动规律，如有绘画基础可以用二维动画的形式将尾巴曲线运动规律画出来，估算好制作的时长（总

时长为 50 帧），将时间滑块拖动到第 1 帧，制作当前的第一个关键 pose（图 3-89）。然后在 50 帧的位置 K 帧，让第 1 帧作为起始帧，第 50 帧为结束帧。（图 3-90）

（3）根据尾巴的运动规律，将时间滑块的位置移动到第 26 帧，制作第 2 个 pose。这是一个比较重要的关键帧。（图 3-91）

制作完这个动作之后，播放预览动画，会发现尾巴的大致动作已生成。这个时候需要考虑下一步制作。（图 3-92）

（4）根据尾巴的运动规律，将时间滑块的位置移动到第 8 帧，在第 1 帧到第 26 帧的运动过程中加一个 pose（图 3-93）。然后将时间滑块拖到第 34 帧，在第 26 帧到第 50 帧的运动过程中加一个 pose（图 3-94）。可以看到，这两个 pose 使尾巴的根部力度发生了变化。（图 3-95）

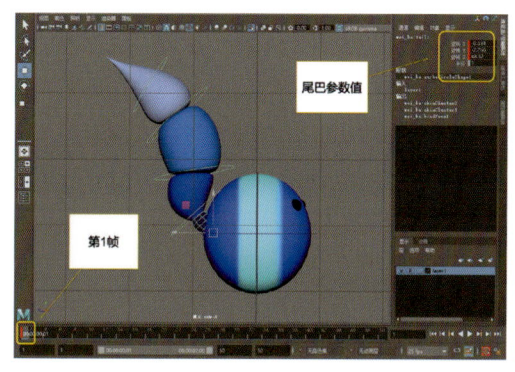

图 3-89 第 1 帧

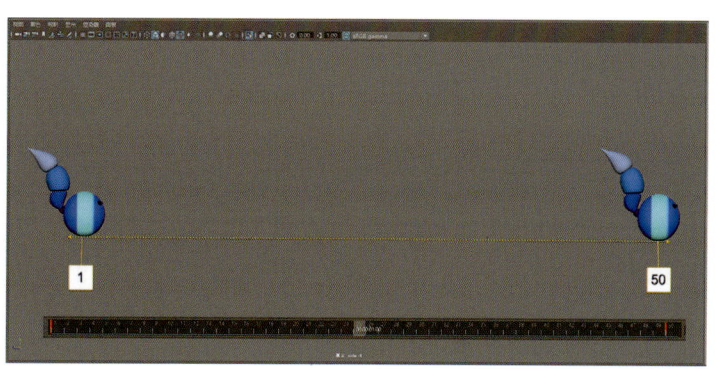

图 3-90 第 1 帧至第 50 帧

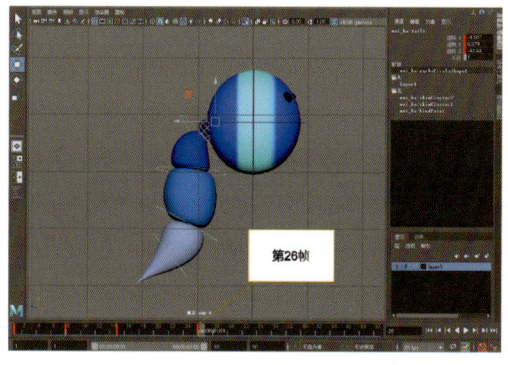

图 3-91 第 2 个 pose

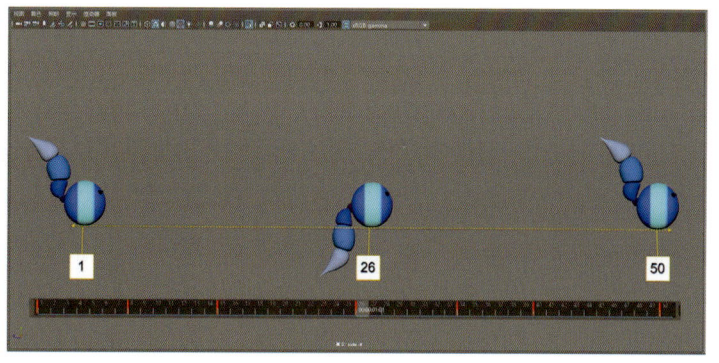

图 3-92 预览

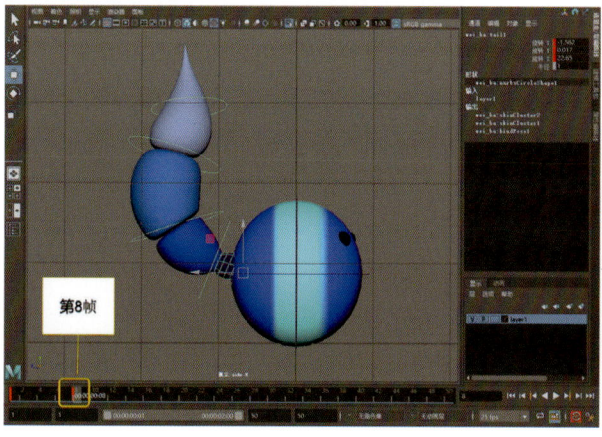

图 3-93 第 8 帧

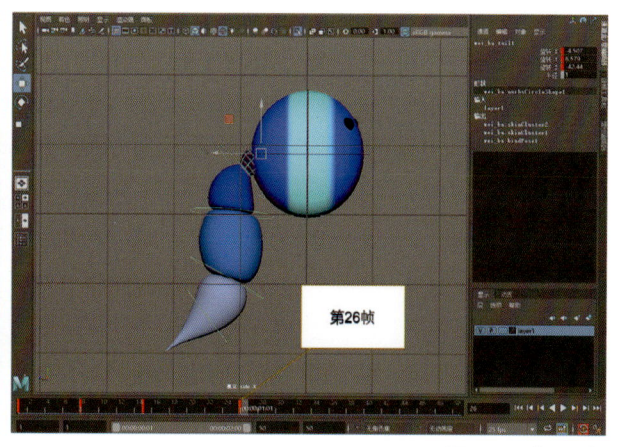

图 3-94 第 26 帧

（5）根据尾巴的运动规律，将时间滑块的位置移动到第15帧，在第8帧到第26帧的运动过程中加一个pose（图3-96）。然后将时间滑块移动到第40帧，在第34帧到第50帧的运动过程中加一个pose（图3-97）。这时可以看到，所添加的关键帧很好地表现出尾巴在运动过程中，力从根部到尾部的传递效果。（图3-98）

## 二、跟随运动

### 1. 小狗的耳朵动画

制作一只小狗跳跃的动画。小狗从镜头中跳入，然后停止脚步，站在镜头的中心部分。要分析小狗的整体动作，前腿停止在第2个pose，后腿停止在第4个pose，头部和前脚停止在第5个pose，但是，尾巴和耳朵仍然在运动。（图3-99）

（1）打开Maya软件，导入小狗模型文件，设置好时间和帧率，仔细观察模型设置，掌握模型设置后再进行动画制作。（图3-100）

（2）制作小狗耳朵的动画，掌握耳朵的结构和设置。根据耳朵的结构，可以把耳朵分成4个部分来制作。（图3-101）

（3）制作小狗第1个pose。将时间滑块移动到第1帧，制作小狗腾空的pose。制作完小狗pose后，重点制作耳朵的pose。要根据头部运动幅度大小，将耳朵在跳跃过程中的状态表现出来。

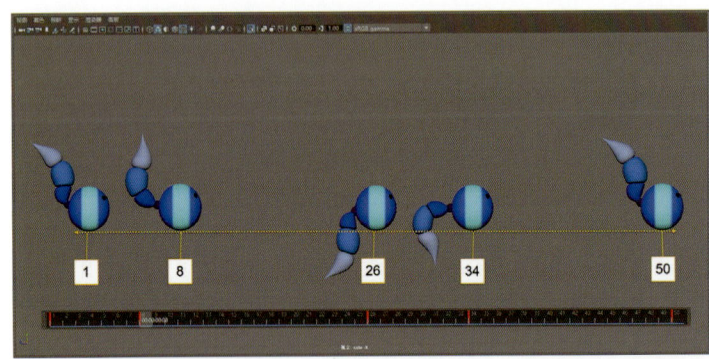

图3-95 第8帧和第26帧

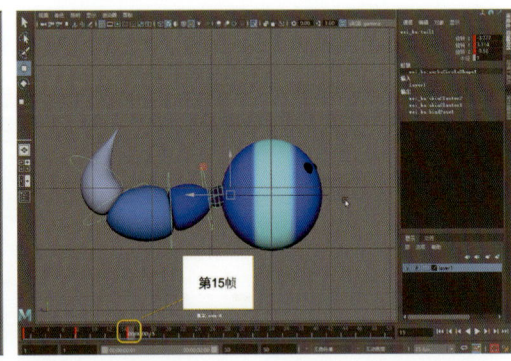

图3-96 第15帧

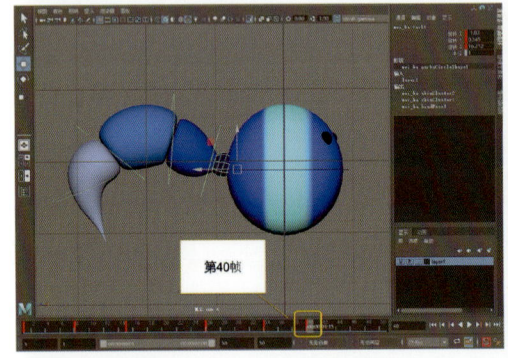

图3-97 第40帧

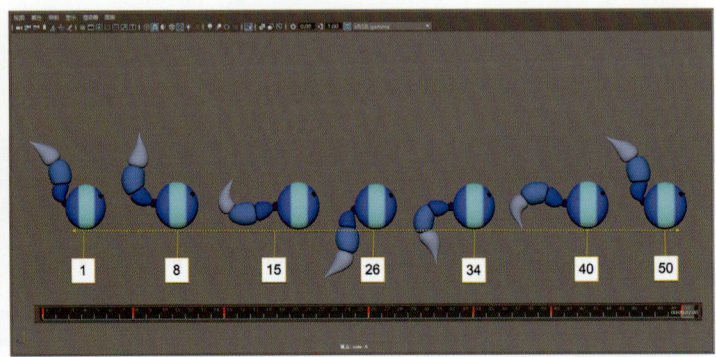

图3-98 力的传递效果

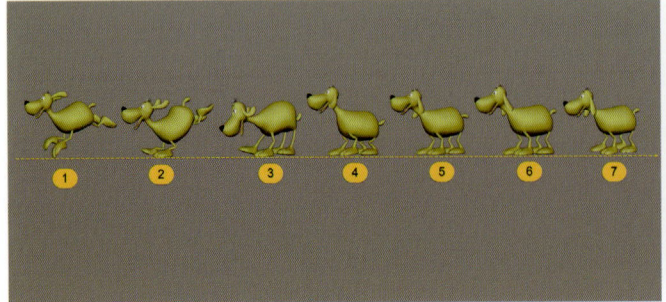

图3-99 小狗的动画

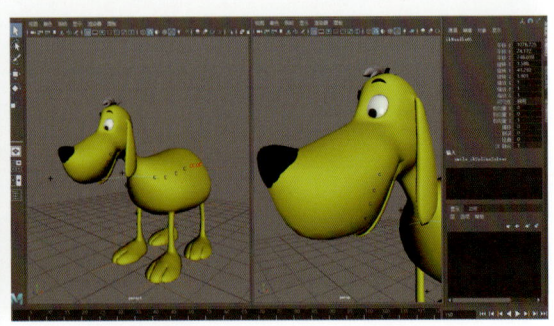

图3-100 小狗模型

（图 3-102）

（4）将时间滑块移动到第 6 帧，接下来制作第 2 个 pose。小狗从空中下落，前脚接触地面，头部微微往上抬起，耳朵往下（耳朵 A 点往上，B 点跟随 A 点的方向，C 点往下，D 点也跟随 C 点的方向变化）。（图 3-103）

（5）制作第 3 个 pose，将时间滑块移动到第 9 帧，小狗的后脚着地，身体往下，头部跟着身体往下降，耳朵随着头部的力往下降（A 点往上，B 点随着 A 点往上，C 点往下，D 点也随着 C 点往下）。（图 3-104）

（6）制作第 4 个 pose。将时间滑块移动到第 16 帧，抬起小狗的身体，头部也跟随着抬起。这时耳朵的动作继续向前摆动（A 点往上，B 点随着 A 点运动，C 点往下，D 点随着 C 点继续往下）。（图 3-105）

（7）将时间滑块移动到第 18 帧，制作第 5 个 pose。这时小狗身体微动，头部也跟着身体微动，耳朵朝相反方向运动（A 点往右边动，B 点向右边动，C 点和 D 点向反方向运动）。（图 3-106）

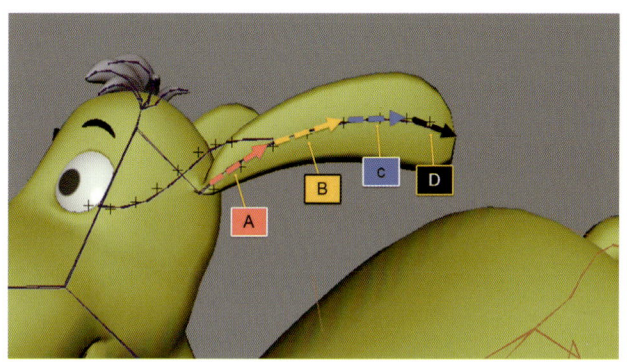

图 3-101 小狗耳朵

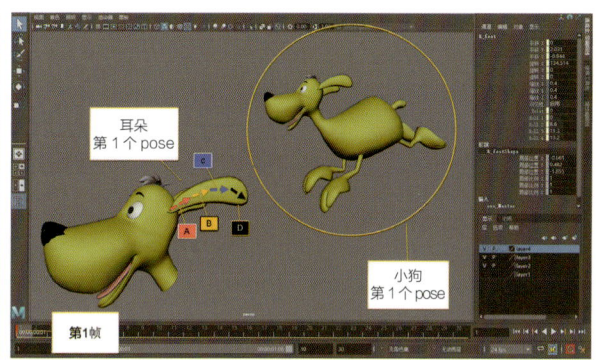

图 3-102 第 1 个 pose

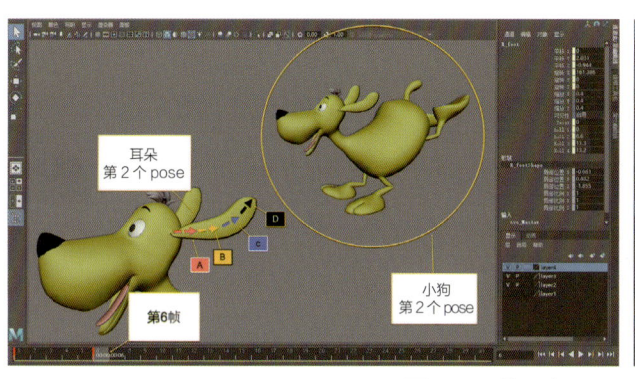

图 3-103 第 2 个 pose

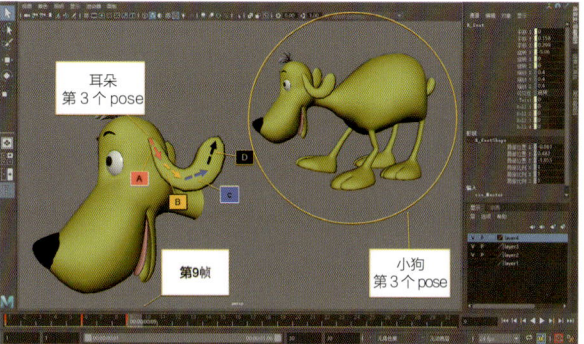

图 3-104 第 3 个 pose

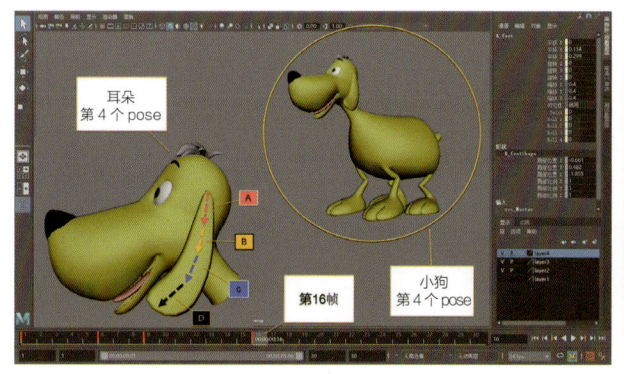

图 3-105 第 4 个 pose

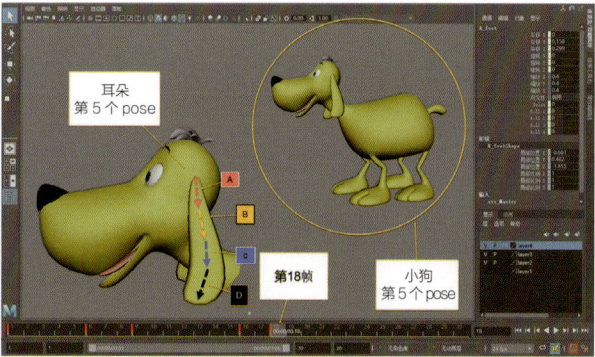

图 3-106 第 5 个 pose

（8）制作第 6 个 pose。将时间滑块移动到第 24 帧，根据上一个 pose 将头部的力慢慢减弱，但耳朵保持运动（A 点、B 点向左运动，C 点、D 点向右运动）。（图 3-107）

（9）制作最后 1 个 pose。将时间滑块移动到第 30 帧，小狗的身体动作基本上停止，但耳朵还在运动，直到停止（A 点保持不变，B 点准备停止，C 点和 D 点缓慢停止）。（图 3-108）

### 2. 老虎的尾巴动画

了解老虎的形象特征，根据老虎的动作来完成尾巴动画制作。（图 3-109）

（1）打开 Maya 软件，导入老虎模型动画文件，了解老虎行走的特点。（图 3-110）

（2）根据老虎行走的特点来制作尾巴动画，将尾巴分成 6 段（A/B/C/D/E/F）。（图 3-111）

（3）先考虑老虎的行走动画时间，按照正常节奏制作老虎行走的循环动作，再复制无限行走动作，完成一个循环动画。此案例将行走的总时间设定为 29 帧。将时间滑块移动到第 1 帧，根据老虎的第 1 个动作来调整尾巴的初始动作。（图 3-112）

（4）完成第 1 帧后，将第 1 个 pose 复制到最后 1 帧（第 29 帧）。（图 3-113）

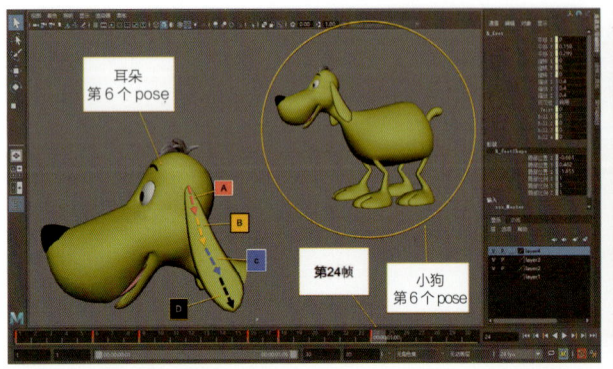

图 3-107 第 6 个 pose

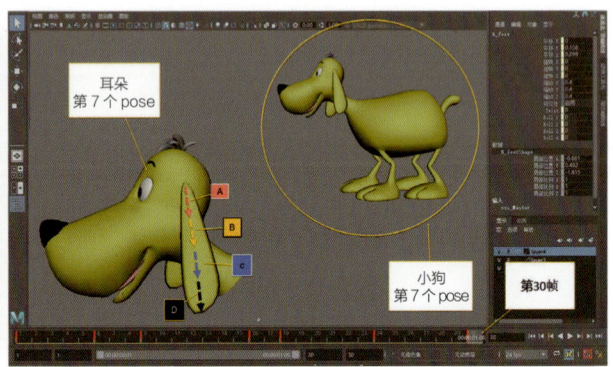

图 3-108 第 7 个 pose

图 3-109 老虎尾巴动画

图 3-110 老虎模型

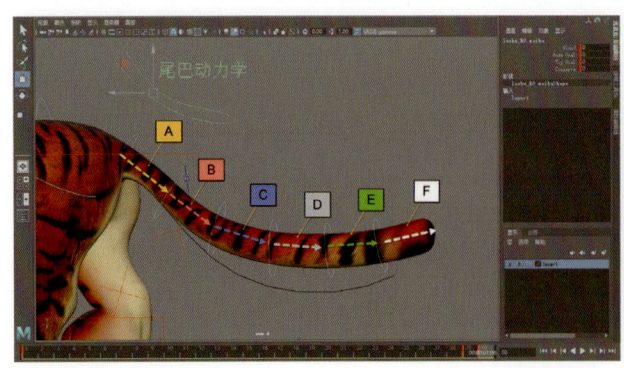

图 3-111 老虎尾巴结构

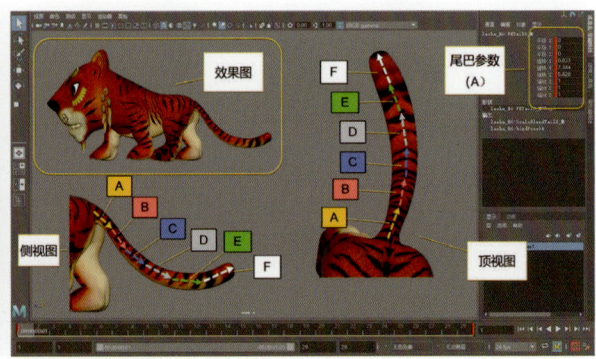

图 3-112 第 1 帧

（5）制作完第 1 帧和第 29 帧，根据老虎的循环行走动画，将时间滑块移动到第 15 帧。（图 3-114）

（6）将尾巴的第 1 帧复制第 15 帧，摆动方向相反。（图 3-115）

（7）将时间滑块移动到第 4 帧，根据老虎的身体动作来制作尾巴的运动。制作尾巴的时候，要观察老虎的臀部。尾巴根据臀部的力产生运动。（图 3-116）

（8）当尾巴左右运动的时候（A 点根据屁股的方向运动，B 点跟随 A 点的力改变方向向左运动，C 点随着 B 点向左运动，D 点随着 C 点的力向右运动，E 点受力后向左运动，F 点向左运动），上下运动幅度较小。（图 3-117）

（9）制作第 3 个 pose。将时间滑块移动到第 7 帧，根据老虎的身体动作来调节尾巴的运动。（图 3-118）

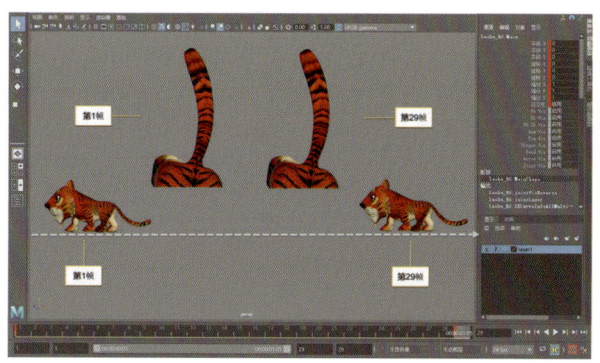

图 3-113 第 1，29 帧

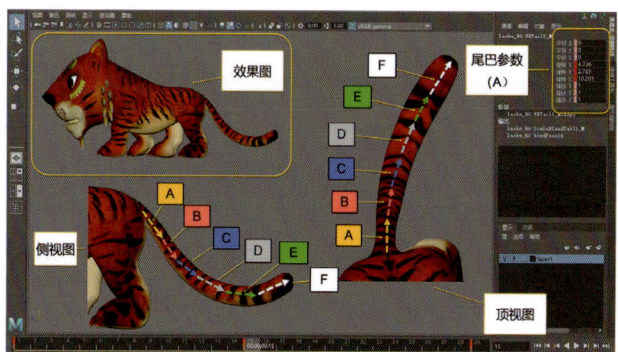

图 3-114 第 15 帧

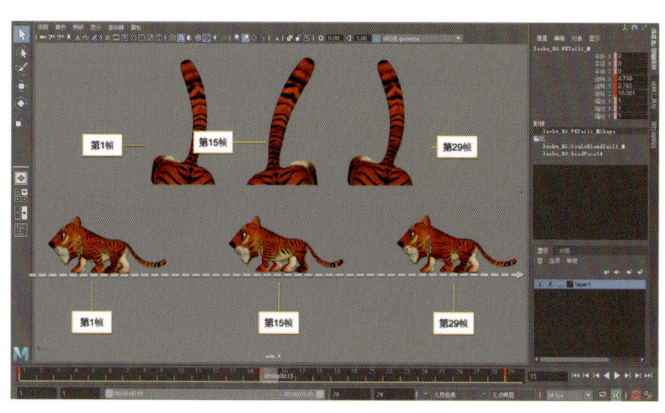

图 3-115 第 1，15，29 帧

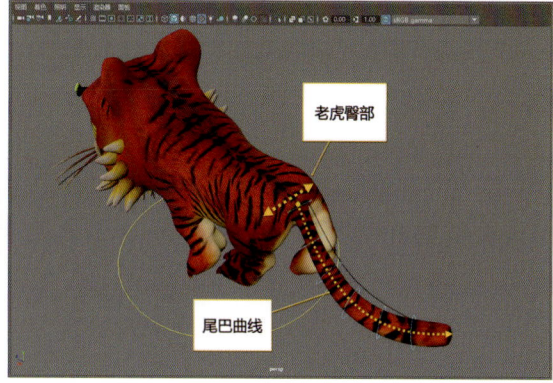

图 3-116 第 4 帧的尾巴

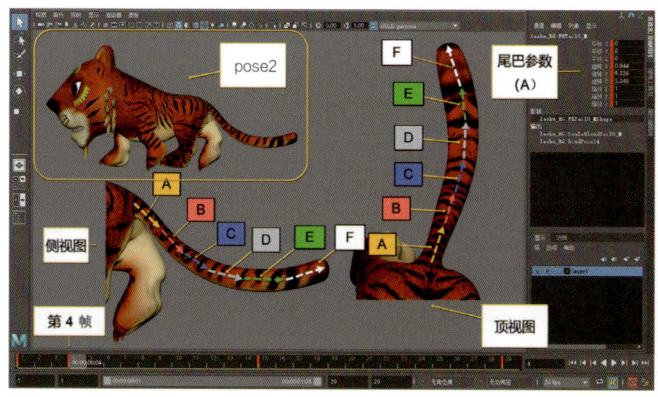

图 3-117 pose2

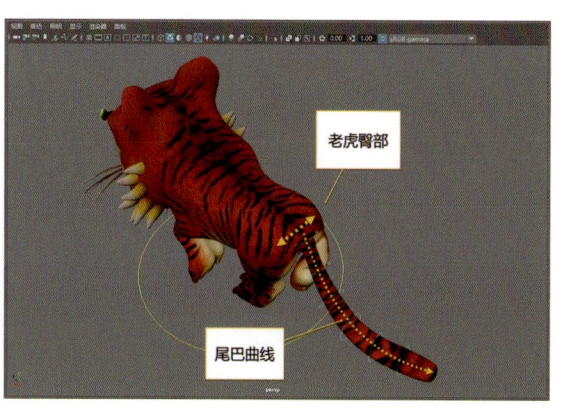

图 3-118 第 7 帧的尾巴

（10）根据尾巴的上一个动作调整（A点跟随老虎臀部方向运动，B点向左运动，C点向右运动，D点开始向右运动，E点和F点受D点的影响向右运动）。（图3-119）

（11）制作第4个pose。将时间滑块移动到第11帧，根据老虎的臀部调节尾巴运动，可以看到这1帧老虎的臀部运动幅度较大。（图3-120）

（12）根据老虎臀部运动幅度调整尾巴的运动（A点随着臀部向右，B点跟着A点向左运动，这时C点受B点影响微微向右运动，D点随着C点的力往右运动，E点和F点向右运动）。（图3-121）

（13）以上4个pose已经完成前半个循环动作。接下来继续制作后半个循环动作，将时间滑块移动到第18帧，完成pose6。（图3-122）

（14）根据老虎的臀部幅度调整尾巴的动作。（图3-123）

（15）制作第7个pose。（图3-124）

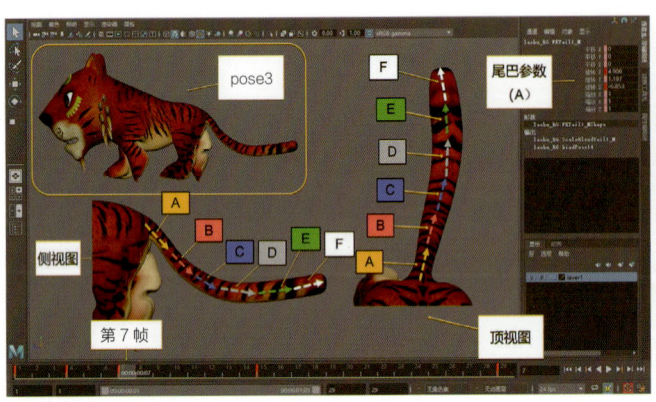

图 3-119 pose3

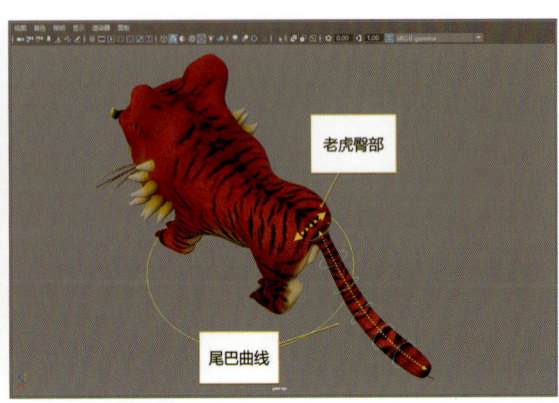

图 3-120 第 11 帧的尾巴

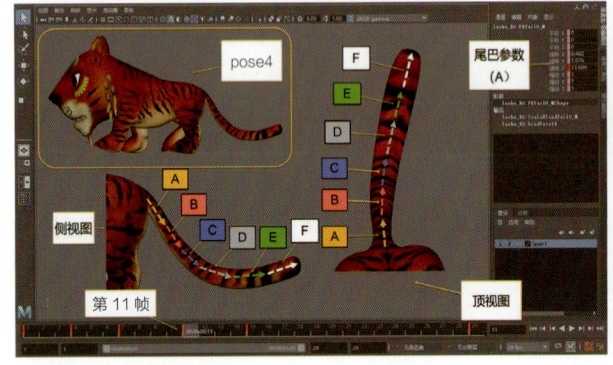

图 3-121 pose4

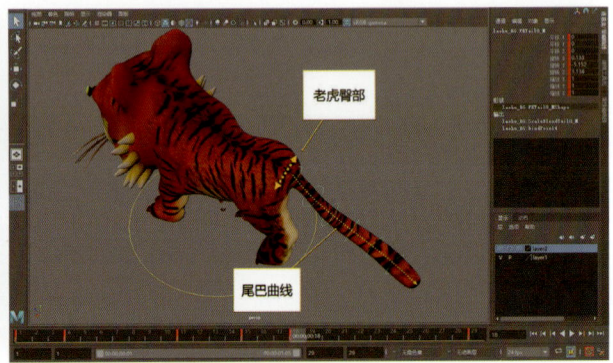

图 3-122 第 18 帧的尾巴

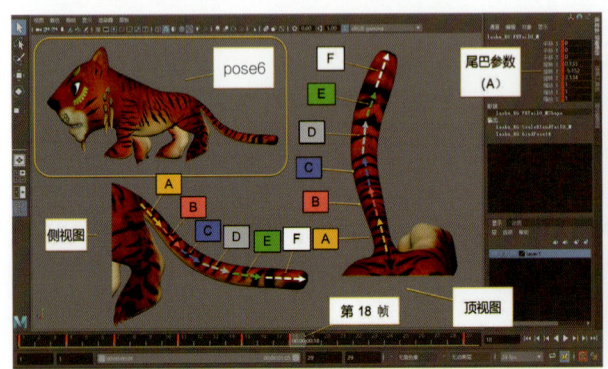

图 3-123 pose6

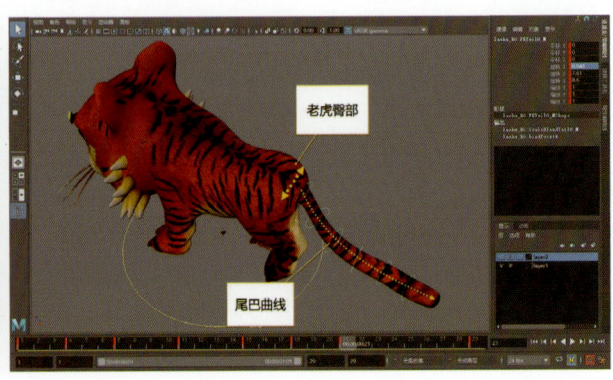

图 3-124 第 7 个动作的尾巴

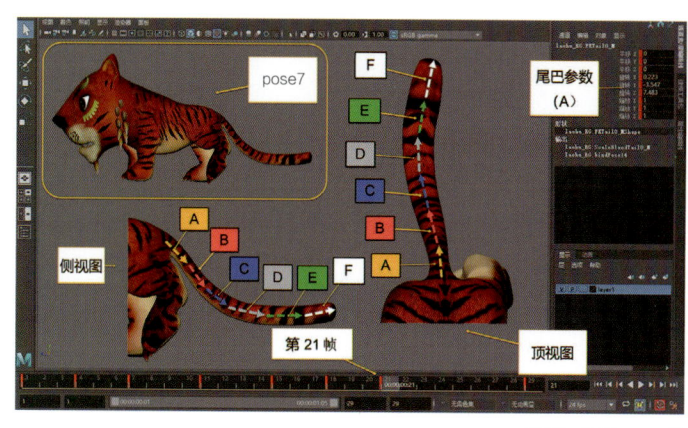

图 3-125 pose7

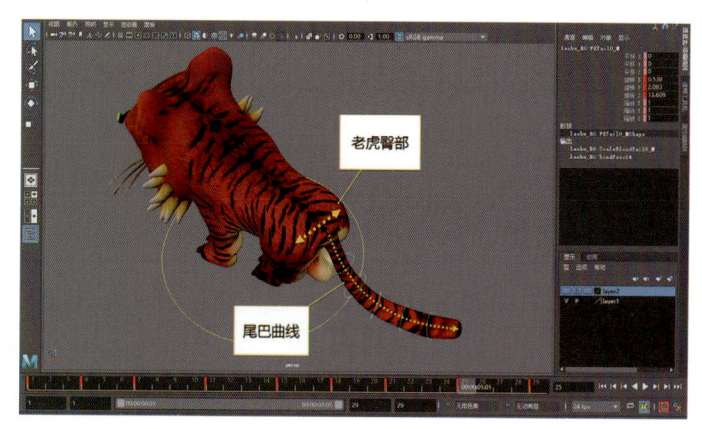

图 3-126 第 8 个 pose 的尾巴

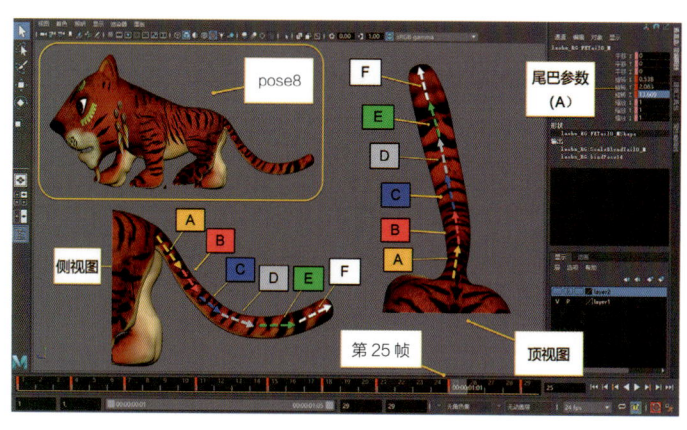

图 3-127 pose8

图 3-128 海底世界

（16）根据老虎臀部的幅度，继续调整尾巴的动作。（图 3-125）

（17）制作第 8 个 pose。（图 3-126）

（18）根据老虎臀部的幅度，完成尾巴动作。（图 3-127）

# 第四节 路径动画

本节以游动的小鱼作为案例来讲解如何制作路径动画。小鱼移动的路径被称为运动路径。路径动画的典型特征就是运动对象总是沿着运动路径进行运动，其运动轨迹受到运动路径的严格控制。这种控制可以通过路径动画的参数进行调节，从而对路径动画的最终效果进行细节化处理，以便达到动画需求。（图 3-128）

## 本节重难点

重点：学习曲线工具命令，制作出小鱼游动的路径动画。

难点：掌握路径动画的时间节奏调整和制作技巧。

## 一、将对象添加到运动路径

制作路径动画时，要先在 Maya 软件中创建运动路径的曲线。这条曲线可以通过创建曲线工具绘制。如果绘制了一条曲线且要连接首尾两端（创建闭合循环），选择该"曲线，切换到建模菜单，然后选择曲线 / 开放 / 闭合"（Curves /Open/Close）。下面通过案例，演示如何将运动对象附加到运动路径从而生成路径动画。

选择运动对象，然后按 Shift 键并选择运动路径曲线。按住 Shift 键可以选择多个对象，将它们附加到同一路径曲线。（图 3-129）

打开动画菜单集,选择"约束/运动路径/连接到运动路径"(Constrain / Motion paths/ Attach to motion path)/。(图3-130)

在"连接到运动路径"选项窗口中,执行以下操作。(图3-131)

(1)选择动画的时间范围作为时间滑块,或者选择起始帧、结束帧并指定时间滑块范围。(图3-132)

(2)启用跟随。当跟随处于启用状态时,"前方向轴"和"上方向轴"选项用于设定对象的前方向和上方向。(图3-133)

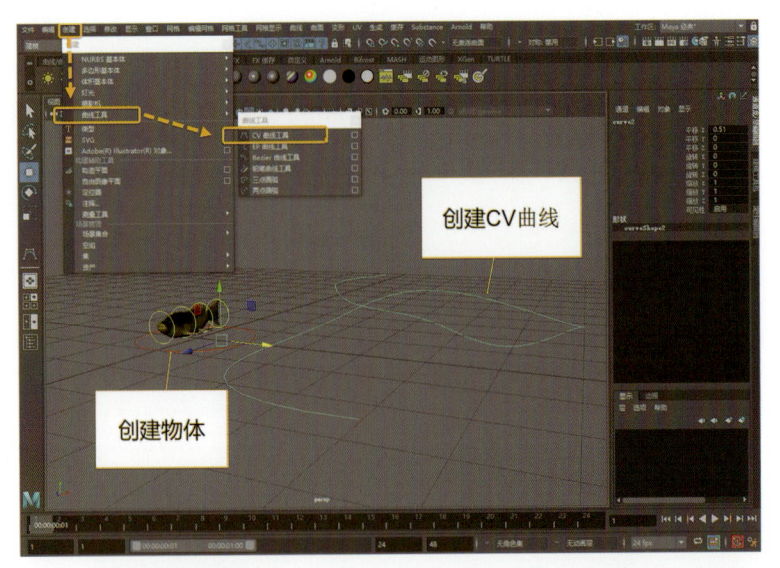

图3-129 创建曲线工具

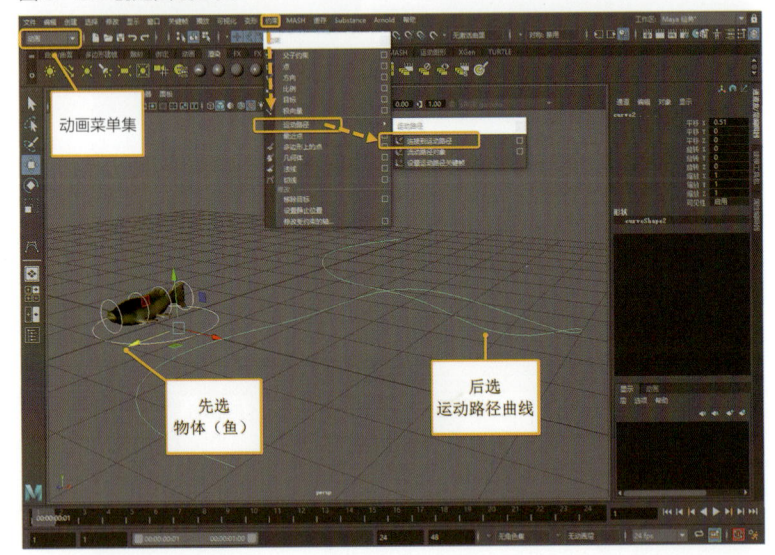

图3-130 连接到运动路径

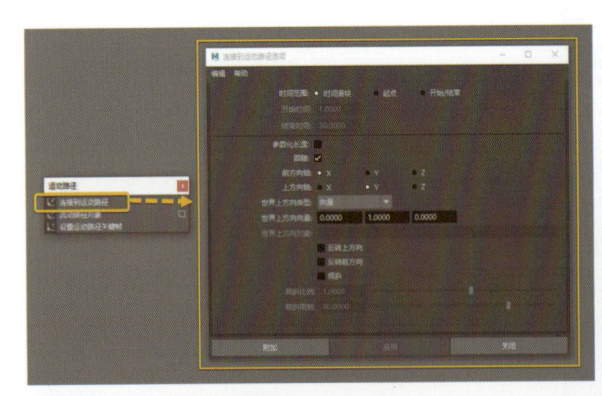

图3-131 运动路径选项窗口

图3-132 起始帧和结束帧

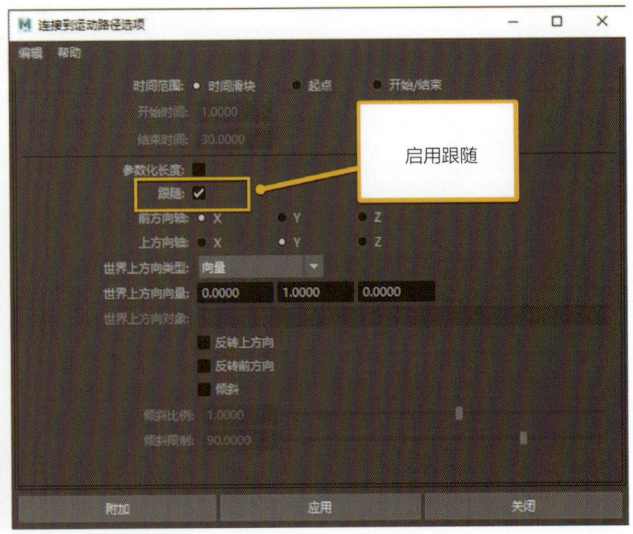

图3-133 启用跟随

（3）在制作前，选择用于表示对象前方向的轴作为前方向轴，选择用于表示对象上方向的轴作为上方向轴。如果想在每条曲线上沿运动路径向内倾斜，像自行车一样运动，可以选择"倾斜"。（图3-134）

（4）在"连接到运动路径"选项窗口中，单击附加（Attach），对象将移动到曲线上的某个点。曲线的两端显示两个带有编号的运动路径位置标记，指示动画路径的开始帧和结束帧。（图3-135）

要查看对象的动画，单击播放控件中的播放按钮。（图3-136）

## 二、通过运动对象创建运动路径

点击使用"约束/运动路径/设置运动路径关键帧"，通过将运动对象从场景中的一个位置移动到另一个位置来创建路径动画，或者使用"约束/运动路径/连接到运动路径"，将运动对象连接到现有路径。（图3-137）

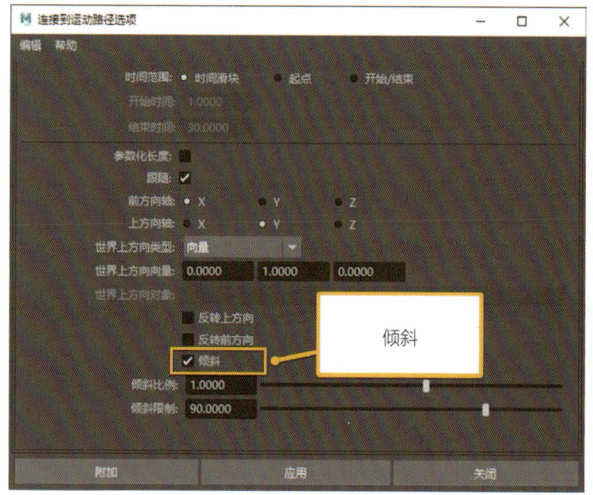

图 3-134 选择倾斜

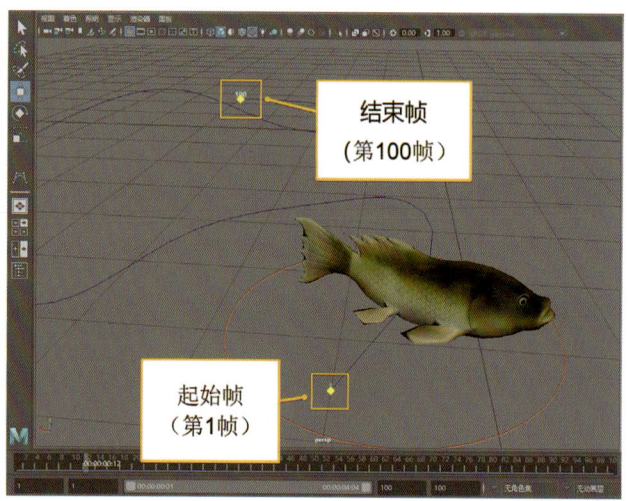

图 3-135 位置标记

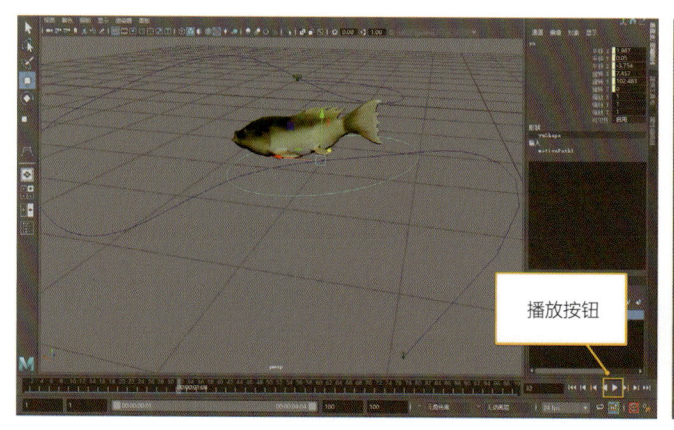

图 3-136 播放按钮

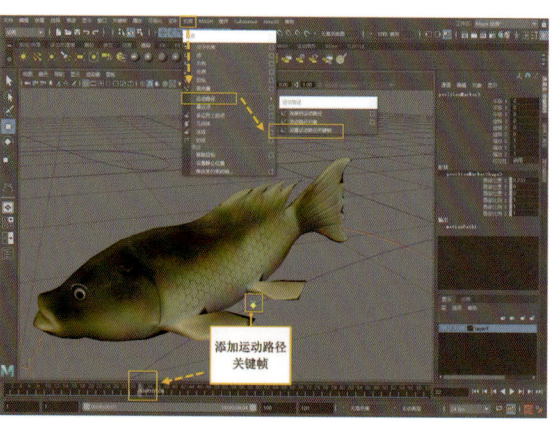

图 3-137 设置运动路径关键帧

创建路径动画的步骤如下：

（1）选择要使用路径动画的对象，并将它移动到开始位置。（图3-138）

（2）将当前时间设定为路径动画的开始时间。（图3-139）

（3）在指定的开始时间创建一条具有位置标记的CV曲线。（图3-140）

（4）选择"约束/运动路径/设置运动路径关键帧"，增加当前时间并将对象移动到新位置。（图3-141）

（5）再次选择"约束/运动路径/设置运动路径关键帧"，在当前位置增加一个新标记。（图3-142）

## 三、运动路径标记

创建路径动画时，会看到沿路径曲线有带数字的标记。这些是运动路径标记，每个都代表动画曲线的一个关键帧。每个标记上的数字表示其帧数。（图3-143）运动路径标记可分为位置标记和方向标记。

图3-138 动画对象

图3-139 动画开始时间

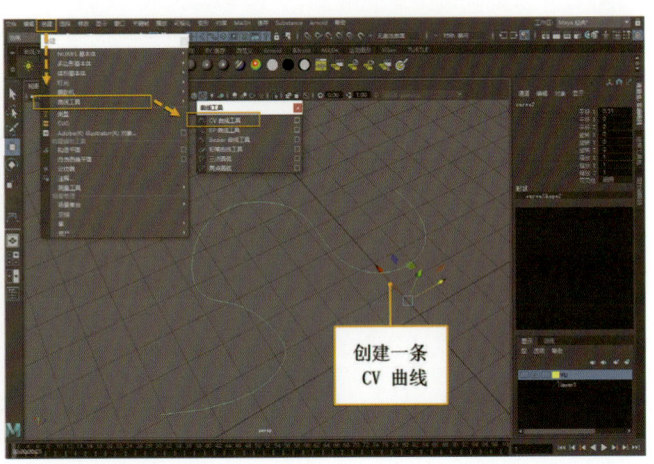

图3-140 创建CV曲线

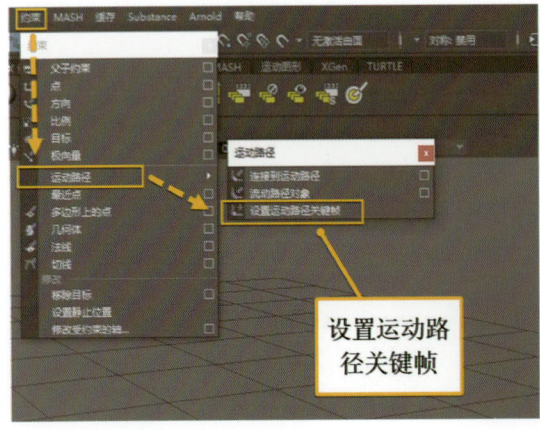

图3-141 设置运动路径关键帧

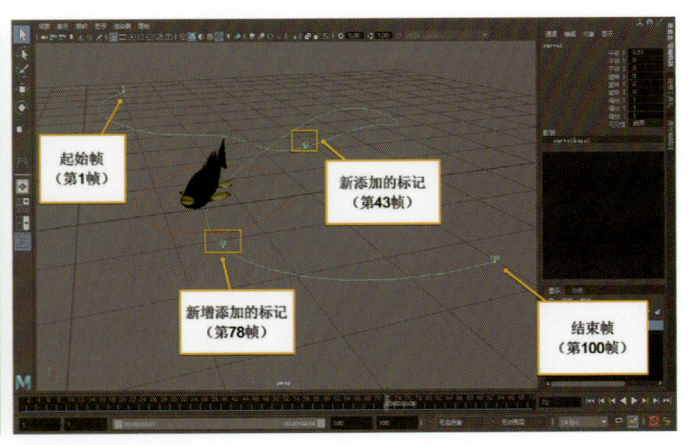

图3-142 新增加的关键帧

### 1. 位置标记

每个位置标记都有一个 U 值，表示该标记在路径上的位置，范围介于 0（起点）到 1（终点）之间。创建路径动画后，可以沿运动路径滑动位置标记，或者在属性编辑器中调整其时间值。（图 3-144）

### 2. 方向标记

每个方向标记均记录沿路径在关键帧处应用的前方向扭曲、侧方向扭曲和上方向扭曲的旋转值。使用"跟随"选项时，这些扭曲值将添加到路径动画计算的默认旋转。可以在属性编辑器中更改时间值，从而调整其位置。（图 3-145）

场景视图和曲线图编辑器中都会显示标记。它们对于编辑路径动画的计时非常有用。

## 四、设置运动路径的标记

以下步骤将说明如何在运动路径上放置标记，供大家学习调整动画对象的方向或速度。

### 1. 创建位置标记

（1）在时间滑块中，单击要添加位置标记的帧。对象将移动到运动路径上的该位置。（图 3-146）

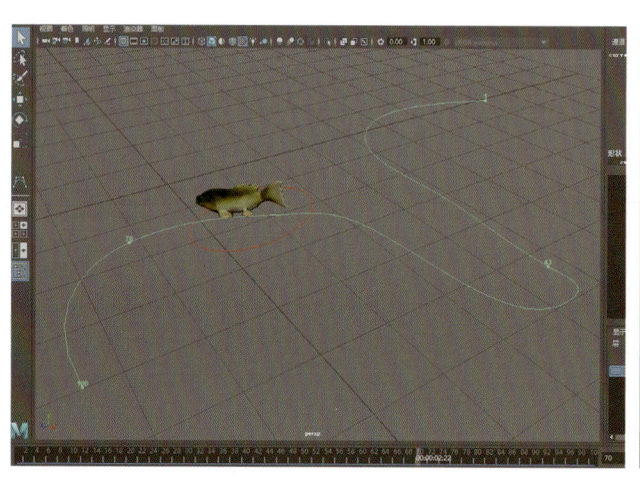

图 3-143 运动路径标记

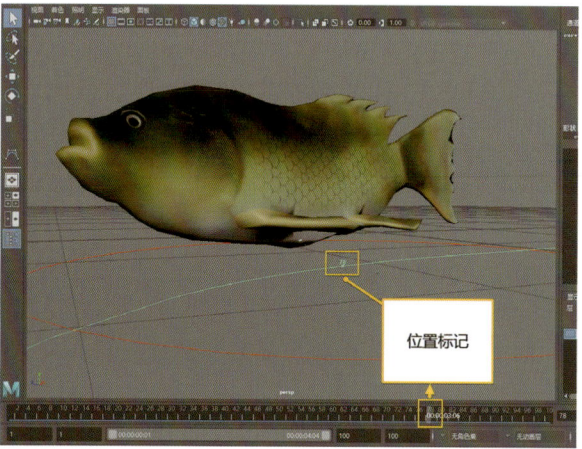

图 3-144 位置标记

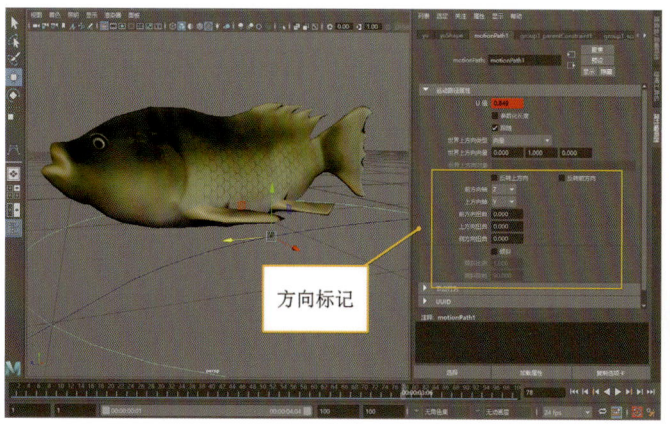

图 3-145 方向标记

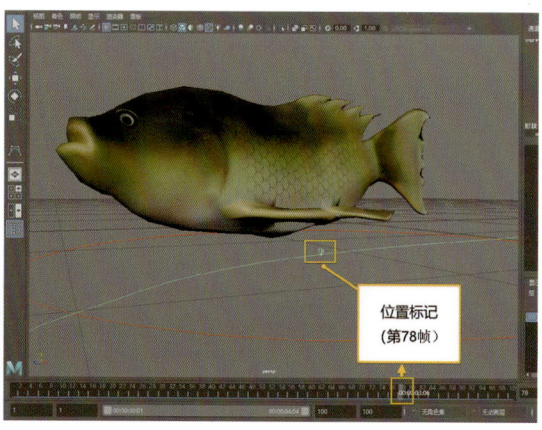

图 3-146 创建位置标记

（2）在通道盒中，展开 motionPath 节点。（图 3-147）

（3）在"U 值/设置关键帧"上单击鼠标右键。（图 3-148）

（4）如果要验证是否已创建位置标记，沿路径单击其他位置以移动对象，使其远离新标记，然后单击新标记。（图 3-149）

注：如果在该标记处看到一个黄色框，这就是位置标记。

### 2. 创建方向标记

（1）在时间滑块中，单击要添加方向标记的帧。对象将移动到运动路径上的该位置。

（2）在通道盒中，展开 motionPath 节点。

（3）在扭曲值标签上设置关键帧。

例如，若要设置侧方向扭曲值的关键帧，在"侧方向扭曲/设置关键帧"上单击鼠标右键。

在场景视图中，方向标记由一个小点和一个数字表示。在某些视图中，每个方向标记处都会显示三个轴。

### 3. 移动位置标记

（1）选择要移动的位置标记。

（2）选择工具箱中的移动工具，然后沿运动路径滑动位置标记。（图 3-150）

（3）当位置标记沿路径移动时，任何相邻的方向标记都会朝同一方向移动。

要删除标记，则在场景视图中选择相应的标记并按 Delete 键。

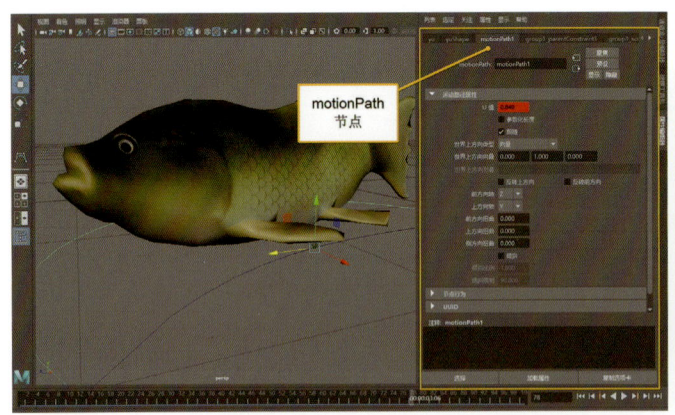

图 3-147 motionPath 节点

图 3-148 标签上设置关键帧

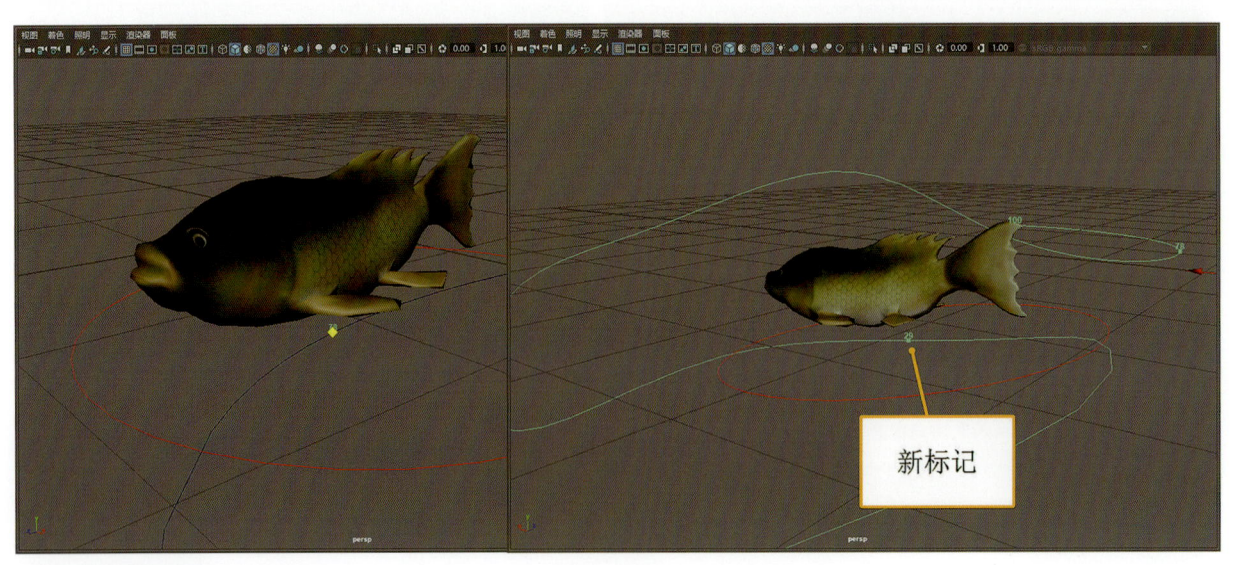

图 3-149 验证新标记

## 五、编辑运动路径

查看路径动画后，可以更改对象的路线，或者调整对象移动的平滑度。根据路径的创建方式，路径上可能存在可用于重新定形路径的编辑点或控制顶点。如果这些点无法提供足够的控制，则可添加更多点。编辑点位于路径上，可精确地将路径对齐，但可能会创建锐角。控制顶点是用于构造曲线的切线相交点，移动这些顶点会使曲线更加平滑。

下面介绍基本曲线的编辑。

### 1. 重新定形运动路径

（1）选择路径，然后单击鼠标右键以查看标记菜单。

（2）选择编辑点、曲线点或控制顶点。这些点会沿路径显示。（图3-151）

（3）从工具箱中选择移动工具，然后单击要移动的点。对象操纵器将显示在该点上。

（4）沿任意方向移动对象操纵器以重新定形路径。

### 2. 删除运动路径

（1）若要删除运动路径，选择该路径并按Delete键。

（2）若要删除场景中的所有运动路径，选择"编辑/按类型删除全部/运动路径"。（图3-152）

### 3. 从运动路径分离对象（使用节点编辑器分离对象）

（1）选择要从运动路径中移除的对象。

（2）将其显示在节点编辑器中并显示其连接。

（3）选择对象与运动路径相关节点之间的每个连接，然后按Delete键。

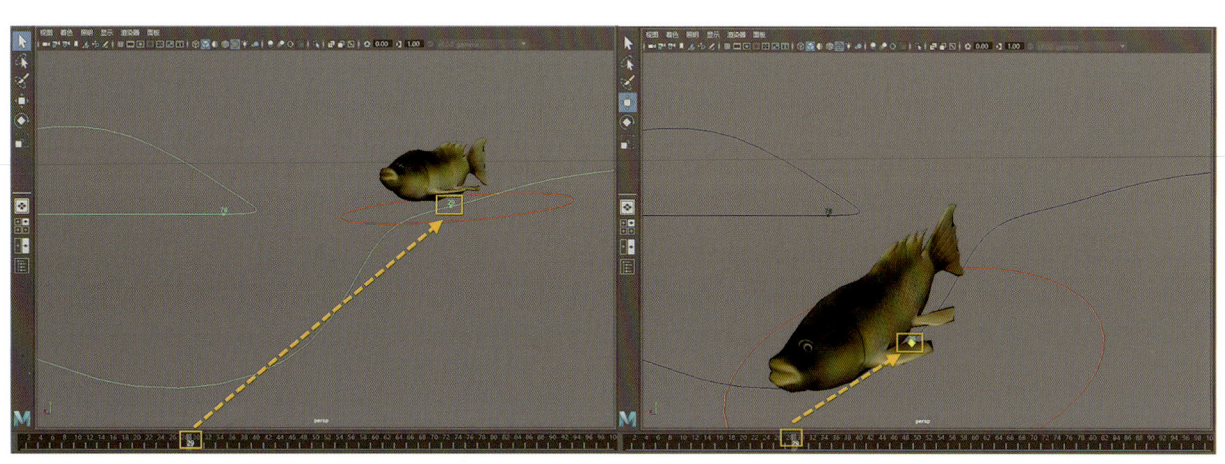

图 3-150 移动位置标记

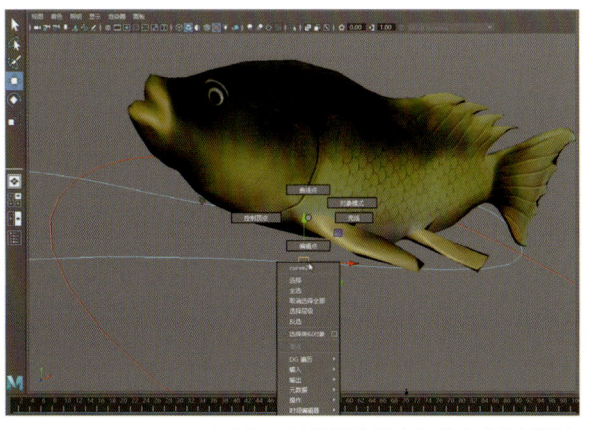

图 3-151 选择编辑点曲线点或控制顶点

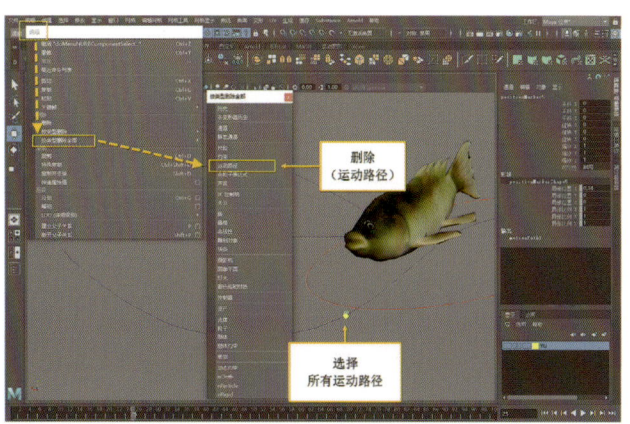

图 3-152 选择所有运动路径

### 课程总结

1.本章内容的教学,目的是让学生了解动画运动原理的基本概念,明确学习思路、认识方法并学习方法。

2.本章详细讲解了动画的诸多设计方法及动画创作中常见的表达方式。

3.在案例讲解过程当中,给出了宽泛的概念,这有利于动画知识的学习。与以往给出的动画概念不同的是,本书把动画艺术归结为创造性的艺术思维活动,而不是技术的结果。

### 思考与练习

1.什么是曲线运动?常见的曲线形式有哪些?

2.本章涵盖哪些重要的内容?预备动作、缓冲动作两者的重要性是什么?

3.试述一名优秀的动画创作者应当具备怎样的专业能力。

4.欣赏美国动画影片《幻想曲》,并谈心得体会。

# CHAPTER 4

## 第四章

# 角色走、跑、跳动画制作

**课程提要**

　　本章重在讲解角色走、跑、跳的一般规律。走、跑、跳是动画作品中常见的运动，也是以动画赋予角色鲜活生命的主要手段，因此，从事动画艺术的人必须熟练掌握和研究人物运动的规律。日常生活中每个人的运动状态都不一样，各自有各自的特征，受到人体骨骼、肌肉、关节的限制，以及人的主观意识的制约，使人体运动规律很难表现，因此有必要对走、跑、跳各方面的特征、规律和动画制作方法进行分析和研究。

# 第一节 行走动画制作

本节以大型3D动画《海上丝路南珠宝宝》为案例来进行讲解，应用动画中的主要角色"南珠宝宝"来制作行走动画。（图4-1）

**本节重难点**

重点：学习行走动画的基本规律，强化对每个关键pose的理解和应用。

难点：学会制作无限循环动画，以及曲线图编辑器的使用技巧。

## 一、角色走路的基本特点

角色走路时，左右脚交替向前，头略低。一只脚垂直于地面，另一只脚抬起时，头略高。脚与地面的弧线与人物走路的姿势、神态、情绪都有很大的关系。（图4-2）

### 1. 常规的走法

行走是人最基本的技能之一。年龄、人物的心情等因素决定了走路的姿态、行走的速度，如老人行走、小孩行走和有情绪地行走等。通常，快节奏的走路用18帧左右，比较悠闲或表演性的走路用34帧左右，缓慢行走及情绪较为低落的走路用40帧左右，而正常的行走动画为25帧。

图4-3是角色在动画中的循环走路动作。

### 2. 日式走法（中间高，两头低）

制作日式行走动画时，顺序非常重要。日式走路姿势由3个重要的pose组成，分别是两个接触位置和一个中间衔接的过渡位置。（图4-4）

### 3. 欧美式走法（低—平—高）

欧美式走法比日式走法更有弹性。（图4-5）

## 二、行走动画的制作

行走动画制作是动画师必须掌握的最基本的技能。不同年龄、不同心情以及在不同状态下的角色行走的姿势都不一样。例如老人的走、小孩的走、高兴地走、悲伤地走，等等。根据经验，正常的行走需要25帧。（图4-6）

图4-1 《海上丝路南珠宝宝》作品案例

图4-2 人物行走动作

图4-3 完整的循环走路动作

图4-4 日式走法

图4-5 欧美式走法

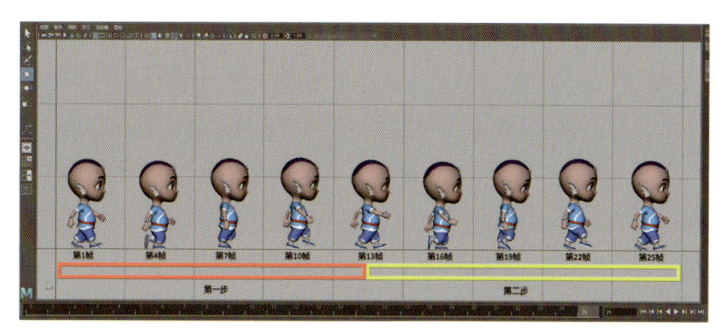

图 4-6 正常的行走动作

图 4-7 制作接触位置的 pose

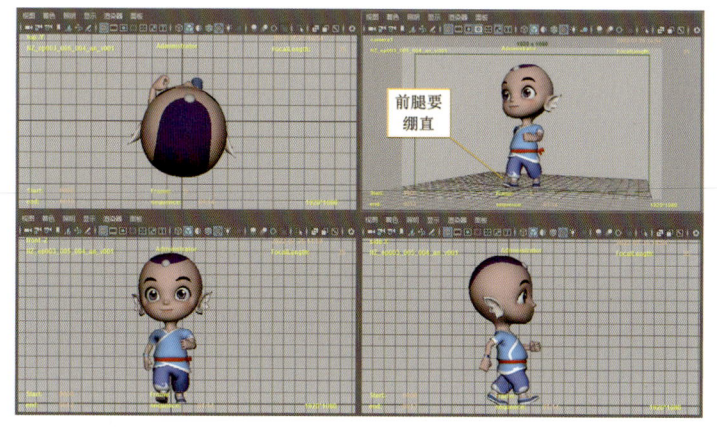

图 4-8 第 1 个接触 pose

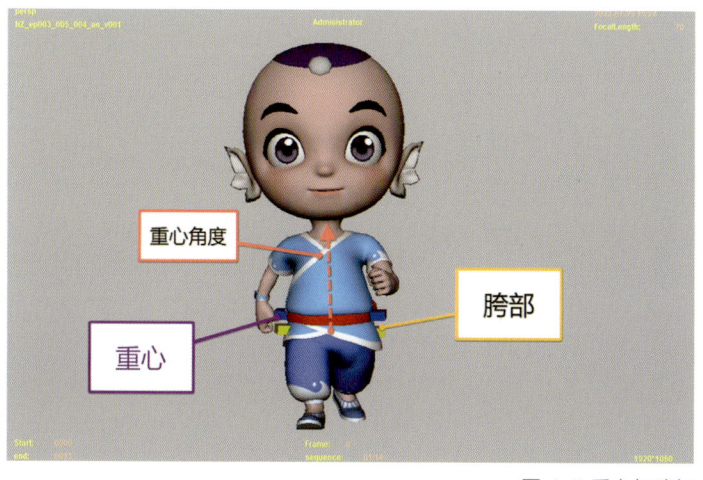

图 4-9 重心与胯部

## 1. 确立关键动作

制作行走动画时，思路非常重要。下面将三维动画中的制作思路和动画原理结合在一起讲解，希望以这种方式帮助大家制作出优秀作品。首先讲解如何制作接触位置的 pose。（图 4-7）

## 2. 制作接触位置的 pose

（1）制作第 1 个接触动作，也就是脚刚接触地面的瞬间动作。当脚向前迈出去的时候，前腿要绷直，脚跟接触地面，臂与腿的摆动方向相反。根据南珠宝宝的角色造型进行调整。（图 4-8）

（2）身体的重心和胯部。

制作动作的时候，先从角色的重心开始，重心能控制上身的倾斜角度，走路速度越快，身体向前倾斜的角度越大，这时重心也就自然偏向身体倾斜的方向（即运动的前方），落在前腿上。也有很多身体向后方倾斜的情况，这时身体的重量都压在后面的腿上，重心偏后，后腿就是承重腿。所以，要根据实际情况进行重心的调整。两条腿的动作会影响胯部，应把胯部的旋转方向向承重腿倾斜。（图 4-9）

（3）腿和脚的制作。

接下来调整两只脚的位置。可以将双腿打开，向前迈出的腿是绷直状态，脚跟要接触地面，脚掌不能全部落地，后面的承重腿呈弯曲状态，脚掌要触地面，脚跟抬起。在顶视图和前视图中观察双腿的动作形态，两只脚可以呈外八字，膝盖和脚尖的方向要一致。（图 4-10）

（4）身体的制作。

下半身的动作基本调整完善后，接下来我们进行上半身的调整。调整躯干需要注意重心线、腰线、肩线和身体弯曲的脊椎弧线。根据之前的重心方向来调整腰部和胸部的动作，躯干轻微往后仰。正常的走路动画中，躯干部分要做

出随带的效果。为了保持身体的平衡，通常会把胸部和胯部的旋转方向调整为相反的方向。（图4-11）

（5）手臂的制作。

角色行走时，手臂在身体两侧来回摆动比较明显。通常情况下，双臂摆动的方向和腿部相反，右腿向前时右臂向后摆，左手臂会向前摆动以保持身体平衡状态。制作时要注意，一般男性手肘向外，女性手肘向内。（图4-12）

（6）第2个接触动作。

制作完成第1个动作后，可以考虑将第1帧复制到第13帧，完成一个循环。复制的时候注意将身体的所有控制器左右替换复制（姿势和第一个动作完全相反），注意手臂和手肘的参数变化。其他身体部位也要进行反向调整。（图4-13）

做完两个接触动作后，就要准备制作过渡位置的动作了。在制作之前应当先进行动画关键帧（原画）确认，重点是明确关键pose的身体重心的曲线变化。标准的行走动作中，身体重心总是"升高—降低"不断循环变化，身体升高的速度比较慢，因为重量被提起；降低的速度比较快，因为腿要承受身体的重量。（图4-14）

### 3. 添加过渡位置

完成两个接触位置的制作后，选择第7帧进行过渡位置的制作。这时候可参考一些真实的或者优秀的案例来调整动作的姿势，以增强pose的准确性和表现力。制作完成后连续播放动画，可以看到大概的效果。（图4-15）

（1）身体的重心和胯部。

选择第7帧，此时前脚完全落地，身体的重心提高。重心的高低变化直接影响角色走路动作

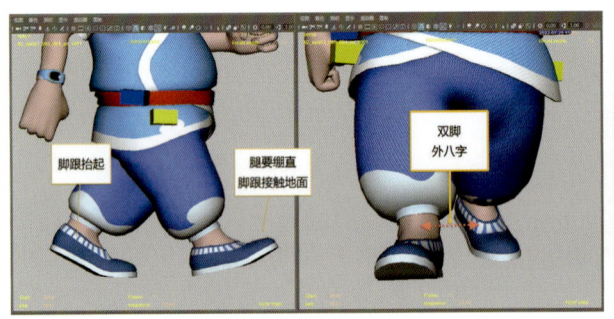

图4-10 腿和脚

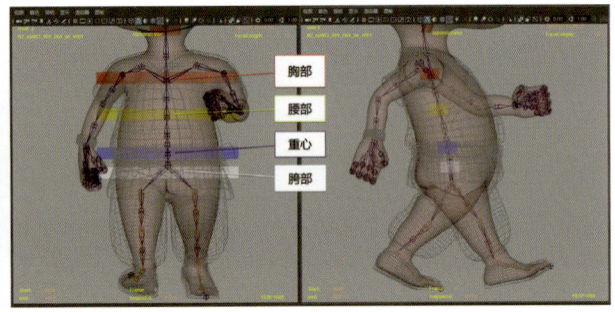

图4-11 身体

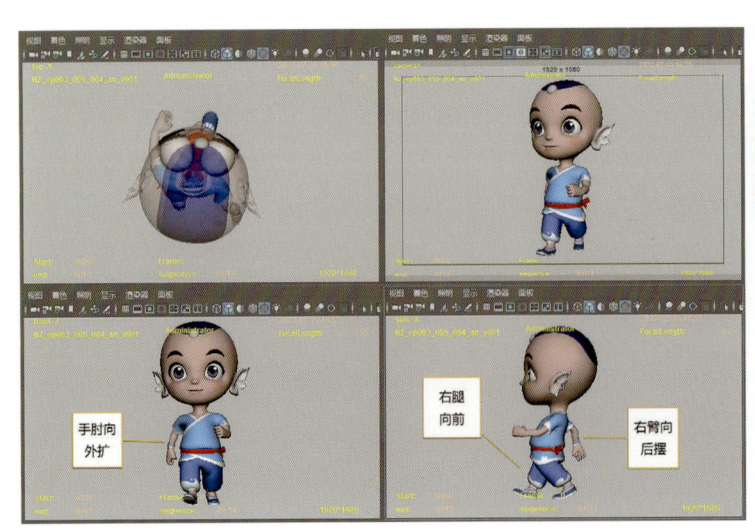

图4-12 手臂

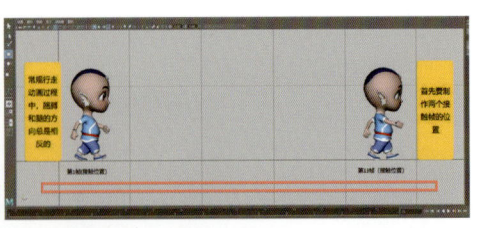

图4-13 注意反向调整

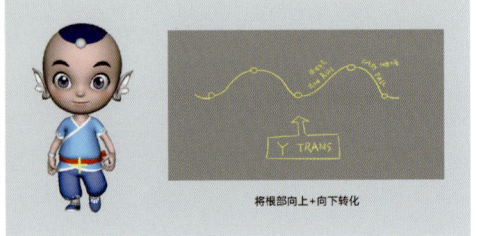

图4-14 身体曲线

的重量感。后腿向前迈出,正好运动到迈步的中间位置。胯部的旋转幅度会变小一点,最好能将图中胯部旋转做上标记。(图4-16)

(2)腿和脚的制作。

让前脚的脚掌完全接触地面,后腿要向前迈进,整个脚要抬起,脚尖也可以接触一点地面。可以显示骨骼,观察动作是否调整到位。(图4-17)

(3)身体的制作。

身体轻微向前弓一些,调整幅度大小。胸部和胯部的旋转方向是相反的。注意这一帧的胸部和胯部的旋转幅度都会变小。(图4-18)

(4)手臂的制作。

两只手臂正好摆动到比较中间的位置。相对于身体来说,手臂摆动的幅度大小不是很明显。(图4-19)

(5)为了使身体的上下运动更流畅,可以用曲线图编辑器调整动画曲线,明确左右脚与身体的相对关系的变化。相对于身体来说,控制高低的X轴变化应当如下图所示(向上:刚好在接触帧之前;向下:刚好在接触帧之后)。(图4-20)

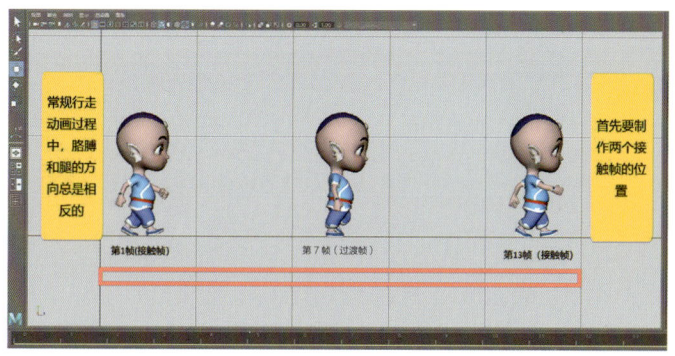

图4-15 制作过渡帧

图4-16 胯部旋转标记

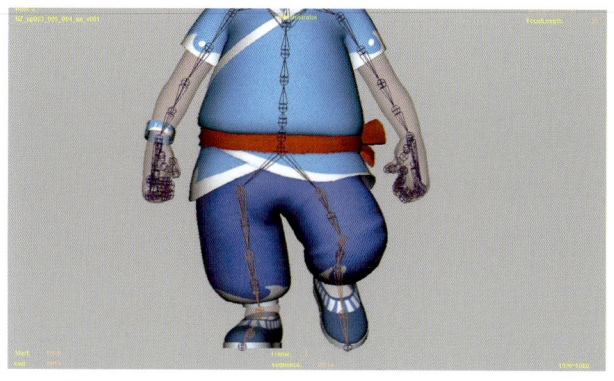

图4-17 腿和脚的制作

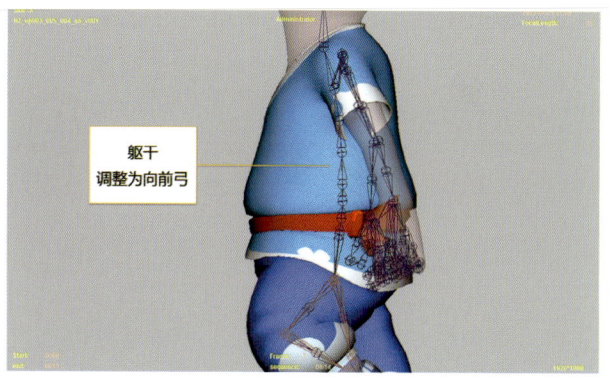

图4-18 身体的制作

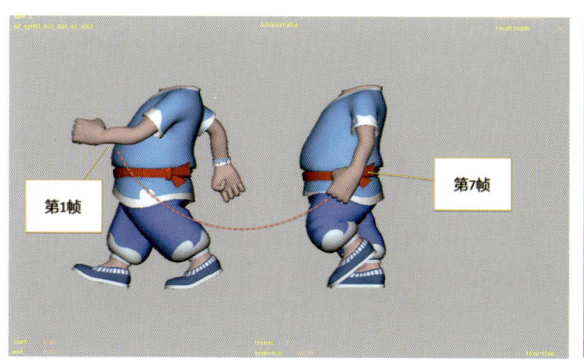

图4-19 手臂的制作

图4-20 左右脚转化曲线

### 4. 添加踏的动作

完成3个关键动作后，在第1帧和第7帧中间加上下沉动作（第4帧）。此时一只脚完全踏地，腿弯曲着承受身体的重量。注意腿部弯曲幅度的大小也会影响角色的重量感。（图4-21）

（1）身体的重心和胯部制作。

这个动作的前脚可以完全着地，身体的重心要调到最低，还要适当往前倾。（图4-22）

（2）腿和脚的制作。

将前脚调整为完全踏地，动作的重心向前转移。为了表现走路过程中的重量感，要看到腿的形状有一次变化（挤压＋伸展），触地的动作要直。腿部伸展，触地之后髋部向下。（图4-23）

（3）躯干制作。

将躯干往前弓。反复观看所调整的几个动作，进行动作变化的对比。重心会带动腰部的动作，腰部会带动胸部。注意观察，这个动作的重心向前倾斜的幅度较大，将腰部的幅度调小，胸部的要更小一些。（图4-24）

（4）手臂的制作。

调整双手到身体的两侧。根据行走的要求判断出这一帧手的位置，注意大臂带动小臂、小臂带动手的过程。（图4-25）

### 5. 添加上升位置

有下沉就有上升。在第7帧和第13帧的中间加一个向上的位置（第10帧）。此时的重心、身体和头部都到了最高位，腿准备抬起向上，胯部和重心上升。此动作为所有pose中的最高位。（图4-26）

（1）身体重心和胯部。

将身体的重心抬到最高位。这时的腿部处于不完全绷直状态，重心可以往前倾斜。注意调整时胯

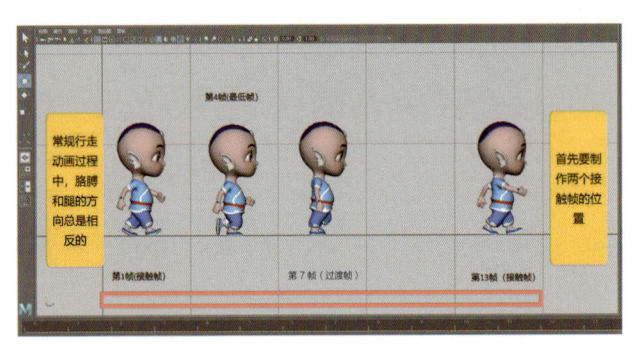

图 4-21 添加下沉位置

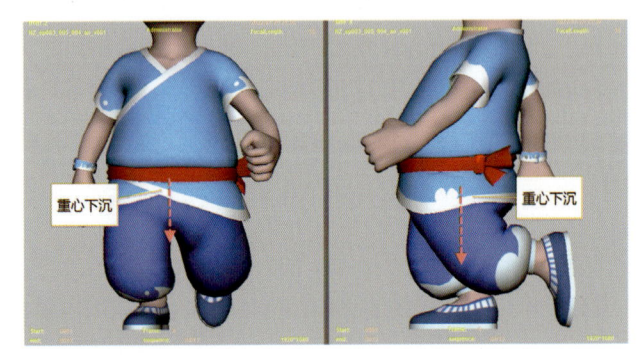

图 4-22 添加下沉位置

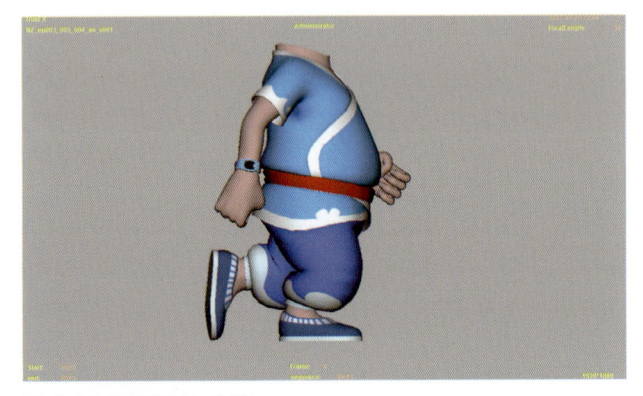

图 4-23 腿部伸展与压缩

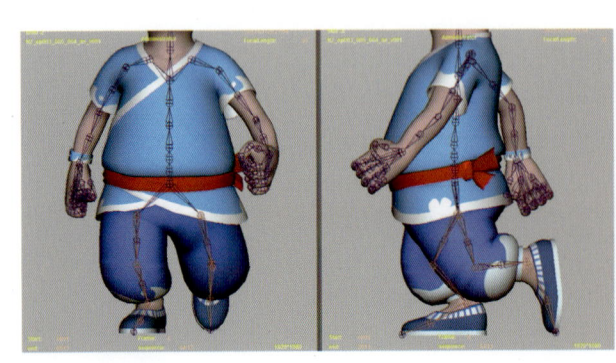

图 4-24 躯干制作

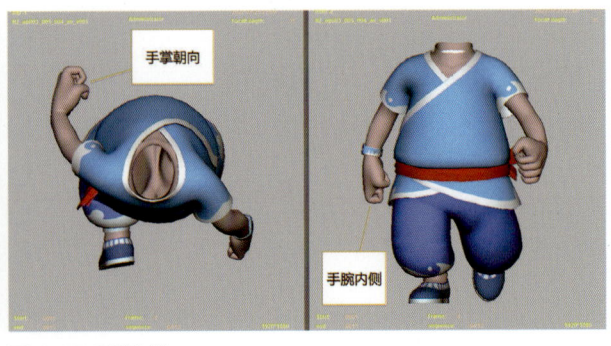

图 4-25 手臂制作

部也和腿一样向内侧旋转。这个动作只有一条腿撑着地面。（图 4-27）

（2）腿和脚的制作。

将后腿抬起向前迈，注意脚跟及脚尖的动作。它们的动作要有跟随的效果，脚腕带动脚跟，脚跟带动脚尖。另一条腿完全踏地，要绷直。注意膝盖的动作，可以用侧视图先观察，然后将抬起脚的膝盖向外偏移，女性走路一般膝盖会内扣，而男性则相反。（图 4-28）

（3）躯干的制作。

将躯干向后仰。在前视图中观察此时胯部和胸部的线呈相反方向。躯干向抬起腿的一侧弯曲呈弧线形，最好在图中画出。（图 4-29）

（4）手臂的制作。

制作时要注意左腿向前迈，正好到一半的位置。手臂的运动总是和腿相反。选择所有控制器进行 K 帧，记录好第 10 帧的动作。（图 4-30）

### 6. 曲线表调整技巧

（1）身体运动。

身体 Y 轴旋转跟接触的关系非常紧密，要仔细观察脚与臀部之间的动作。以下是脚的变化，接触帧和旋转帧的时间相同。（图 4-31）

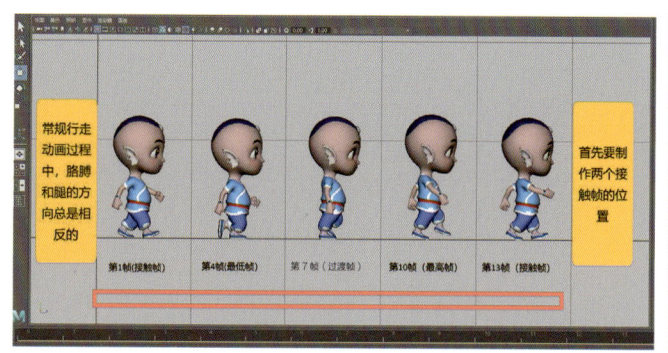

图 4-26 添加上升位置

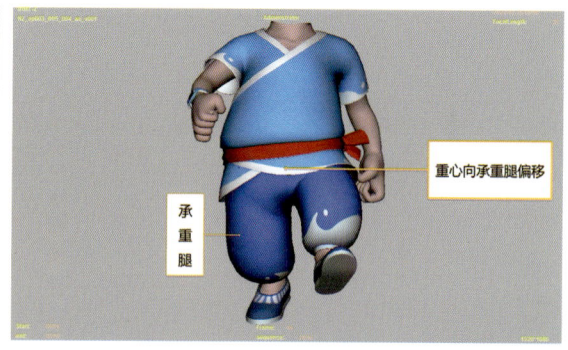

图 4-27 身体重心和胯部

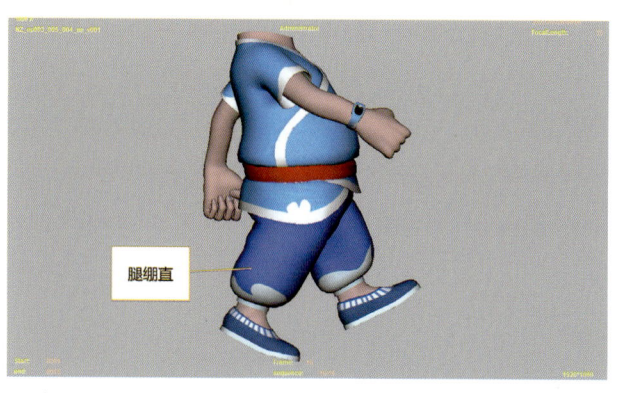

图 4-28 腿和脚的制作

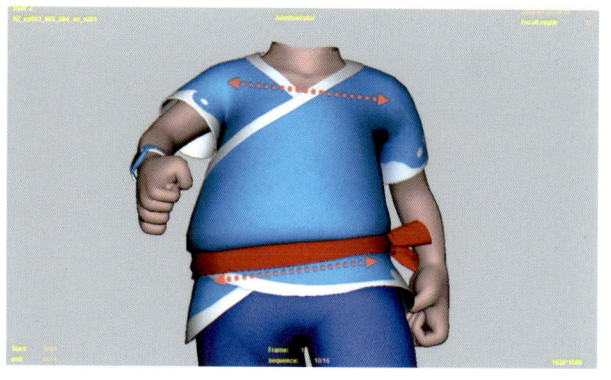

图 4-29 躯干的制作

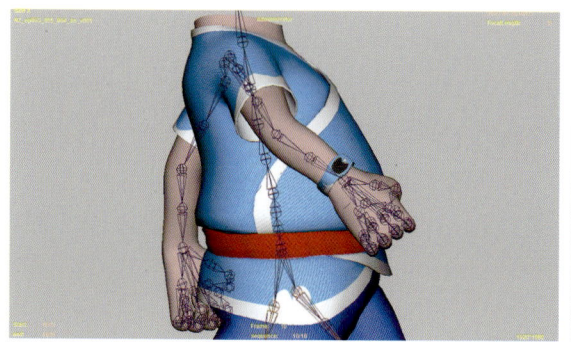

图 4-30 手臂的制作

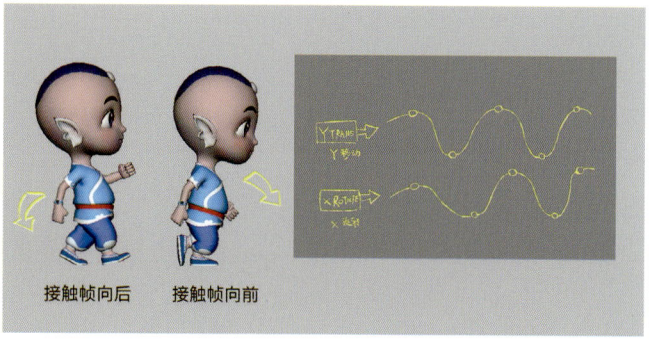

图 4-31 接触帧前后 Y 曲线

加入旋转之后，要重新调整脚之间的间隙（无需调整节奏）。（图4-32）

身体的过渡过程中，臀部在Z轴上会出现旋转（向上倾斜+向下倾斜），两种选择（向上或者向下）能够产生不同的效果。这种曲线会从Y轴旋转偏移而来。注意：Z轴旋转时，每个轴的高低点都是另一轴的一半。（图4-33）

（2）臀部变化。

身体的重量从一条腿向另一条腿转移时，从正视图观察，会觉得没有重量感。可以移动X轴，使得身体由一侧向另一侧移动。这种移动应当在接触姿势期间发生，重量从后边的腿上移走，可以把后面的腿抬起来离开地面并向前走，以便看到效果。（图4-34）

做完这个关键pose后，播放整段动画，一个简单的走路过程就基本完成了。如果要向前走第二步，那么还要按照这种顺序来制作关键pose，只是向前的腿有所区别。

（3）脚的位置和脚趾弯曲。

脚在踏地面的瞬间，所用时间大约需要2帧。脚抬起来离开地面的时候，要注意形状的不同。为了表现走路过程中的重量感，腿的形状应有一次变化（挤压+伸展），触地帧腿要直。（图4-35）

（4）膝盖和脚趾。

制作动画时，角色模型基本是通用的标准模型，膝盖和脚趾都是朝前的。可以把膝盖和脚趾旋转一下，打造更自然的站立姿势。（图4-36）从前面看到腿部形状的改变是非常重要的。（图4-37）

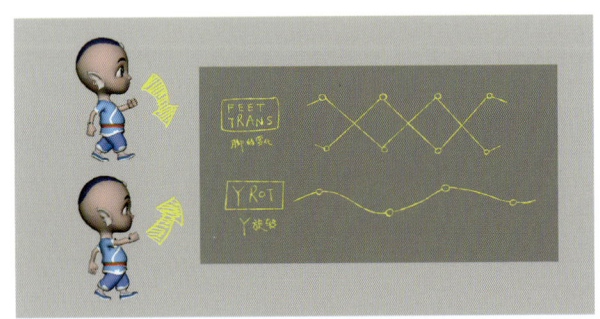

图4-32 脚部变化

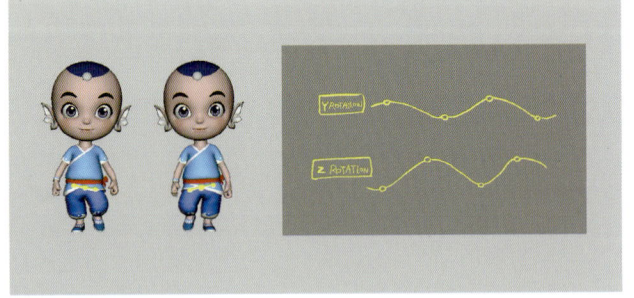

图4-33 臀部曲线

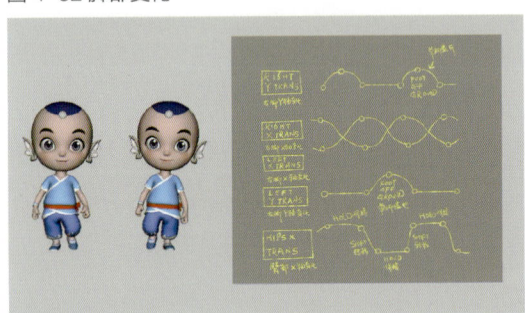

图4-34 左右脚曲线

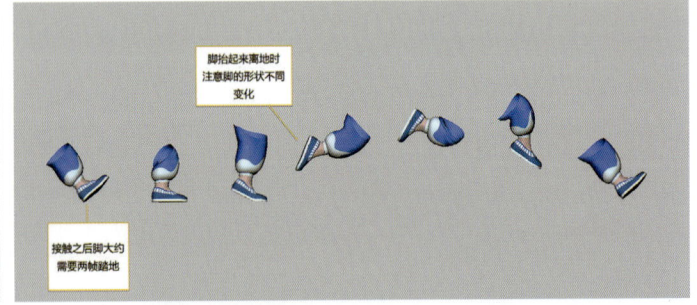

图4-35 脚的位置和脚趾的弯曲

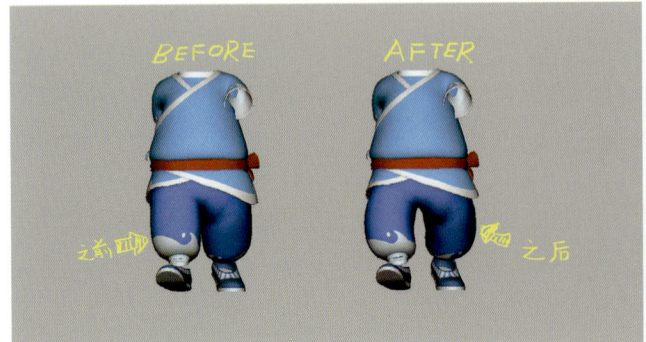

图4-36 膝盖和脚趾

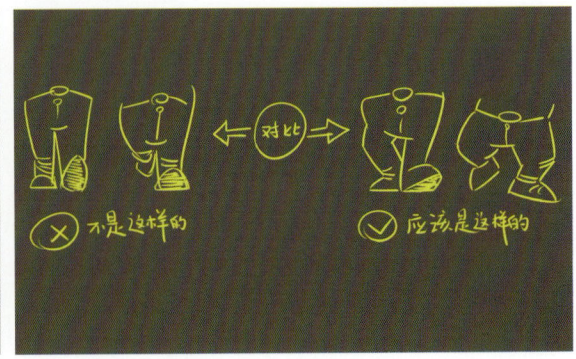

图4-37 腿部形状对比

调整脚的路径弧线，避免行走的时候脚是直线运动。（图4-38）

（5）上半身的运动。

大多数角色的行走制作流程是先制作下半身，再制作上半身。上半身要加一些顺势动作和反方向姿势来保持平衡，因此要了解上半身的关节（头部2节、身体4节）。（图4-39）

根据身体的起伏，可以做一些沿着脊柱往上的波浪式运动。此时脊柱没有动画，只有X轴旋转。（图4-40）

可以把髋部旋转（X轴旋转）复制到每个脊柱的连接上。为了达到重叠的效果，每条曲线必须和上一条错开，这样每个关节才能处于完全不同的位置。（图4-41）

波浪式运动会让身体上半部分出现一个松散的跟随动作，随后需要进行调整将其完善。（图4-42）

胸部的其他旋转制作起来比较容易，只需要将臀部做反向平衡即可。（图4-43）

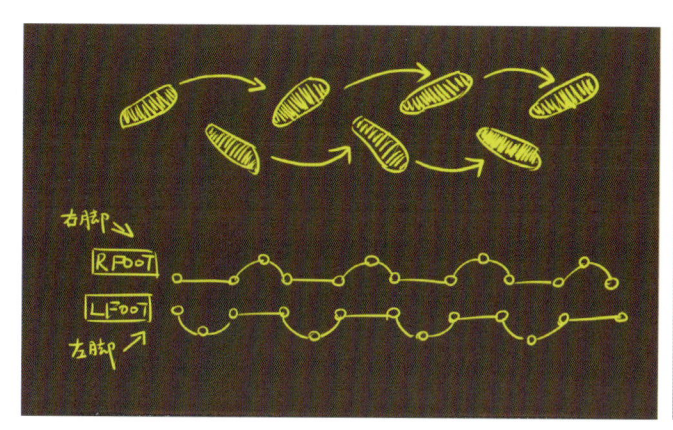

图4-38 调整脚的路径弧线

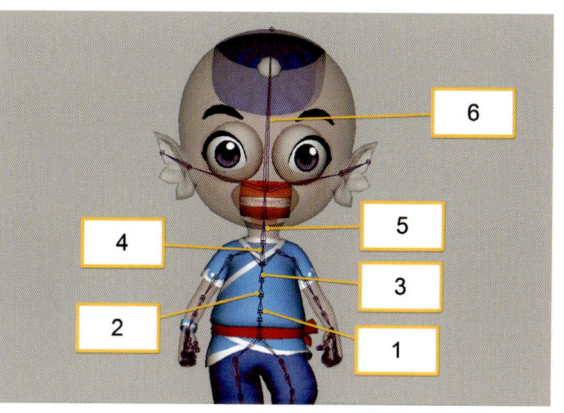

图4-39 上半身运动

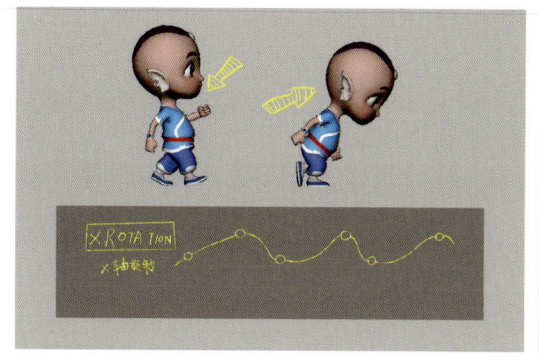

图4-40 波浪式运动

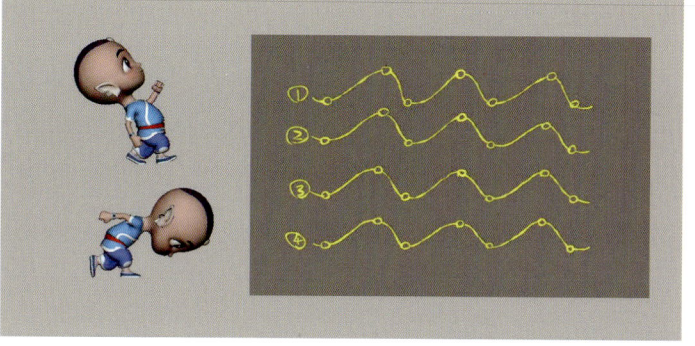

图4-41 脊柱曲线

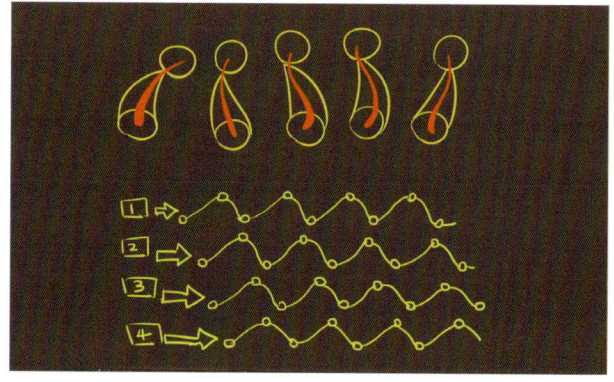

图4-42 脊柱跟随运动

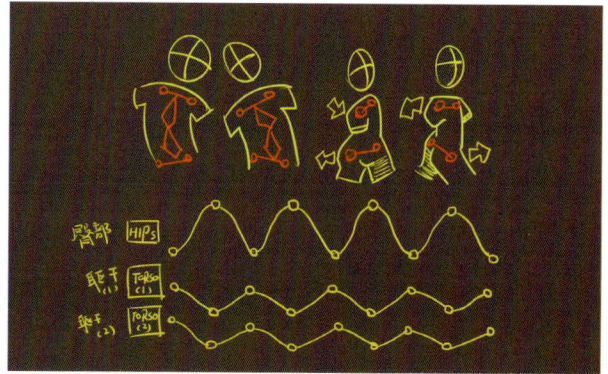

图4-43 臀部和躯干曲线

制作头部动画的时候,头部的前后(称为点头)旋转是三种旋转中最为重要的一种。(图4-44)

制作手臂时,一个手臂向前,一个手臂向后。(图4-45)

制作的位置应该与臀部、双肩以及双腿一致。当一条腿在前时,另一侧的手臂也在前;反之亦然,定好这些关键帧后,有必要沿着胳膊给关节弯曲做错位,这是为了做到真实的感觉。(图4-46)

胳膊(骨骼)运动的过程如图4-47。

手腕动作的过程如图4-48。

胳膊动作的曲线变化如图4-49。

通过控制上臂的扭曲给胳膊添加一个漂亮的"8"字形动作(顶视图)。(图4-50)

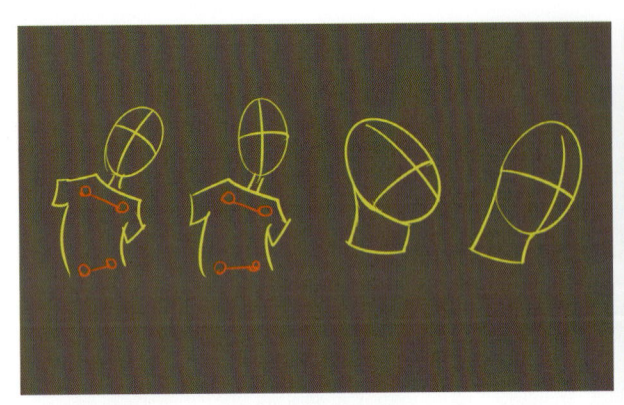

图4-44 头部运动

图4-45 手臂前后变化

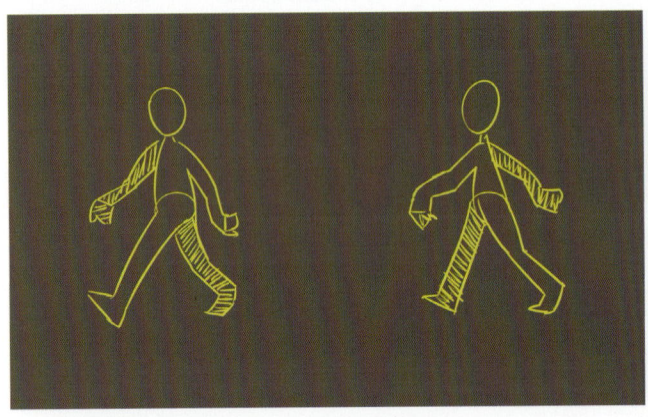

图4-46 手臂前后变化

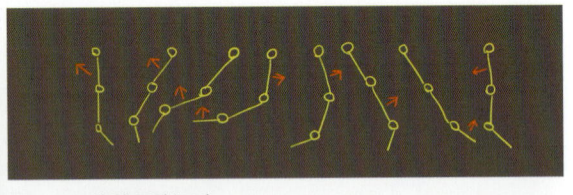

图4-47 胳膊骨骼运动

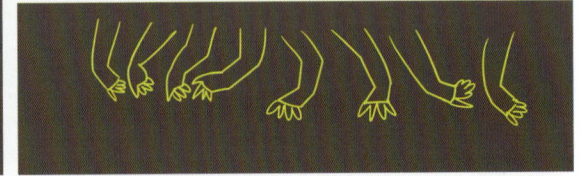

图4-48 手腕动画

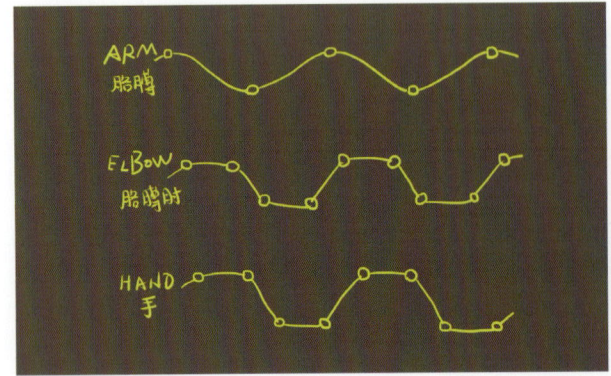

图4-49 胳膊的曲线

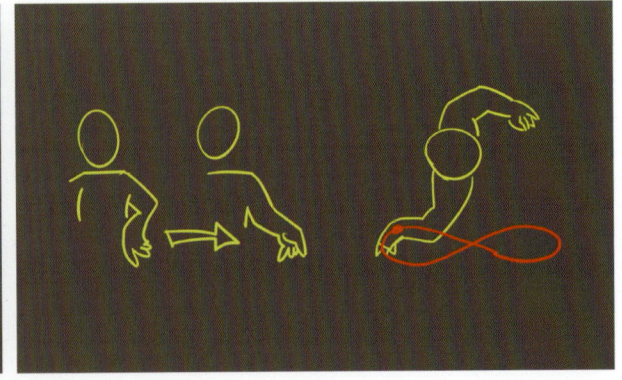

图4-50 "8"字形动作

在制作行走动画时,手部的动画不能忽略。尽可能让手部保持放松状态,让手部看起来很有吸引力。(图 4-51)

总之,行走动作是一个复杂的动画,需要考虑到多个方面的因素,如身体姿态、脚部动作、重心转移等。通过反复练习和调整,可以掌握正确的行走动画制作流程,并使其看起来自然流畅。

### 三、原地循环行走动画的制作顺序

制作向前走的动画之前,可以先学习循环行走动画,这样更容易理解和上手。下面是一个完整的行走循环动画制作流程。

#### 1. 计划行走的节奏

计划行走的节奏,确定需要花多少时间走一步。按照正常的行走动作 12 帧一步,那么两步就是 25 帧。(图 4-52)

#### 2. 制作接触 pose

完成时间设置后,开始制作 3 个接触位置的 pose,分别是第 1 帧、第 13 帧和第 25 帧。头尾相接才能形成一个流畅的循环,因此,第 1 帧和第 25 帧的 pose 要完全一样,将第 1 帧的所有动画数据复制到 25 帧即可。(图 4-53)

#### 3. 添加过渡帧

添加中间帧过渡位置,即第 7 帧和第 19 帧。(图 4-54)

#### 4. 添加下沉和上升位置

添加下沉位置,即第 4 帧和第 16 帧;再添加上升位置,即第 10 帧和第 22 帧。完成一个正常行走动作的制作。(图 4-55)

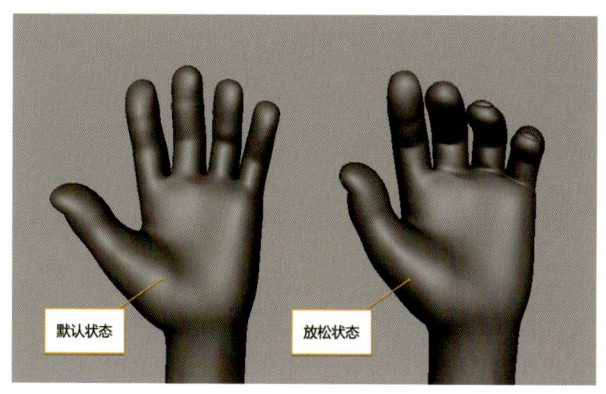

图 4-51 手部动画

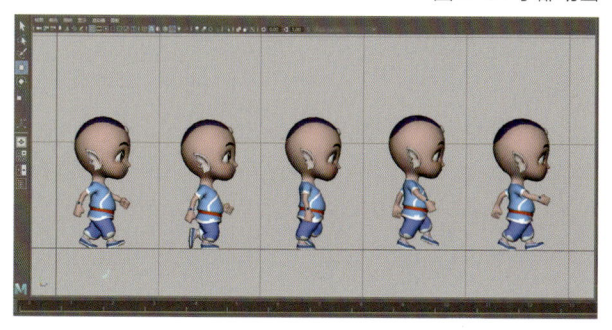

图 4-52 计划行走节奏

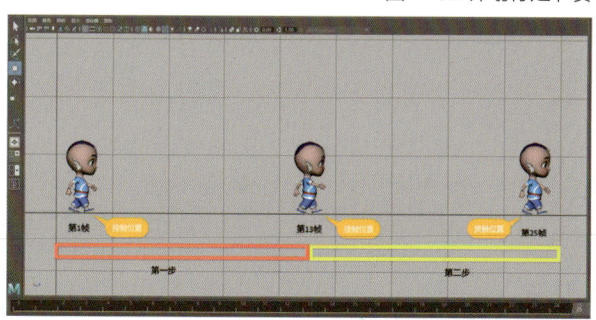

图 4-53 接触 pose

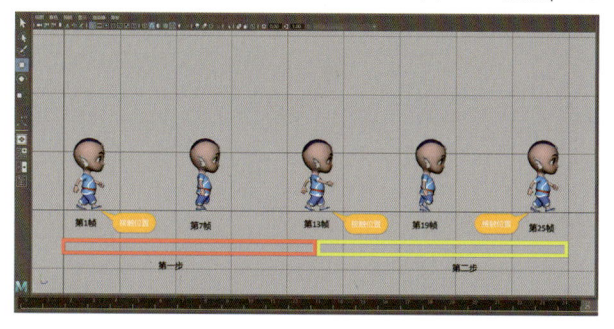

图 4-54 添加过渡帧

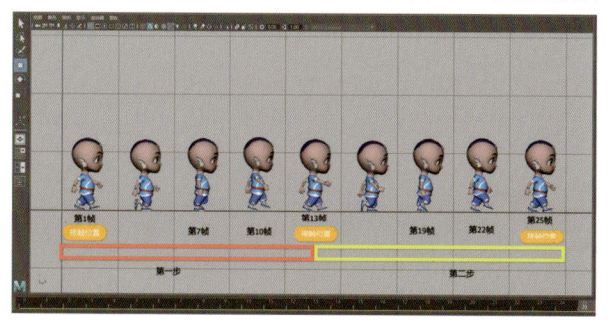

图 4-55 添加下沉和上升位置

## 四、动画预览输出

制作完所有动作后,选择时间栏,点击右键,在菜单中选择"播放预览"命令,弹出一个预览的窗口。(图4-56)

播放最终效果。请注意,在软件中播放只会呈现一个大概的预览效果。如果项目文件较大,电脑硬件配置低会导致运行变慢,在场景中播放出的时间不准确,建议制作动画时要勤于预览,确保动画时间准确无误。(图4-57)

# 第二节 跑步动画制作

本节以《海上丝路南珠宝宝》的主角南珠宝宝为例,来讲解如何制作跑步动画。整个跑步动画由5个关键pose组成,分别为"接触、下蹲、迈步、腾空、接触"。这些动作和走路的姿势相差不大,但是腿部的动作变化较大,尤其是第4个pose为腾空动作。除了腾空的变化之外,每个角色在跑步的时候姿态都有所不同,这取决于角色的性格、当时的情绪状态等。在本案例中,可以了解南珠宝宝的角色设定,如角色的体形较瘦、头部较大等,要细心观察和分析角色特征。(图4-58)

### 本节重难点

重点:学习跑步动画的基本规律,增强对每个关键pose的理解和应用。

难点:掌握跑步的无限循环动作制作,掌握曲线图编辑器的应用技巧。

## 一、跑步的运动原理

当跑步时,手脚的交替和走路基本一致,能分析出跑步是走路的"升级"。相比之下,跑步动作的幅度更大。(图4-59)

(1)身体重心前倾。人在正常跑步时,身体重心比走路时向前倾斜更多,步子要迈得更大。快跑时身体前倾更明显。

(2)两手自然握拳,手臂略呈弯曲状前后摆动。同时,手臂抬得要高些,甩得用力些。快跑时手臂则向前伸直。

(3)腿部向前蹬出的步伐幅度比较大,脚在

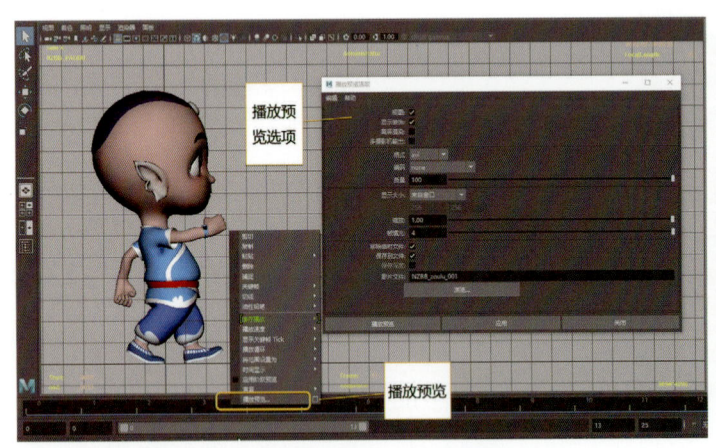

图4-56 播放预览

图4-57 播放预览

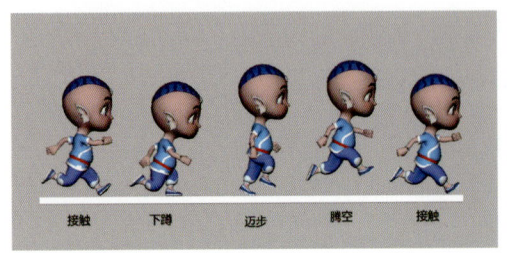

图4-58 南珠宝宝跑步动作

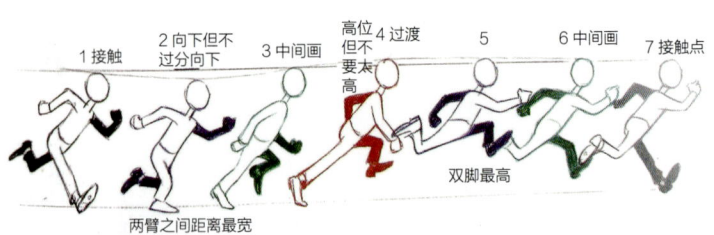

图4-59 跑步动作

离开地面的一瞬间就要迅速弯曲向前运动。胯部扭动的幅度与跑步的速度有关，膝关节的弯曲幅度大于走路动作。

（4）跑步动作中，有腾空的画面出现，而且身体前进的波浪式运动曲线幅度比走路时更大。

（5）脚底曲线是波形。脚在身后变化距离小，身前变化距离大。

## 二、跑步动画的制作

以下是正常跑步动作的动画制作。要在 Maya 软件中制作出跑步的关键动作，在制作的过程中认真分析和理解每一个 pose 的动画原理及制作技巧。

### 1. 模型检查和动画模块设置

（1）模型检查。

仔细检查角色模型（南珠宝宝），熟悉南珠宝宝模型的绑定设置，以便在制作过程中巧妙应用。（图 4-60）

（2）设置动画首选项中的帧率为每秒 24 帧。此动画案例跑步的时间为 17 帧，从第 1 帧开始，第 9 帧为中间帧。（图 4-61）

### 2. 制作第 1 帧（初始帧）

打开准备好的模型文件。制作行走动画时先提取出三个关键动作再进行制作，跑步也是一样的思路。要保证三个动作位置之间的关系，动画的循环动作才不会出现停滞现象。起始帧和结束帧的动作一致，和第 9 帧的动作相反。因此，最简单的方法是先把起始帧和第 17 帧做好，再做第 9 帧，把起始帧左边手和腿的属性输入第 9 帧的右边。第 1 帧可以选择脚刚刚接触地面的那一个关键帧，或者脚抬到最高点和最低点的时候。（图 4-62）

（1）身体的重心和腿脚制作。

一般从角色身体的重心开始制作。角色的重心会影响上半身的倾斜角度，要轻微后仰，双腿打开到最大，向前迈出去的腿要绷直。脚接触到地面的时候脚掌还未落地，后腿要弯曲。制作的时候要习惯用三个视图来观察效果，比如在前视图中，角色的身体向右腿偏移，双腿的动作也会影响胯部的动作，适当调整胯部的旋转方向，向右腿微倾斜。在顶视图中，可以看到双腿前后打开，胯部也前后扭转的效果。（图 4-63）

（2）躯干的制作。

调整上半身躯干的动作。根据南珠宝宝的造

图 4-60 角色模型

图 4-61 设置动画帧率

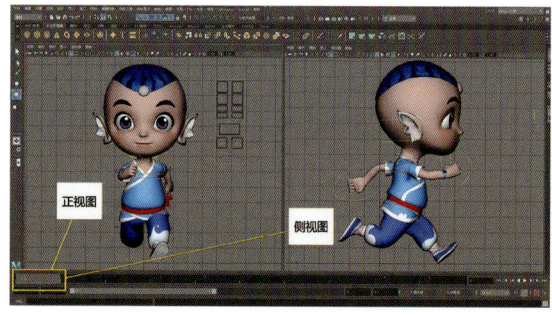

图 4-62 起始帧

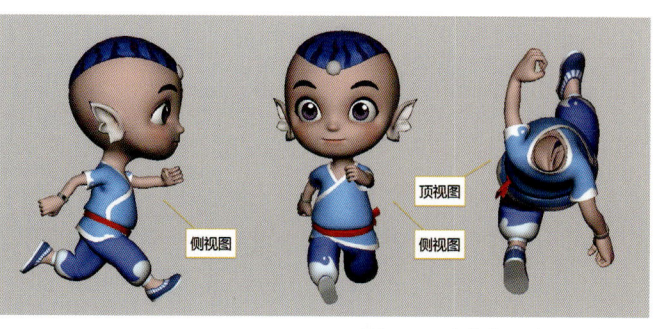

图 4-63 身体的重心和腿脚制作

型，接触帧的胸腔与胯部倾斜方向相反。要认真观察跑步的动作，为了保持平衡，胸腔和胯部的旋转方向总是相反的。（图4-64）

（3）手臂的制作。

手臂在身体两侧来回摆动，以平衡跑步的力度。通常情况下，双臂摆动的方向和腿完全相反。当右腿向前伸时，右手臂就向后摆，左手臂会向前摆以保持平衡。跑步设计的摆手幅度比较大，图4-65为躯干跑步三视图中的姿态。

### 3. 制作第2个pose（接触动作）

完成第1帧动作后，将它拷贝到第17帧，形成一个完整的跑步循环动作。在中间插入一个半循环的动作，把第1帧的动作复制到中间的第9帧，注意第9帧的动作要与第1帧和第17帧相反。（图4-66）

### 4. 制作第3个pose（迈步动作）

（1）身体重心和腿脚制作。

右脚稍微踮起来，身体的重心提高，左腿抬起向前迈。制作时要注意脚跟和脚尖的形态，这里也做了跟随效果，脚腕带动脚跟，脚跟带动脚尖。根据不同视图来进行调整，尤其是在顶视图中能观察到后腿向前迈，胯部和腿部保持一致，向相同方向旋转。（图4-67）

（2）躯干的制作。

选择躯干向后仰，幅度比第1帧的略小一些。调整胸部和胯部的设置，两者运动方向相反，胸部和胯部的扭转幅度会变小。（图4-68）

（3）手臂的制作

右手的控制器向前摆动，左手向后摆，让双手差不多到身体两侧的位置。观察各视图的手臂变化动作，调整后实时记录这个关键帧。（图4-69）

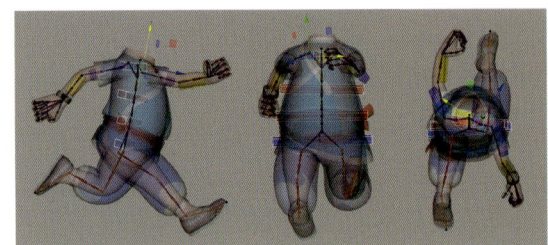

图 4-64 躯干的制作

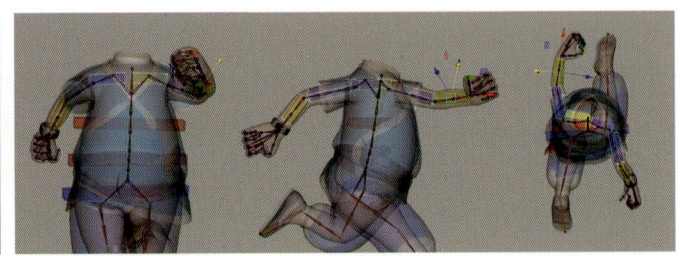

图 4-65 躯干的三视图

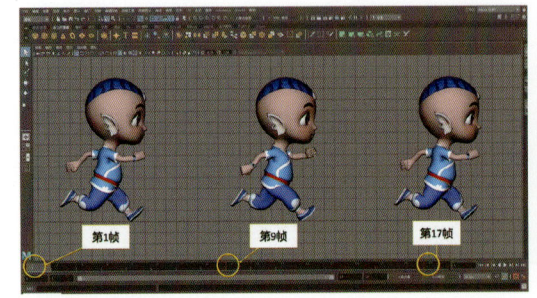

图 4-66 制作第 2 个 pose

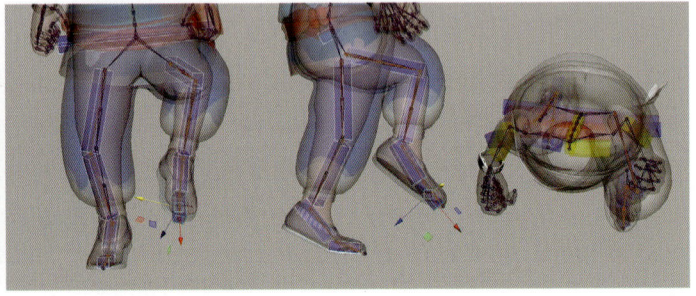

图 4-67 制作第 3 个 pose

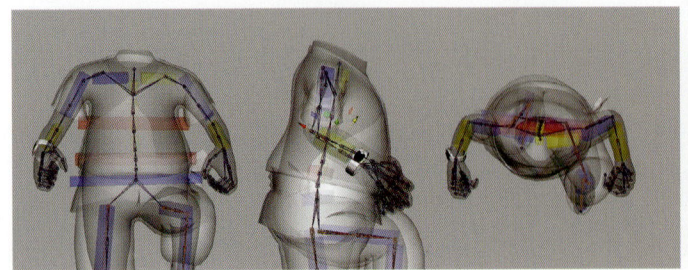

图 4-68 第 3 个 pose 的躯干制作

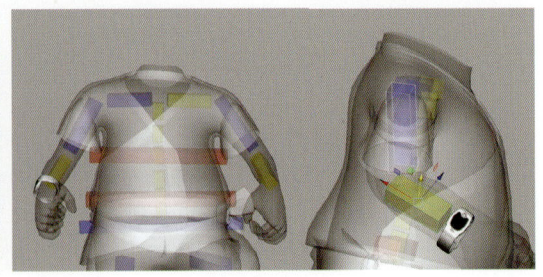

图 4-69 第 3 个 pose 的手臂制作

（4）完成以上调整后选择第5帧，给所有的控制器记录1帧。（图4-70）

## 5. 制作第4个pose（下蹲动作）

选择第3帧，继续调整南珠宝宝身体重心下蹲的动作（也就是踏地）。按照平常的制作方法，先制作前后两个关键帧，再在中间加入过渡帧，这样处理下蹲的动作会更方便，更有效率。

（1）身体重心和腿脚制作。

在第3帧时，左脚完全着地，身体的重心下沉。此时重心的下降高度与跑步的速度、动作幅度都有很大的关系。右脚向后运动，与地面分离，脚尖与地面的角度成垂直状态，这样看起来更加有力。当脚着地后，胯部也会受到影响，会向一侧倾斜。（图4-71）

（2）躯干制作。

这一帧的躯干会向后仰，变化幅度不太大。（图4-72）

（3）手臂制作。

手臂向前摆动时，运动变化不会太大。当大臂向前向下的时候，小臂则跟随大臂向上运动。（图4-73）

（4）跑步的基本动作完成以后，可以添加细节，一步步完善。把关键帧拖到第3帧，按照图4-74设置关键帧。这一动作是角色最低的动作。

## 6. 制作第5个pose（腾空动作）

选择第7帧，记录1帧。这个pose是第5帧和第9帧的过渡pose，也是整个跑步中最高位的动作，可以看出双腿、胯部、重心等都需要抬高。制作流程和前面的关键动作一样，先处理好前后两个关键帧，也就是第5帧和第9帧，再处理腾空动作。（图4-75）

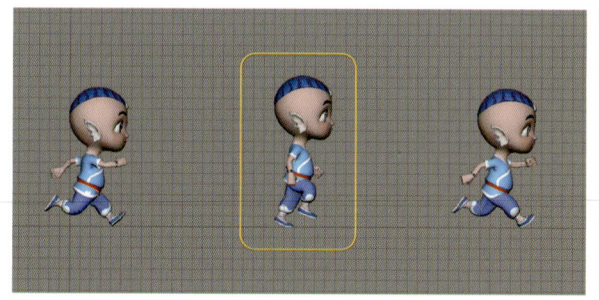

图4-70 第3个pose的效果

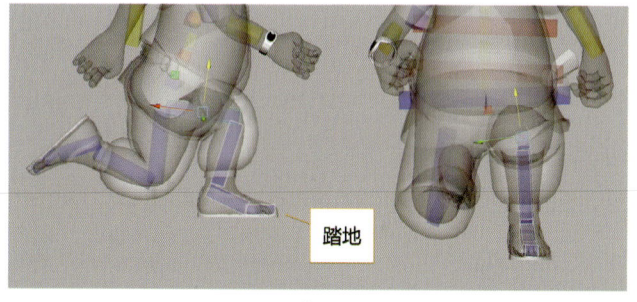

图4-71 第4个pose的身体重心和腿脚制作

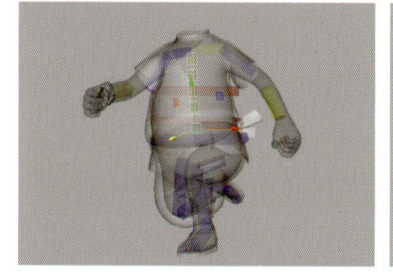

图4-72 第4个pose的躯干制作

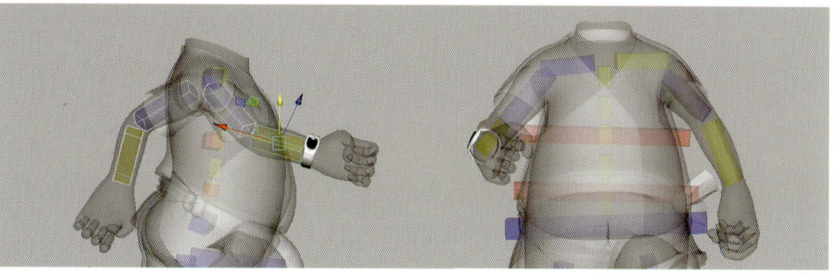

图4-73 第4个pose的手臂制作

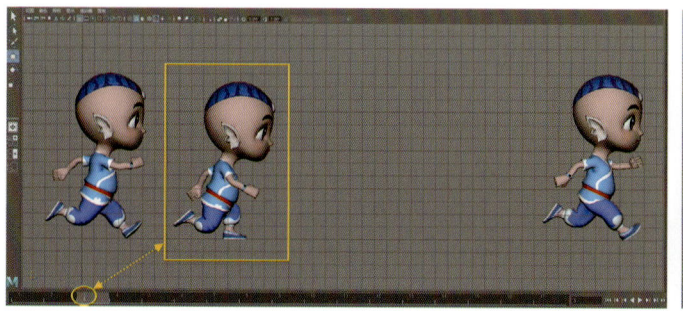

图4-74 最低的动作

图4-75 制作第5个pose

（1）身体重心和腿脚制作。

右腿处于向前绷直状态，左腿向后蹬，身体的重心提起来，左腿向前蹬。胯部也受到影响，要注意控制胯部的旋转幅度的大小。（图4-76）

（2）躯干制作。

让躯干往后仰，可以增加躯干的拉升效果，在调整的过程中运用动画曲线表同时调整。另外，胸腔和胯部的旋转方向呈反方向。（图4-77）

（3）手臂制作。

选择左手向前摆，右手向后摆，注意与身体两侧的距离。（图4-78）

（4）从侧视图看，角色的脊椎在刚接触地面的时候是向后弯曲的。接触到地面以后，身体为了平衡迅速向前倾，这时脊椎是向前弯曲的。在空中时，脊柱的状态比较自然，脊椎的运动是随着身体不停变换，以平衡整个重心。（图4-79）

## 三、动画曲线制作技巧

制作完所有动作后，要用一定时间来调整动作的节奏。利用曲线可以实现动画的最佳效果。打开曲线图编辑器，将所有的曲线选择后平滑显示。（图4-80）

### 1. 身体的重心曲线调整

（1）从身体的重心开始调节。处理好身体的重心，其他部分调整起来更加便捷。调整第1帧到第9帧的平移Y轴曲线。（图4-81）

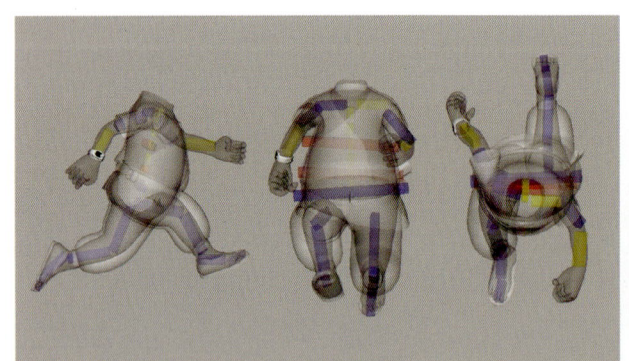

图4-76 第5个pose的身体重心和腿脚制作

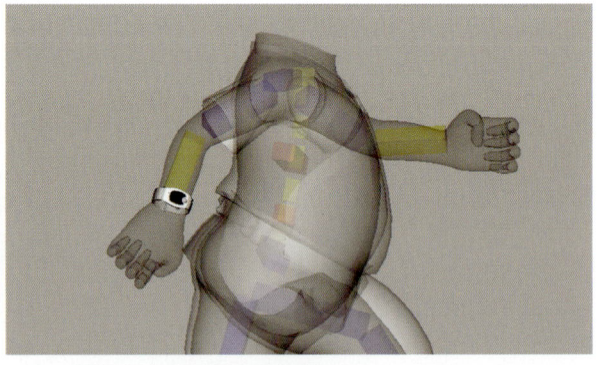

图4-77 第5个pose的躯干制作

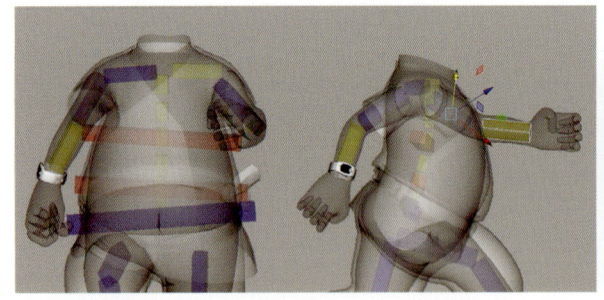

图4-78 第5个pose的手臂制作

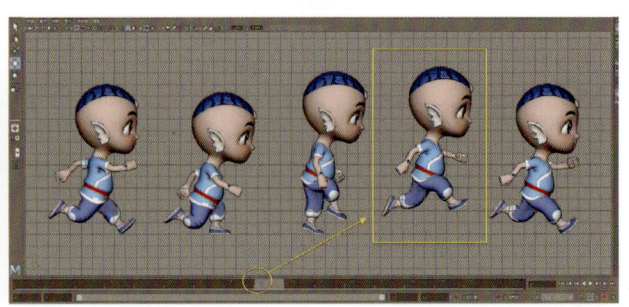

图4-79 脊椎的变化

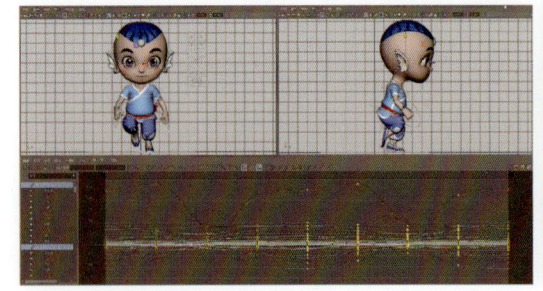

图4-80 在曲线图编辑器中打开

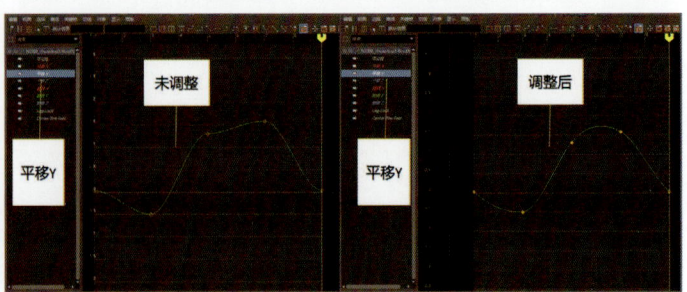

图4-81 身体的重心和躯干曲线调整

（2）调整第1帧至第17帧的循环动作，整个跑步动作呈循环状态。通常会选择相同的关键帧进行调整，保持曲线的曲度一致，制作出的动作曲线效果会更流畅。（图4-82）

（3）调整角色正面，选择身体重心控制器平移X轴曲线，调整左右位移的效果。（图4-83）

### 2. 躯干的曲线调整

（1）选择躯干控制器旋转X轴，显示调整前的效果，再预览调整后的效果，根据躯干的运动变化进行调整。（图4-84）

（2）躯干的调整也要从重心开始，重心的旋转X轴带动腰部和胸部，调整好重心X轴旋转方向。（图4-85）

（3）调整躯干的扭转动作。身体的重心不受躯干扭转的影响，只需要腰部和胸部的关节来调整旋转Y轴的动画曲线。胸部和腰部的调整方法相同，注意动作不能过大，给予手臂动作充足的空间。（图4-86）

### 3. 肩膀和手臂的曲线调整

（1）肩膀的左右运动变化是一样的，要对运动的轴向动画曲线进行分析，如旋转Z轴控制的是肩膀前后旋转的方向，调整的步骤和之前的一样。（图4-87）

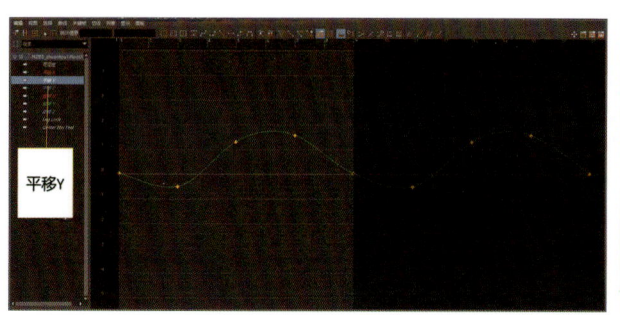

图4-82 平移Y轴动画曲线

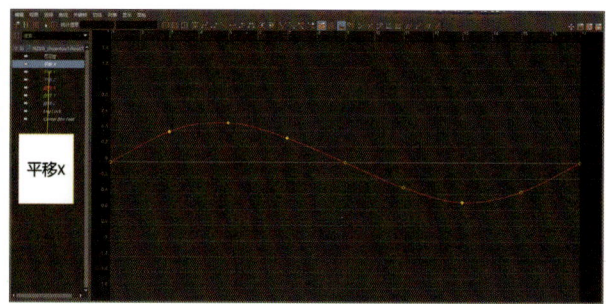

图4-83 平移X轴动画曲线

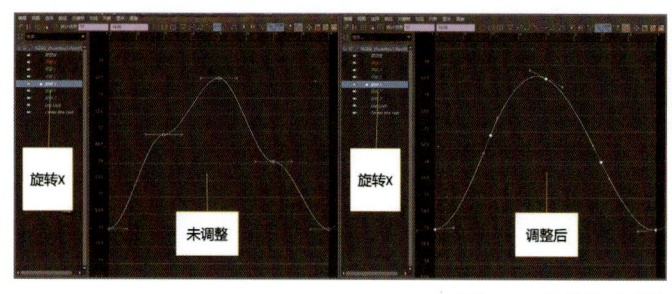

图4-84 调整前后对比

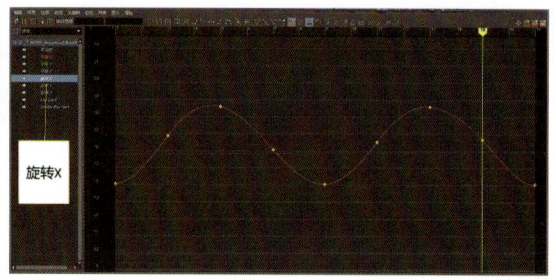

图4-85 调整X轴旋转方向

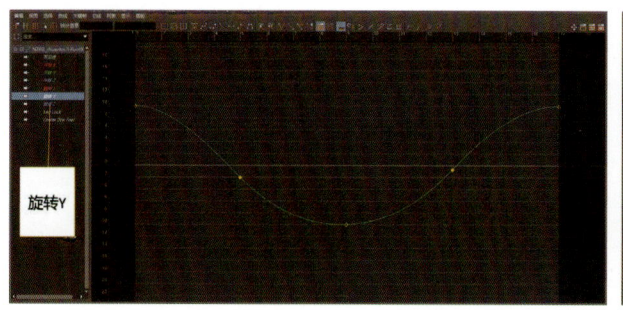

图4-86 旋转Y轴动画曲线

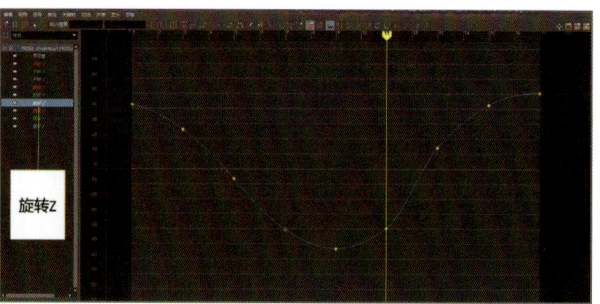

图4-87 旋转Z轴动画曲线

（2）手臂的运动重点表现在弧线运动，先要掌握手臂的弧线运动基础知识，用简单的 pose 来分析关键帧的作用。（图 4-88）

（3）右臂的动画曲线调整可参考图 4-89 至图 4-91。

### 4. 胯部的曲线调整

胯部的动作和躯干的扭转很相似。当脚在第 3 帧落地时，身体的重量完全压到落地脚的一侧，胯部会受到挤压。在第 7 帧让腿抬起来，这时胯部会带动腿部抬高。（图 4-92）

### 5. 脚的曲线调整

脚的动作较为简单，选择右脚从第 1 帧到第 9 帧分别平移，并旋转轴向曲线。（图 4-93）

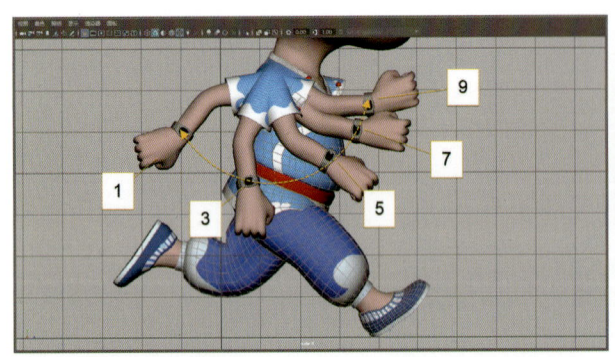

图 4-88 手臂的曲线运动

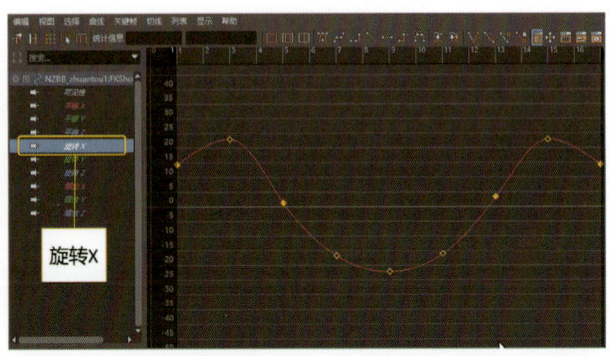

图 4-89 右臂旋转 X 轴动画曲线

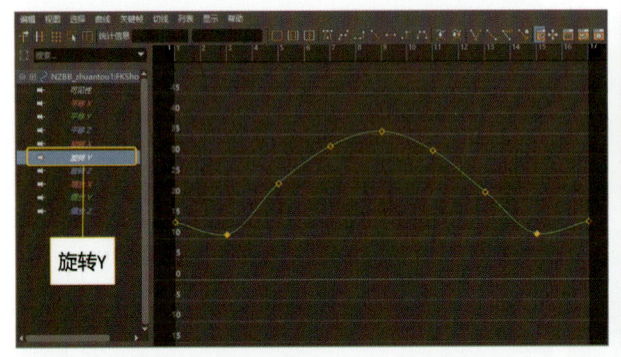

图 4-90 右臂旋转 Y 轴动画曲线

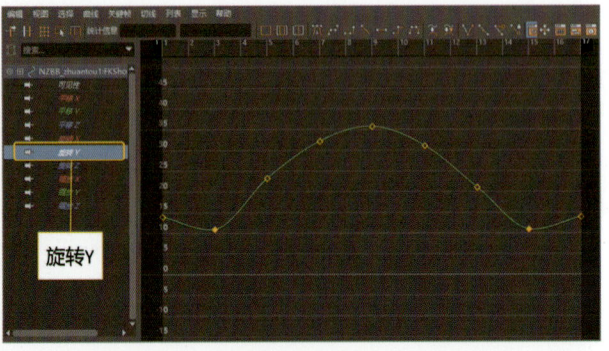

图 4-91 右臂旋转 Z 轴动画曲线

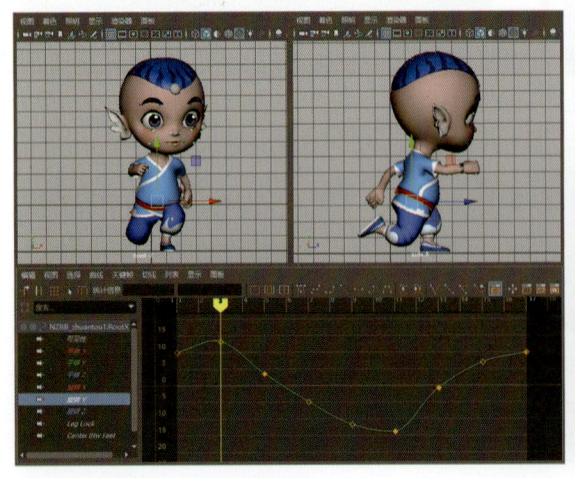

图 4-92 胯部旋转 Y 轴动画曲线

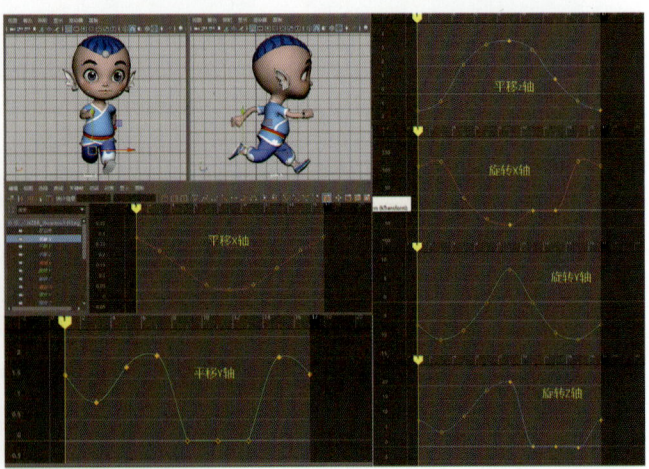

图 4-93 脚的曲线调整

### 6. 复制动画曲线

跑步动作与行走动作一样，都包含了两个单步，在制作时需要让两个单步的动作互为镜像。因此，只需要将前一个单步的属性参数复制到后一个单步的属性即可，在动画曲线表中将它们的数值调整一致，就可以实现无限循环。（图 4-94）

（1）复制前一个单步的动画曲线，依次选择腿部、躯干、手臂等控制器属性，将这些属性复制到相应的关键帧位置。如选择右腿控制器，在第 3 帧点击右键，选择复制命令，然后选择第 11 帧点击右键，选择粘贴命令即可。（图 4-95）

（2）在曲线图编辑器中进行无限循环设置。选择所有控制器属性，打开曲线图编辑器，在曲线菜单中选择"后方无限循环"命令。（图 4-96）

（3）在曲线图编辑器中选择"视图"菜单，勾选"无限"命令，然后在视图中显示虚线。（图 4-97）

（4）完成以上设置后，在三视图中反复检查南珠宝宝的动作是否在无限循环后发生变形。如果有，需要在第 1 帧至第 17 帧的动画曲线中寻找问题，确保制作的循环动画是标准的，最后保存文件。（图 4-98）

### 四、动画预览输出

制作完所有动作后，选择时间栏，点击右键，在菜单中选择"播放预览"命令，这时会弹出一个预览的窗口。（图 4-99）

图 4-94 复制动画曲线

图 4-95 选择右腿进行复制

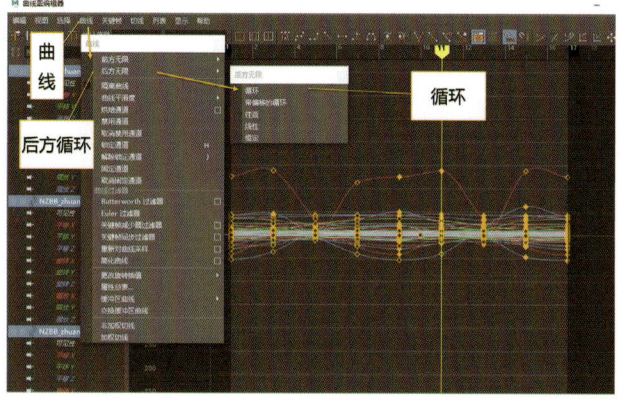

图 4-96 后方无限循环设置

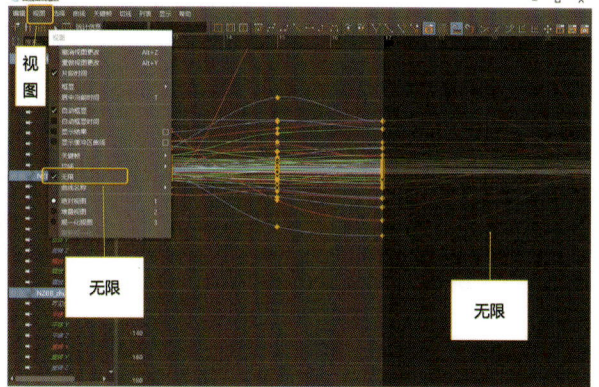

图 4-97 在视图中显示虚线

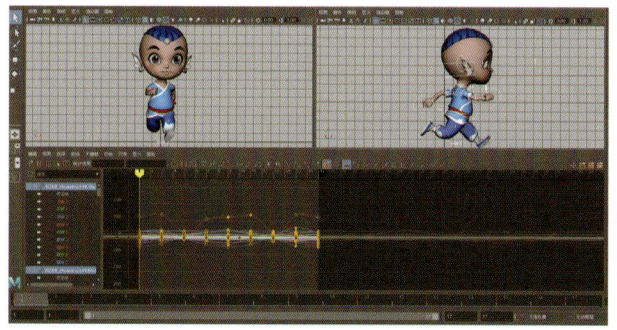

图 4-98 检查动画曲线

图 4-99 播放预览

在软件中播放只会呈现一个大概的效果。如果项目文件较大，电脑硬件配置低，会导致运行变慢，播放的时间不准确。在制作动画时要勤于播放动画预览，确保动画时间准确无误。（图4-100）

跑步是一项涉及身体多个部位和关节的复杂运动。我们需要通过大量的练习和反复调整，才能掌握正确的跑步动作技巧，让跑步动画看起来更自然、流畅。

图 4-100 播放预览

# 第三节 跳跃动画制作

本节以怪兽角色为案例来讲解如何制作跳跃动画。跳跃动画实际上就是较为复杂的小球动画，因此，可参考小球动画来完成跳跃动画。跳跃动作一般由预备、腾空、落地三个部分组成，首先让角色在预备阶段下蹲积蓄力量，起跳瞬间要给予身体拉伸动作；其次，角色腾空时身体发生收缩变化；最后，落地的时候要产生缓冲动作。制作前要仔细观察怪兽角色模型，根据造型特点在动画制作过程中灵活处理。（图4-101）

图 4-101 怪兽角色模型

### 本节重难点

重点：学习跳跃动画的基本规律，增强对每个关键动作的理解和应用。

难点：掌握曲线图编辑器的调节方法和技巧。

### 一、跳跃动画基本原理

跳跃包含身体屈缩、蹬腿、腾空、着地等运动过程。角色起跳前，身体弯曲，表现出动作的准备和力量的积蓄，接着单腿或双腿蹬起，使整个身体腾空向前，越过障碍之后，双腿先后或同时落地。由于自身的重量和调整身体的平衡，必然产生动作的缓冲，随后恢复原状。（图4-102）

制作跳跃动画的过程中，角色的动作整体呈弧形抛物线运动，和小球动画跳跃效果一样。（图4-103）

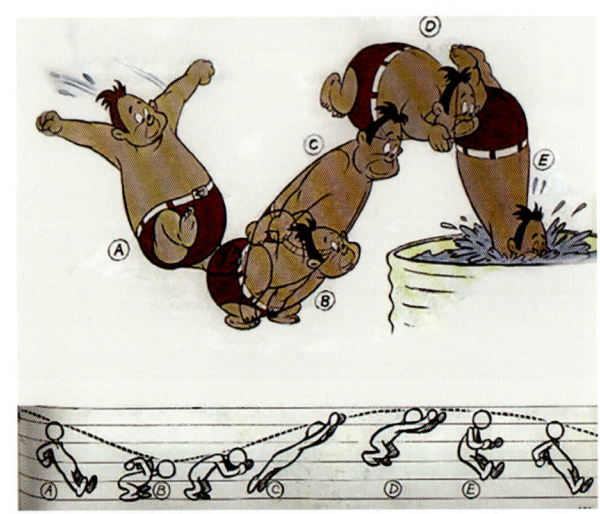

图 4-102 跳跃动画原理

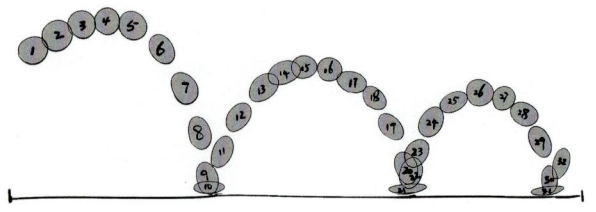

图 4-103 小球跳跃动画

图 4-104 真人跳跃动画

图 4-105 跳跃动作分解

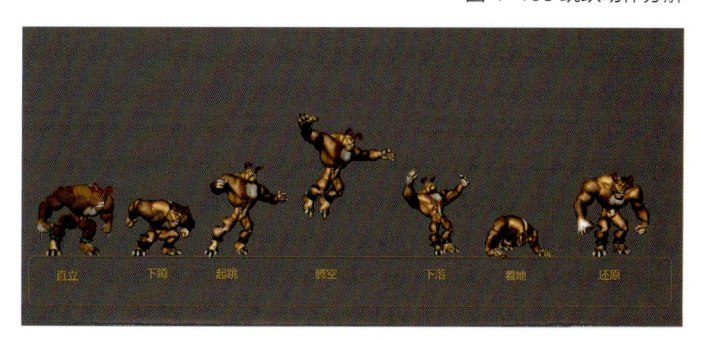

图 4-106 跳跃动画

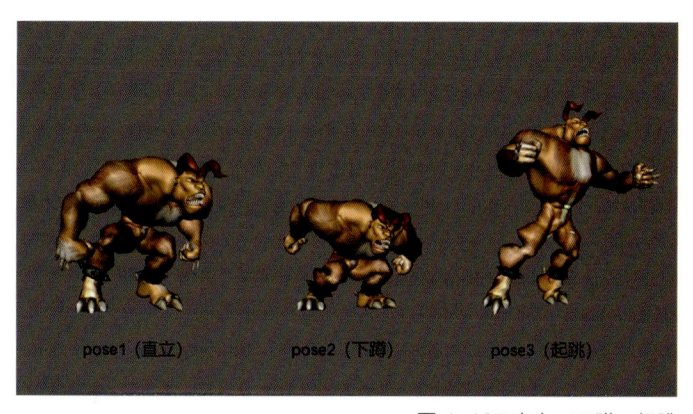

图 4-107 直立、下蹲、起跳

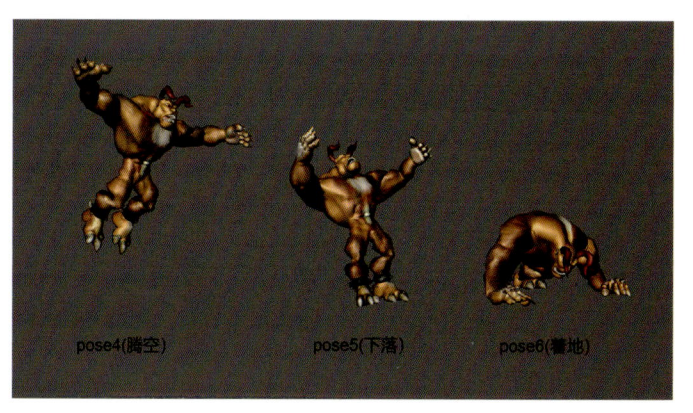

图 4-108 腾空、下落、着地

角色弧形运动的幅度会根据力的大小和障碍物的高低产生差别。跳跃动作使身体产生了极大的变形。动画来源于生活，但又高于生活，是一种没有限制的夸张的表达方式。（图 4-104）

## 二、跳跃动画制作

（1）动作分解、绘制动作。

制作动画时，想制作出一套跳跃的关键姿势，需要先对人物的真实跳跃动作进行分解。跳跃的主要姿势由放松姿势、准备姿势（压缩姿势）、准备保持姿势、展开姿势、最高姿势、接触姿势、缓冲姿势、缓冲姿势保持、舒展姿势等组成。先把这些关键姿势画出来，再进行细致刻画。（图 4-105）

（2）掌握关键帧。

完整的跳跃动画一般有 7 个关键帧。第 1 帧自然直立（放松姿势）、第 2 帧下蹲（预备动作）、第 3 帧起跳（拉伸、夸张）、第 4 帧腾空（达到最高点）、第 5 帧下落（拉伸、夸张）、第 6 帧着地（缓冲）、第 7 帧还原（还原成初始状态）。（图 4-106）

（3）角色在跳跃时，从预备到腾空这一部分的重心在身体的前方。如图中的前面 3 帧。（图 4-107）

（4）从腾空到落地这一部分，重心在身体的后方，如图中的第 4、5、6 帧。（图 4-108）

在这一运动中，角色的预备做得越足，就跳得越高，同时落下来所要做的缓冲也就越大。

## 三、跳跃动画制作案例

（1）打开怪兽角色模型，观察模型的造型，根据造型来设计动画。仔细检查模型的绑定设置，熟悉每一个部位的设置，便于在制作过程中灵活使用。（图4-109）

（2）将怪兽角色模型导入场景中，创建摄影机，设置摄影机的属性，将怪兽模型移动到镜头合适的位置。（图4-110）

制作怪兽从墙上跳到地面的关键动作。（图4-111）

（3）设置好第1帧的动作. 将角色调整为半蹲姿势。动作要领是双脚自然分开往外扩，胳膊弯曲，双手握紧，整个身体呈C字形，注意角色的身体重心。（图4-112）

（4）制作第2帧（预备）。在第1帧动作的基础上让角色的身体往下压，双手往后，头部向上仰一点，体现出全身更有力的状态。（图4-113）

（5）制作第3帧（蹬地）。角色离开墙顶，身体挺直，双手打开，表现出即将跳离墙顶的状态。（图4-114）

图4-109 检查怪兽模型

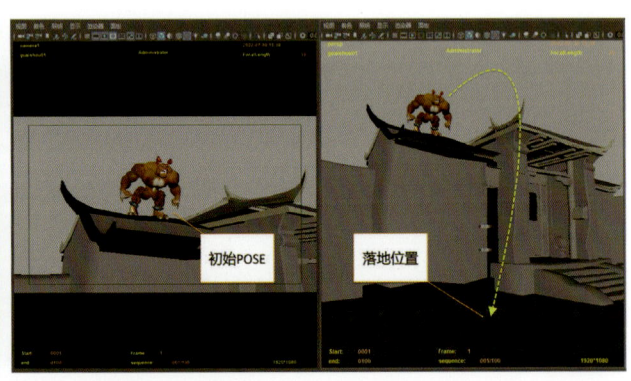

图4-110 初始和结束动作

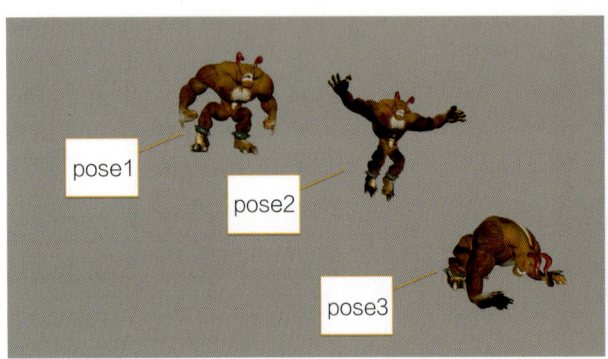

图4-111 关键动作

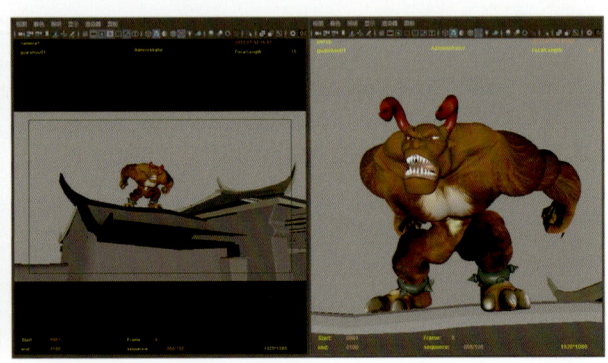

图4-112 第1个pose

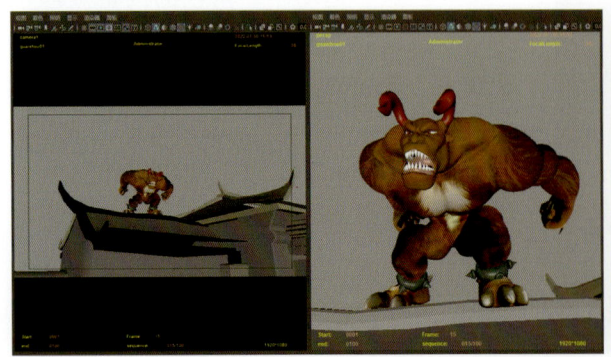

图4-113 第2个pose

图4-114 第3个pose

（6）制作第 4 帧（腾空）。角色在空中腾起，手臂的动作幅度更大，双腿收缩一点，手掌呈打开状态。（图 4-115）

（7）制作第 5 帧（腾空下落）。角色从最高点开始下落，身体要缩一点，双腿收起来，左腿比右腿低一些，前后错开。（图 4-116）

（8）制作第 6 帧（落地）。当角色落地时，先让左腿着地，再让右腿着地，身体伸直一点，双手往里，表现出准备落地的姿势。（图 4-117）

（9）制作第 7 帧（落地）。由于墙体较高，角色身体比较重，落地的姿势幅度较大，向前一些，让双手支撑着整个身体的重心。（图 4-118）

（10）制作第 8 帧（缓冲）。当角色落地时，为了站稳，让左腿往后移一步，右手抬起来，紧跟着左手抬起来，让身体慢慢向上。（图 4-119）

（11）制作第 9 帧（缓冲）。角色站起来后保持正常的站姿，要表现出角色的性格特点，身体有上下方向的微动作。（图 4-120）

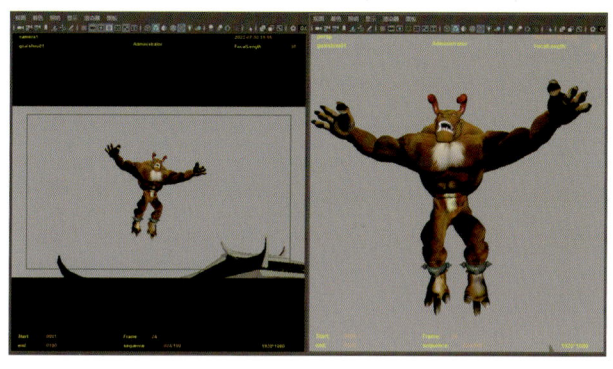

图 4-115 pose4

图 4-116 pose5

图 4-117 pose6

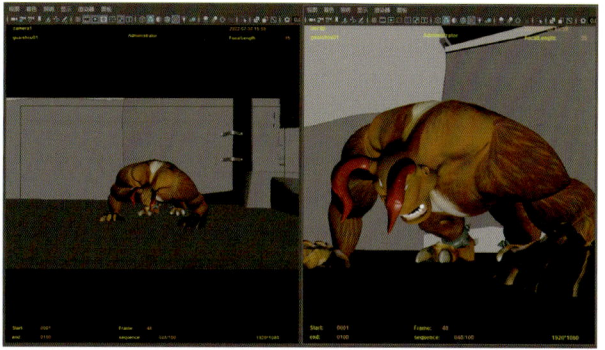

图 4-118 pose7

图 4-119 pose8

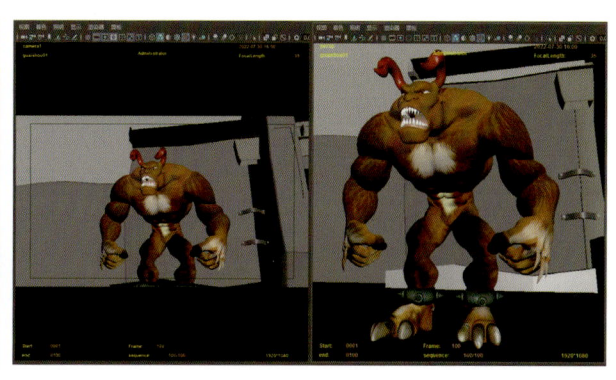

图 4-120 pose9

图 4-121 预览动作

（12）整体动作调整。完成动作关键帧后，还需要调整动作细节，加强动作的合理性，避免穿帮，并让跳跃动作更流畅。（图 4-121）

跳跃动画制作是一个复杂的过程，涉及多个关键步骤和技巧。平时多观察、勤实践，了解更多角色跳跃的动力学原理，掌握正确的跳跃高度和速度，以确保动画的效果。

## 课程总结

本章内容是学习行走、跑步、跳跃的动画制作，结合生动的实践案例，在具有共性的运动形态中强化走跑跳运动特征，需严格按照制作流程进行讲解。通过三维动画角色走跑跳动画案例展示，分析角色动作制作中对时间、空间、节奏、帧数等形态变化的要求，在动画运动方式上有清晰的展示，强化思考方法、认识方法及设计方法的培养，为进一步完善动画创作做好充分的准备。

## 思考与练习

一、思考题

1. 如何理解和掌握人物行走的运动规律？
2. 如何理解和掌握人物跑步的运动规律？
3. 如何理解和掌握人物跳跃的运动规律？

二、练习题

1. 制作一套角色行走的动画，任选情节和环境，按照动画要求设计，形象自拟。
2. 制作一套角色奔跑的动画，任选情节和环境，按照动画要求设计，形象自拟。

# 第五章

# 动物走、跑动画制作

**课程提要**

　　本章以学习动物走、跑动画制作为主。动物是动画中不可缺少的重要角色，它们的拟人化形象演绎着动人的精彩故事。而对于它们的走、跑等动作形态在动画中是如何完成的，却很少有人关注。学习和研究动物的运动形态，是希望学生在未来艺术创作中去表达动物的特殊感情，把它们作为故事的主角，以拟人化或者夸张化的生动形象展现在银幕上，给予动物角色以人格化的处理，使它们具有人一样的特征，有思想，有感情，有喜怒哀乐。本章以生动的实例详细地讲解了动物的运动形态和设计方法。

# 第一节 动物行走动画制作

本节主要讲解动物行走的动画制作。动物走路时，就像两个人合起来在行走一样。大部分动物的走路姿势都差不多，要从动物的形体结构、生活环境、行走动态进行分析，如常见的狮子、老虎、豹子、狼、狐狸等，但也有一些不同之处。下面选取老虎来讲解动物行走动画制作。（图5-1）

### 本节重难点

重点：学习动物的动画运动规律，对动物行走动作进行分解。

难点：掌握老虎的行走动画制作技巧。

## 一、蹄类动物形态特征和行走基本规律

### 1. 动物形态特征

（1）蹄类动物一般都肌肉结实，动作刚健有力，性情通常比较温顺。

（2）一般前腿比后腿略微柔软，前腿运动较舒展。

（3）走动时一直保持三只脚着地，跑动时一只脚或两只脚着地。

（4）在运动中，动作姿态略显硬直，有稳重感。（图5-2）

### 2. 行走基本规律

（1）蹄类动物是以"蹄行"为主，即使用蹄趾部位行走。

（2）四条腿两分、两合，左右交替形成一步。行走时，一侧后脚带动另一侧前脚。

（3）走路时，前后腿轮换支撑身体重心，三只脚着地。

（4）蹄的着地顺序是：后左、前左、后右、前右，按顺序重复。

（5）前腿抬起时，腕关节向后弯曲，后腿抬起时踝关节朝前弯曲。

（6）随着腿部的屈伸，躯干稍有起伏。

（7）在前腿抬高时，头部开始朝下点。在前

图5-1 老虎行走动画

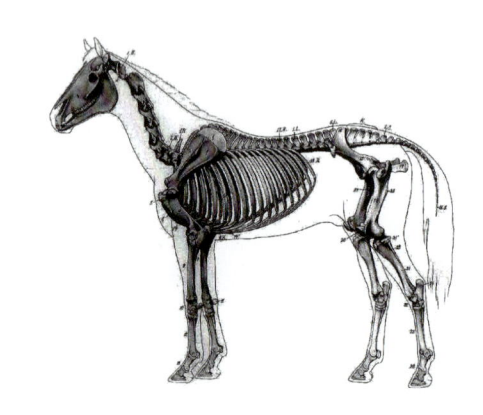

图5-2 马的身体结构

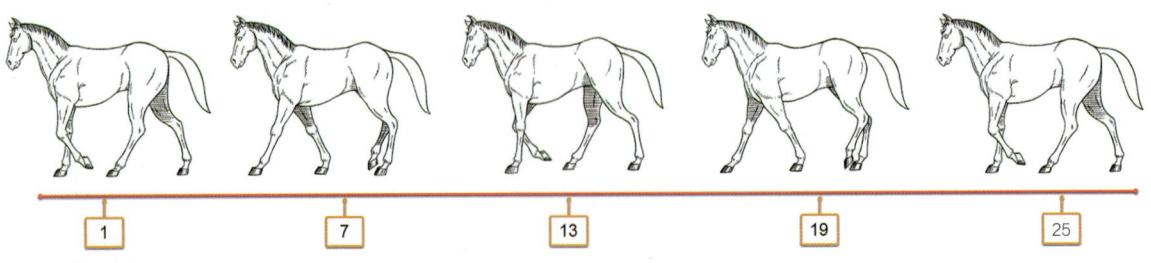

图5-3 马的行走动作

腿跨出落地时，头部向上抬起。

（8）注意脚趾落地与离地时所产生的上弧形运动。

（9）随着行走时的摆动，尾巴呈现曲线运动的状态。（图5-3）

## 二、爪类动物的基本结构、形态特征和运动规律

爪类动物一般为食肉性动物，脚上有尖利的爪子，脚底有带弹性的肌肉。这类动物的运动规律基本相同，如狮、虎、豹、狼、狗、虎、熊、猫等。

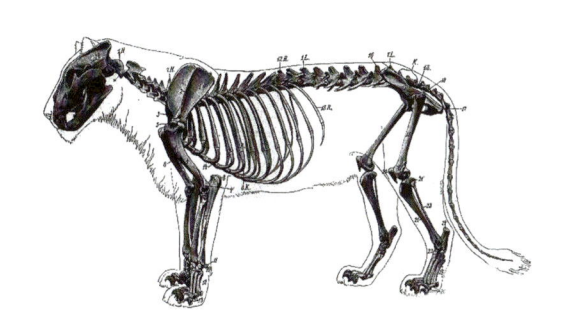

图5-4 狮子的身体结构

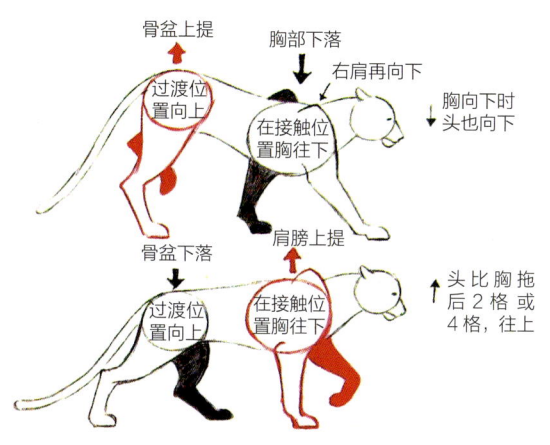

图5-5 爪类动物行走动作

### 1. 爪类动物的基本结构

用动画的认识方法，爪类动物的基本结构大体可分为五个部分，即：头、颈、躯体、前腿、后腿。腿的活动关节较多，一般可以分为六个关节连接部分，运动变化灵活。（图5-4）

### 2. 爪类动物的形态特征

（1）一般都是肌肉柔韧，表层皮毛松软，性情暴烈，能跑善跳，身体转动灵活，姿态多变。

（2）四肢灵活，奔跑跨度大而舒展。

（3）四肢的运动步幅频率快，时有交错现象出现。

（4）在跑动中，脚着地的变化比较多。（图5-5）

### 3. 爪类动物的运动规律

（1）一般以脚掌运动为主，即在脚着地时是脚掌先着地。

（2）由于跑动的速度较快，身体和头有整体向前的感觉。

（3）四条腿交替两分两合。随着跑动的速度加快，四条腿的交替分合就愈不明显，有时会变成前后各两条腿同时屈伸。最快速度下，也有四条腿完全腾空状态。

（4）奔跑过程中，身体的屈伸姿态变化明显。

（5）奔跑过程中，由于身体的屈伸作用，身体呈起伏状态。

（6）奔跑的路线呈上弧形轨迹，随着速度的加快，弧形运动轨迹起伏较小或者没有起伏。

（7）尾巴呈曲线性运动。

（8）奔跑的节奏分为一般跑、加快跑、特别快速跑。所需要的原动画张数分别为：11—13张、8—11张，5—7张。可采用"一拍一"的方法表现速度。（图5-6）

图5-6 速度表现方法

## 三、动物行走动画制作

### 1. 老虎走路动作

制作动物行走动画时，要考虑动物的体型和制作时间。我们选用卡通老虎造型来制作行走的循环动画。此动画为25帧一个循环动作，由7个pose组成（第1帧的动作和最后一帧的动作一样），并形成多循环动画。（图5-7）

打开老虎角色模型，了解模型的设置，根据老虎的造型特点来制作（图5-8）。动作时间的掌控是本节要讲的重点。

（1）制作第1帧时，老虎模型的骨盆向下，左前腿抬起，尾巴呈自然下垂。（图5-9）

在第1帧查看角色左前腿控制器的属性（位移X轴0.221，Z轴-4.475，Roll0.9,Roll Angle 25,Leg Aim10）。（图5-10）

查看老虎右前腿控制器属性（位移值X轴为-0.354，位移Z轴为2.707,Roll Angle 25,Leg Aim10）。（图5-11）

查看老虎左后腿控制器属性（位移X轴-1.108，位移Z轴2.565,Roll Angle 25,Leg Aim10）。（图5-12）

查看老虎右后腿控制器属性（位移X轴1.171,位移Z轴-2.51,Roll Angle 25,Leg Aim10）。（图5-13）

将老虎的腰部控制器整体向下，调整控制器属性（位移Y轴-0.495）。（图5-14）

查看老虎的头部控制器参数（旋转X轴-0.737，Y轴-0.595，Z轴3.368）。（图5-15）

查看老虎的臀部控制器参数（旋转Y轴10,

图5-7 老虎行走动作

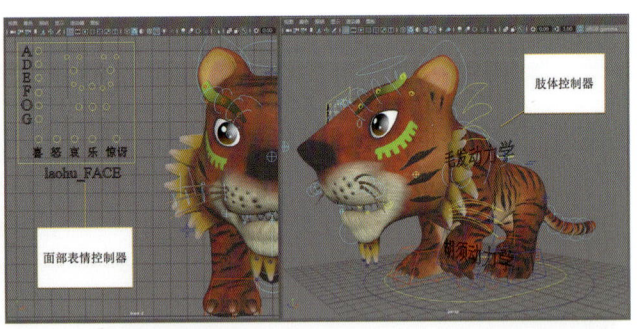

图5-8 老虎模型控制器

图5-9 第1帧

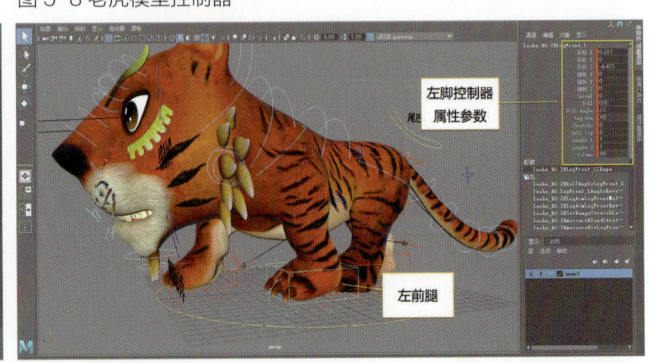

图5-10 左前腿

图5-11 右前腿

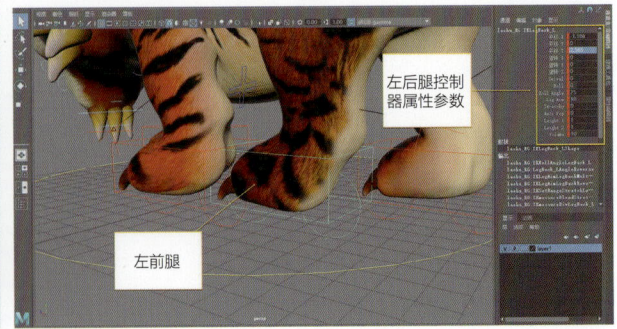

图5-12 左后腿

Z 轴 8）。（图 5-16）

其他设置，如老虎的尾巴、耳朵等细节部分留到最后调整。

（2）第 1 帧关键动作（初始循环关键帧）。

制作好第 1 帧后，把第 1 帧的 pose 复制到最后一帧作为关键帧，让前后两个关键帧一致（无限循环动作），将时间滑块移动到第 15 帧，把第 1 帧的 pose 复制到第 15 帧。（图 5-17）

将老虎左前腿的参数复制到右前腿的位置。第 1 帧的参数复制到第 15 帧的时候，要将复制过来的参数的正负值相互调整，让第 1 帧和第 15 帧的动作一样，部分轴向进行调整。（图 5-18）

将老虎左后腿的参数复制到右后腿的位置。复制过来的参数的正负值相互调整。（图 5-19）将老虎的腰部参数从第 1 帧复制到 15 帧。（图 5-20）

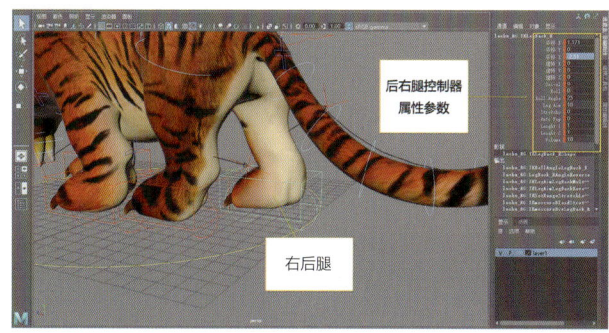

图 5-13 右后腿

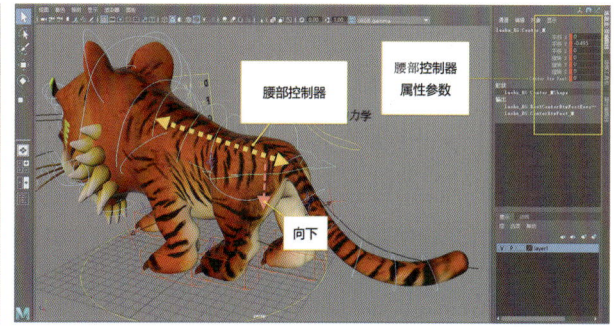

图 5-14 腰部

图 5-15 头部

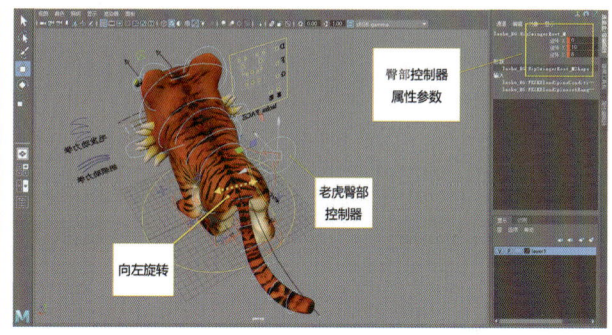

图 5-16 臀部

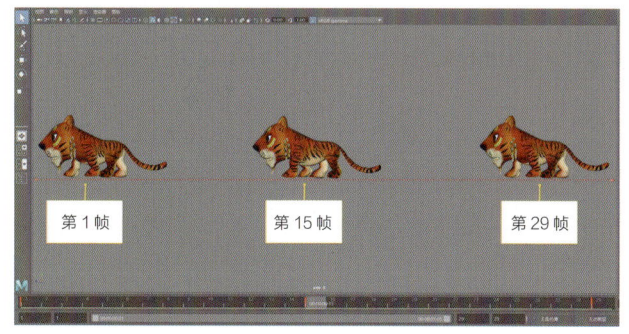

图 5-17 设置循环关键帧

图 5-18 调整前腿参数

图 5-19 调整后腿参数

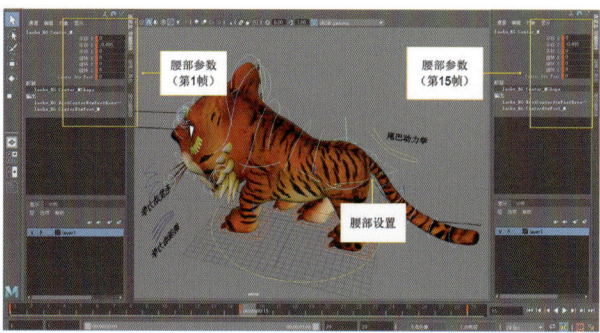

图 5-20 复制腰部参数

调整老虎的臀部。将第 1 帧臀部的参数复制到第 15 帧。复制过来的参数的正负值相互调整。（图 5-21）

（3）第 8 帧关键动作（过渡 pose）。

完成前面几个关键 pose 后，要根据老虎的行走特征加入过渡 pose。（图 5-22）

制作第 2 个 pose。将时间滑块拖动到第 8 帧，根据老虎的行走特点，左前腿抬起，右前腿往后退。左前腿参数为：位移 X 轴 0.221，Y 轴 1.354，Z 轴 -0.654，旋转 X 轴 52.08，Roll 0.194，Roll Angle 25，Leg Aim10。右前腿参数为：位移 X 轴 -0.354，Z 轴 -0.88，Roll Angle 25，Leg Aim10。（图 5-23）

根据老虎的行走特点，左后腿往后退，右后腿抬起。左后腿参数为：位移 X 轴 -1.108，Z 轴 1.012，Roll Angle 25，Leg Aim10。右后腿参数为：位移 X 轴 1.171，Y 轴 2.223，Z 轴 -0.312，旋转 X 轴 73.82，Roll Angle 25，Leg Aim10。（图 5-24）

调整老虎的腰部，参数为：位移 X 轴 0.4，Y 轴 -0.361，旋转 X 轴 -4。（图 5-25）

调整老虎的臀部，参数为：旋转 Z 轴 8。（图 5-26）

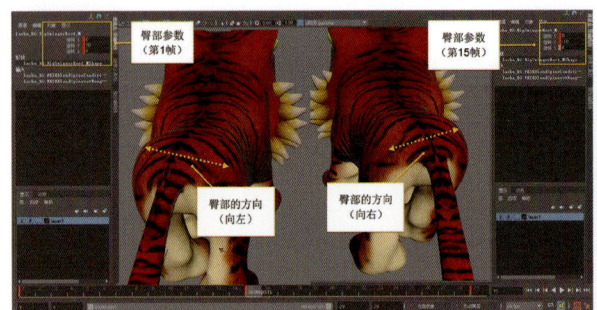

图 5-21 调整臀部参数

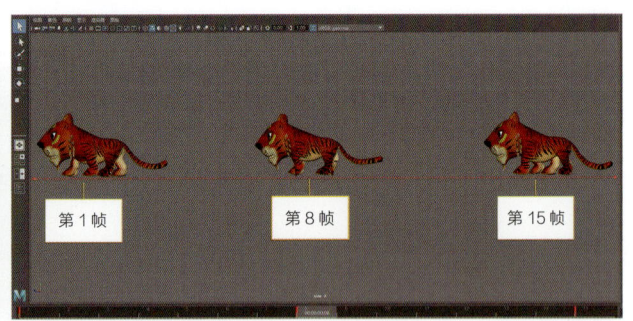

图 5-22 过渡 pose

图 5-23 第 8 帧的左腿参数

图 5-24 第 8 帧的右腿参数

图 5-25 第 8 帧的腰部参数

图 5-26 第 8 帧的臀部参数

最后将这个 pose 的其他部位进行调节,让老虎行走的动作更自然一些。接下来将时间滑块移动到第 22 帧,把第 8 帧的 pose 复制到第 22 帧(部分轴向进行调整),完成一个循环动作。(图 5-27)

左右前腿的 pose 相互交换。左前腿参数为:位移 X 轴 0.221,Z 轴 -0.88。右前腿参数为:位移 X 轴 -0.354,Y 轴 1.354,Z 轴 -0.654,旋转 X 轴 52.08。(图 5-28)

左右后腿的 pose 相互交换。左后腿参数为:位移 X 轴 -1.108,Y 轴 2.223,Z 轴 -0.312,旋转 X 轴 73.82。右后腿参数为:位移 X1.171,Z 轴 1.012,旋转 X 轴 52.08。(图 5-29)

将第 8 帧的腰部参数复制到第 22 帧,参数为:位移 X 轴 0.4,Y 轴 -0.361,旋转 X 轴 -4。(图 5-30)

将第 8 帧的臀部参数复制到第 22 帧,参数为:旋转 Z 轴 8。(图 5-31)

其他设置,如老虎的尾巴、耳朵以及其他细节部分留到最后调整。

(4)第 4 帧(过渡 pose)。

根据老虎的行走特征加入过渡 pose。将时间滑块移动到第 4 帧,完成第 2 个 pose。(图 5-32)

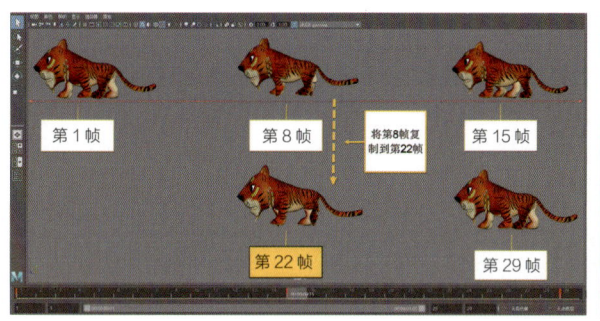

图 5-27 完成循环动作

图 5-28 第 22 帧的前腿参数

图 5-29 第 22 帧的右腿参数

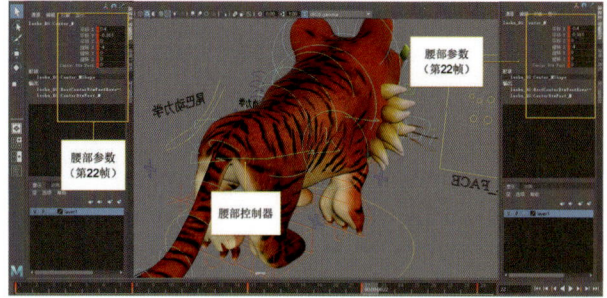

图 5-30 第 22 帧的腰部的参数

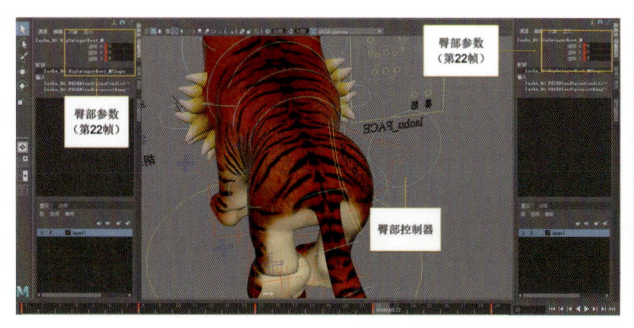

图 5-31 第 22 帧的臀部参数

图 5-32 完成第 3 个 pose

制作第 3 个 pose。将时间滑块拖动到第 4 帧，根据老虎的行走特点，左前腿慢慢抬起，第 1 帧和第 8 帧之间过渡，右前腿往后退。左前腿参数为：位移 X 轴 0.221，Y 轴 1.12，Z 轴 -4.714，旋转 X 轴 42.629，Roll 0.706，Roll Angle 25，Leg Aim10。右前腿参数为：位移 X 轴 -0.354，Z 轴 1.649，Roll Angle 25，Leg Aim10。（图 5-33）

制作左右后腿。根据老虎的行走特点，左后腿往后退，右后腿抬起。左后腿参数为：位移 X 轴 -1.108，Y 轴 0.979，Z 轴 -3.56，旋转 X 轴 27.456，Roll2.15，Roll Angle 25，Leg Aim10。右后腿参数为：位移 X 轴 1.171，Z 轴 2.243，Roll Angle 25，Leg Aim10。（图 5-34）

调整老虎的腰部，将时间滑块拖动到第 4 帧，调整腰部的参数为：位移 X 轴 0.213，Y 轴 -0.612，旋转 X 轴 -1.574。（图 5-35）

调整老虎的臀部，参数为：旋转 Y 轴 7.638。（图 5-36）

为了让老虎行走的时候更自然一些。接下来我们把时间滑块移动到第 4 帧，把第 4 帧的 pose 复制到第 18 帧（部分轴向进行调整），完整一个循环动作。（图 5-37）

调整老虎的腰部。将第 4 帧腰部的参数复制到第 18 帧的位置，参数为：位移 X 轴 -0.213，Y 轴 -0.632，旋转 X 轴 -1.574。（图 5-38）

图 5-33 第 4 帧的前腿参数

图 5-34 第 18 帧的后腿参数

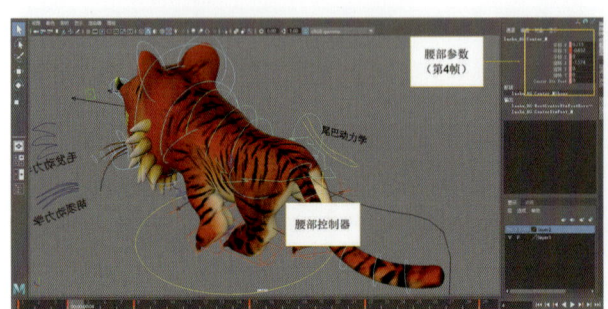

图 5-35 第 4 帧的腰部参数

图 5-36 第 4 帧的臀部参数

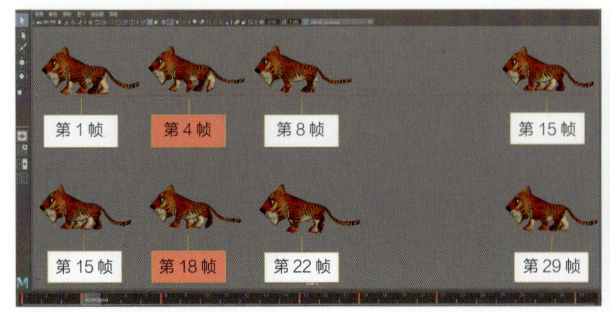

图 5-37 第 4 帧复制到第 18 帧

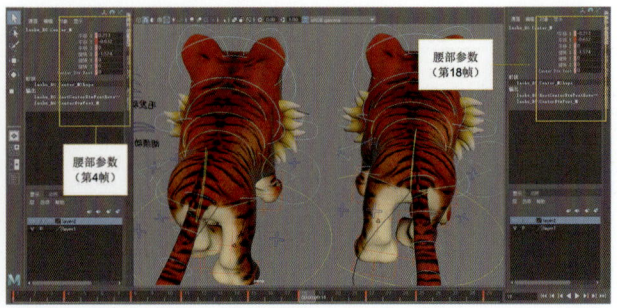

图 5-38 第 4 帧和第 18 帧的腰部参数

调整老虎的臀部。将第 4 帧臀部的参数复制到第 18 帧。第 4 帧参数为：位移 Y 轴 7.638，旋转 Z 轴 8。第 18 帧参数调整：位移 Y 轴 -7.638，旋转 Z 轴 8。（图 5-39）

其他设置，如老虎的尾巴、耳朵及其他细节部分留到最后调整。

（5）第 11 帧关键动作。

制作第 4 个 pose。将时间滑块拖动到第 11 帧（图 5-40），根据老虎的行走特点，左前腿抬起，右前腿往后退。左前腿参数为：位移 X 轴 0.221，Y 轴 0.539，Z 轴 1.234，旋转 X 轴 18.332，Roll 0.032,Roll Angle 25,Leg Aim10。右前腿参数为：位移 X 轴 -0.354，Z 轴 -2.19，Roll Angle 25,Leg Aim10。（图 5-41）

制作左右后腿。根据老虎的行走特点，左后腿往后退，右后腿抬起。左后腿参数为：位移 X 轴 -1.108，Z 轴 -3.02，Roll Angle 25,Leg Aim10）。右后腿参数为：位移 X 轴 1.171，Y 轴 1.227，Z 轴 2.,047，Roll Angle 25,Leg Aim10。（图 5-42）

调整老虎的腰部。将时间滑块拖动到第 11 帧，调整腰部的参数为：位移 X 轴 0.285，Y 轴 -0.327，旋转 X 轴 -2.426。（图 5-43）

调整老虎的臀部，参数为：旋转 Y 轴 7.638。（图 5-44）

为了让老虎行走的动画更自然一些，接下来

图 5-39 第 4 帧和第 18 帧的臀部参数

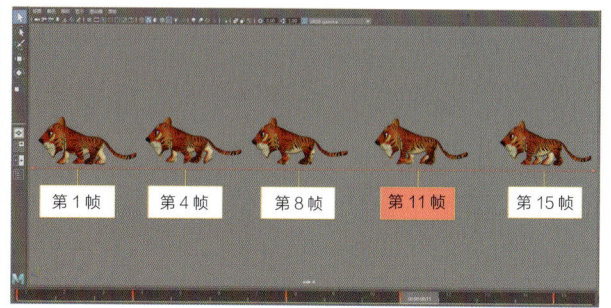

图 5-40 制作第 4 个 pose

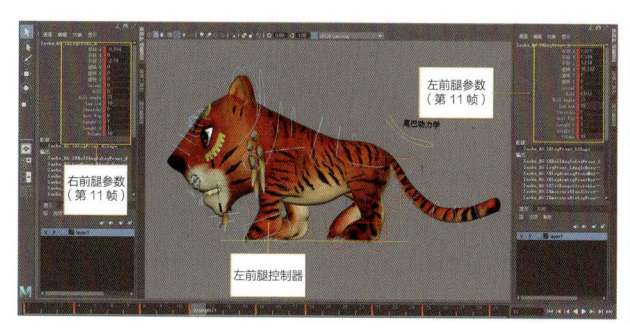

图 5-41 第 11 帧的前腿参数

图 5-42 第 11 帧的后腿参数

图 5-43 第 11 帧的腰部参数

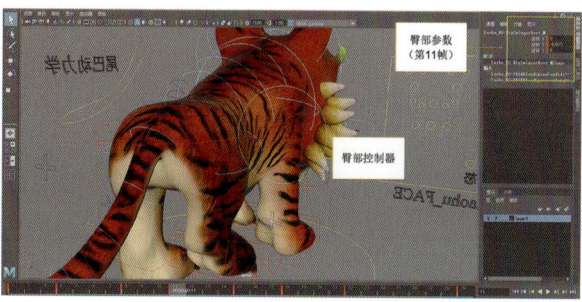

图 5-44 第 11 帧的臀部参数

把第 11 帧的 pose 复制到第 25 帧（部分轴向进行调整），制作一个完整的循环动作。（图 5-45）

调整老虎的腰部。将第 11 帧腰部的参数复制到第 25 帧。第 11 帧参数为：位移 X 轴 -0.285，Y 轴 -0.327，旋转 X 轴 -2.426。第 25 帧参数调为：位移 X 轴 0.285，Y 轴 -0.327，旋转 X 轴 -2.426。（图 5-46）

调整老虎的臀部。将第 11 帧臀部的参数复制到第 25 帧。第 11 帧参数为：位移 Y 轴 -7.638，旋转 Z 轴 8。第 25 帧参数调为：位移 X 轴 0.285，Y 轴 -0.327，旋转 X 轴 -2.426。（图 5-47）

其他设置，如老虎的尾巴、耳朵以及其他细节部分留到最后调整。

### 2. 老虎行走的头部动作

（1）要熟悉头部的控制器，根据身体的幅度来调整头部动作。（图 5-48）

（2）根据老虎的循环动作，在第 11 帧的位置将头部调为向下。（图 5-49）

（2）头部动作的幅度用曲线调整。（图 5-50）

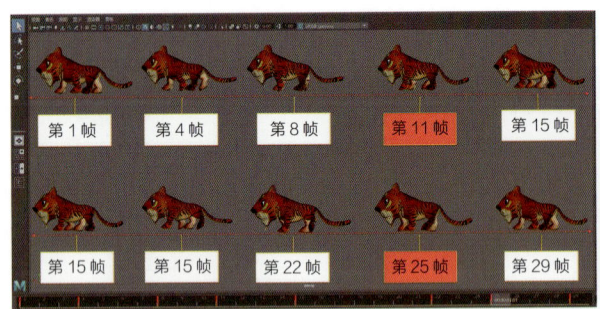

图 5-45 完成循环动作

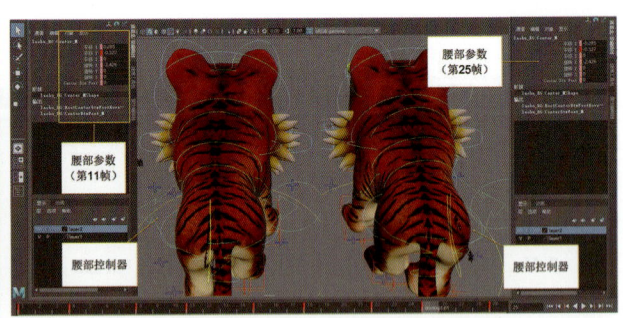

图 5-46 第 25 帧的前腿参数

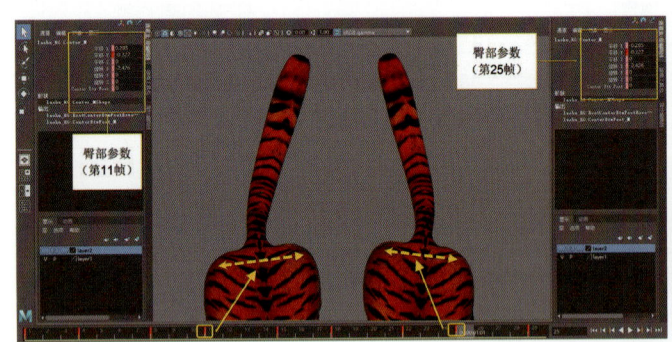

图 5-47 第 25 帧的臀部参数

图 5-48 头部控制器

图 5-49 头部调整

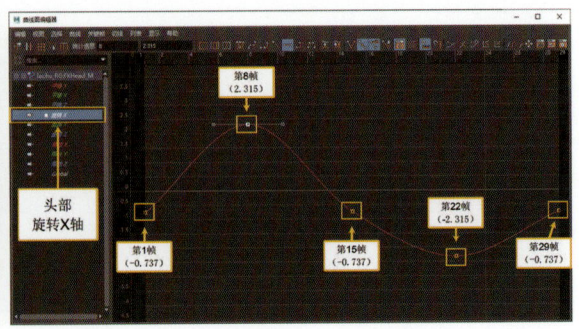

图 5-50 曲线调整

（4）调整头部动作的时候，要多拍屏反复观看，根据老虎行走的动作特点来调整头部的左右变化，在第8帧将头部向右旋转。（图5-51）

（5）头部的幅度大小，用头部旋转X轴调整曲线表。（图5-52）

（6）当X轴和Z轴调整好后，将Y轴的曲线值（-0.595）从第1帧复制到第15帧，将负值改为正值（0.595）。（图5-53）

### 3. 老虎行走的尾巴动作

（1）制作前要掌握老虎的尾巴特征，根据尾巴动作的特点来制作动画。将尾巴分成6段（A/B/C/D/E/F）来制作。（图5-54）

（2）制作老虎尾巴的动作，要考虑老虎的行走时间，按照正常的行走节奏来制作。先制作一个循环动作，再复制为无限行走动画。行走的总时间设为29帧，将时间滑块移动到第1帧，根据老虎的第1个动作来调整尾巴的初始动作。（图5-55）

（3）完成第1帧后，将第1个pose复制到第29帧。（图5-56）

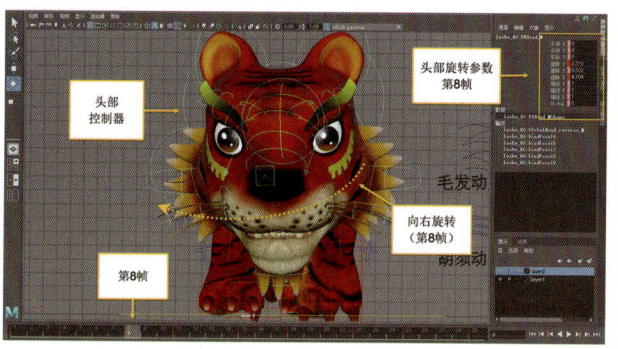

图5-51 头部向右旋转

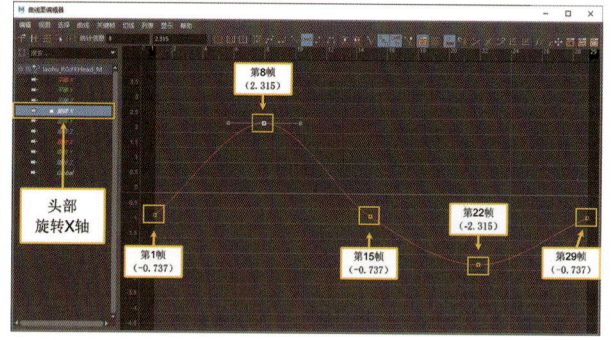

图5-52 头部旋转X轴

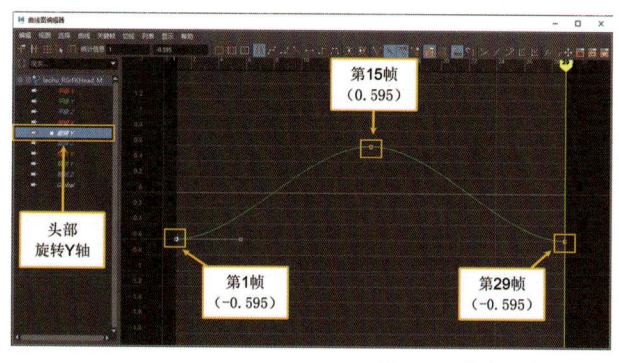

图5-53 修改Y轴曲线值

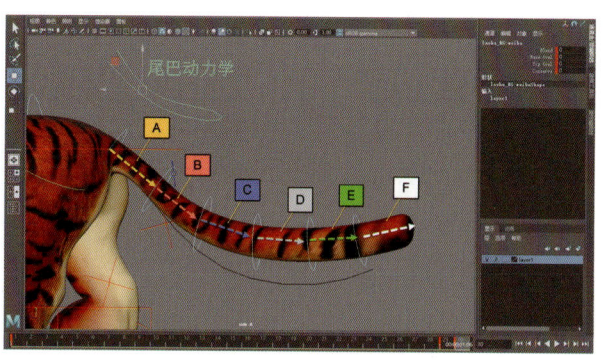

图5-54 老虎尾巴结构

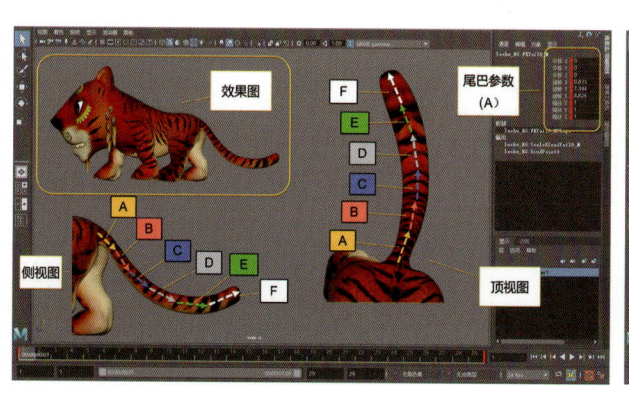

图5-55 初始动作

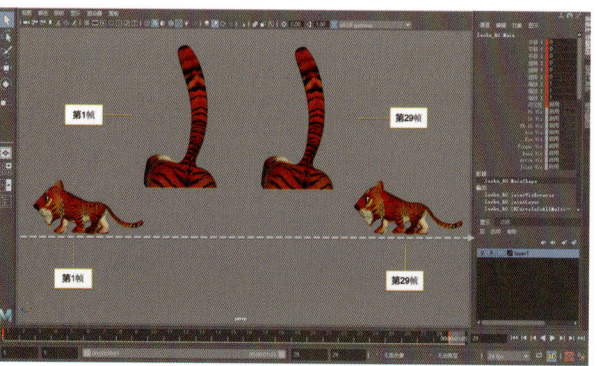

图5-56 第1,29帧

（4）制作完第 1 帧和第 29 帧后，根据老虎的循环行走动画，将时间滑块移动到第 15 帧。（图 5-57）

（5）将尾巴第 1 帧的 pose 复制到第 15 帧，并使尾巴的摆动方向相反。（图 5-58）

（6）将时间滑块移动到第 4 帧，根据老虎的身体动作来制作尾巴动画。要观察老虎的臀部，尾巴根据臀部的力产生运动。（图 5-59）

（7）尾巴左右运动的时候，A 点根据臀部方向运动，B 点跟随 A 点的力向左运动，C 点随着 B 点向左运动，D 点随着 C 点的力向右运动，E 点受力后向左运动，最后到 F 点向左运动。上下运动幅度较小。（图 5-60）

（8）制作第 3 个动作。将时间滑块移动到第 7 帧，根据老虎的身体动作来调节尾巴的运动。（图 5-61）

（9）根据尾巴的上一个动作调整，A 点跟随臀部方向运动，B 点向左，C 点微微向右运动，D 点开始向右运动，E 点、F 点受 D 点的影响向右运动。（图 5-62）

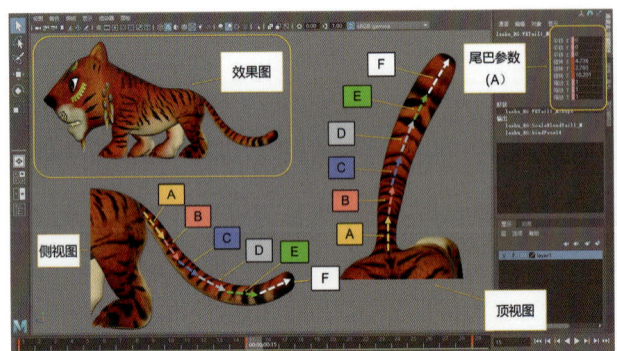

图 5-57 第 15 帧

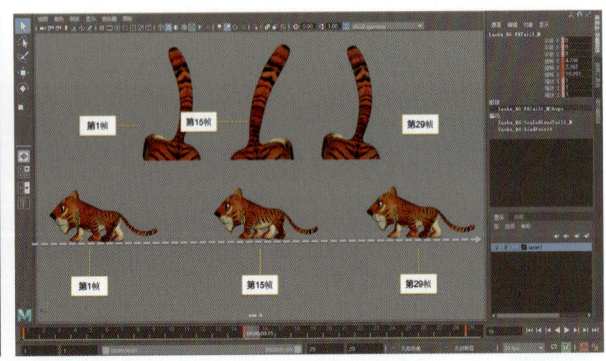

图 5-58 第 1，15，29 帧

图 5-59 观察臀部

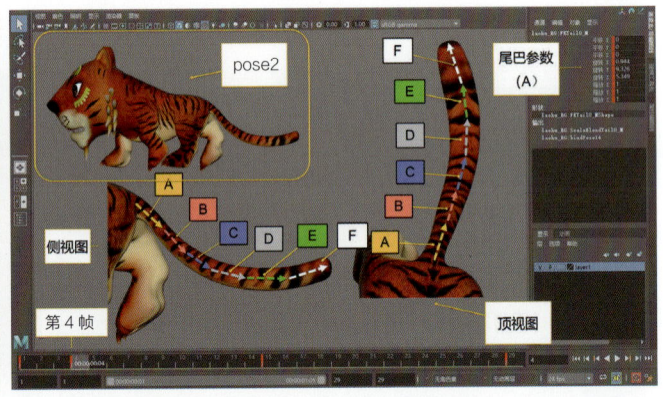

图 5-60 pose2

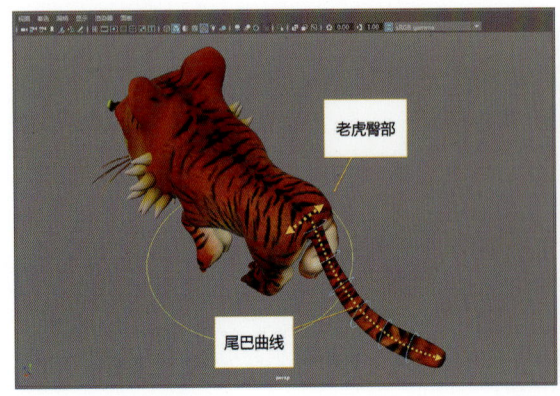

图 5-61 调节尾巴运动方向

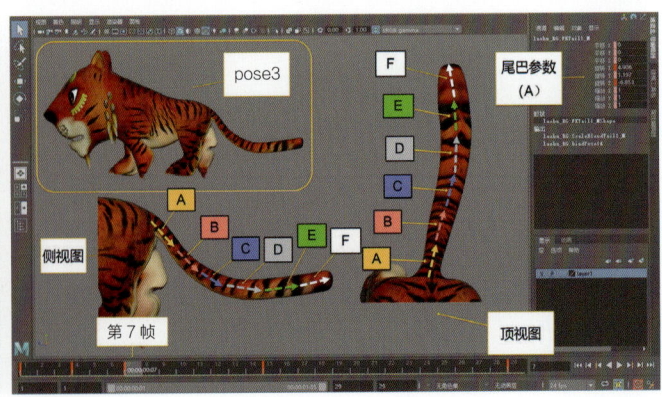

图 5-62 pose3

（10）制作第4个动作。将时间滑块移动到第11帧，根据老虎的臀部来调节尾巴运动，可以看到这1帧老虎的臀部幅度较大。（图5-63）

（11）A点随着臀部向右，B点跟着A点向左运动，C点受B点影响微微向右运动，D点随着C点的力往右运动，E点和F点向右运动。（图5-64）

（12）以上4个动作已经完成前半个循环动作，接下来继续制作后半个循环动作。将时间滑块移动到第18帧，完成第5个pose。（图5-65）

（13）A点随着臀部向右，B点跟着A点向左运动，这时C点受B点影响微微向左运动，D点随着C点的力往左运动，E点和F点向右运动。（图5-66）

（14）将时间滑块移动到第21帧，完成第6个pose。（图5-67）

（15）A点随着臀部向左，B点跟着A点向左运动，C点受B点影响微微向右运动，D点随着C点的力往右运动，E点和F点向左运动。（图5-68）

图5-63 调节尾巴运动

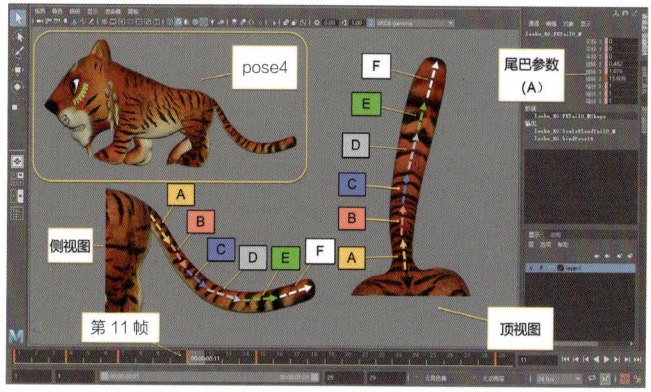

图5-64 pose4

图5-65 时间滑块移动到第18帧

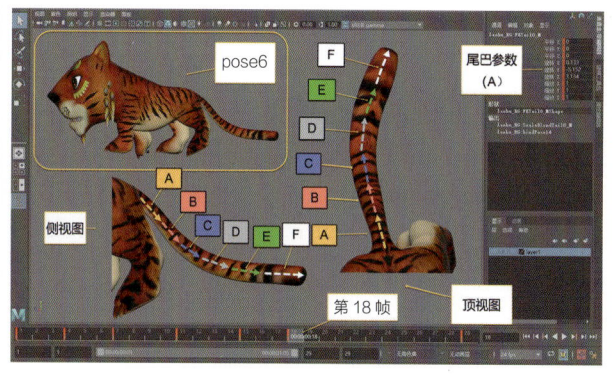

图5-66 pose5

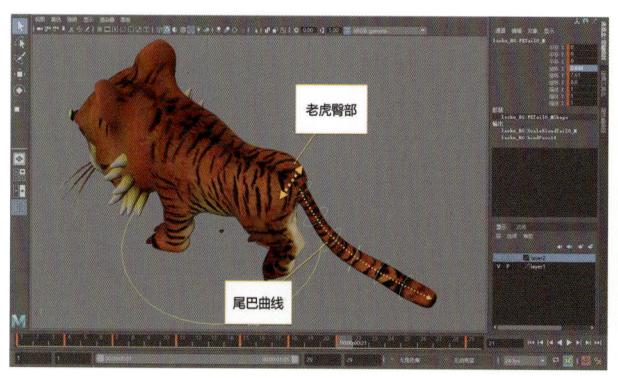

图5-67 时间滑块移动到第21帧

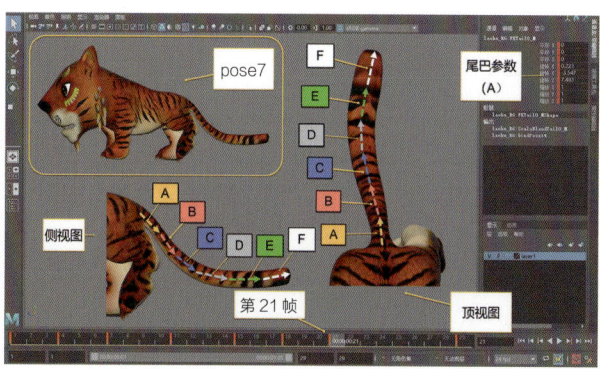

图5-68 pose 6

（16）将时间滑块移动到第 25 帧，完成第 7 个 pose。（图 5-69）

（17）A 点随着臀部向左，B 点跟着 A 点向右运动，这时 C 点受 B 点影响微微向右运动，D 点随着 C 点的力往右运动，E 点和 F 点向右运动。（图 5-70）

（18）制作完所有动作后，预览动画效果后反复调整，直到满意为止。（图 5-71）

# 第二节 动物跑步动画制作

动物跑步的时候，两条前腿运动一致，后腿运动一致。制作跑步动画时，要充分表现出动物跑步的力量感，尤其是后腿的运动表现。注意动物的躯体运动变化，头部始终伸向前方，保持运动向前的趋势。（图 5-72）

### 本节重难点

重点：学习老虎跑步的运动规律和动画制作流程。

难点：掌握曲线图编辑器的命令在动作中的应用技巧。

## 一、跑步动画原理分析

（1）老虎奔跑时，四条腿交替分合，跑得越快，四条腿的交替分合就越不明显，有时会变成前后各两条腿同时屈伸。（图 5-73）

（2）奔跑过程中，身体的伸展（拉长）和收

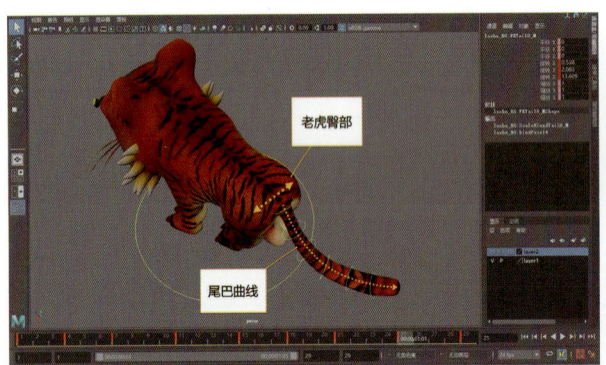

图 5-69 时间滑块移动到第 25 帧

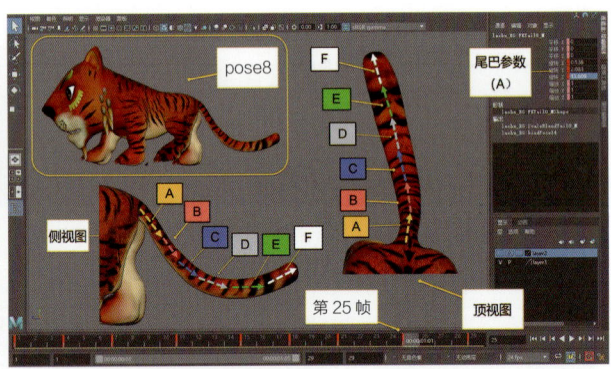

图 5-70 pose8

图 5-71 预览动画

图 5-72 老虎跑步动画

缩（缩短）姿态变化明显。（图5-74）

（3）快速奔跑过程中，四条腿有时呈腾空跳跃状态，身体上下起伏的弧度较大。在急速奔跑的情况下，身体起伏的弧度又会减小。（图5-75）

## 二、跑步动画关键动作制作

老虎的跑步动画总时长为13帧。初始帧（第1帧）和结束帧（第13帧）形成一个完整的循环。（图5-76）

老虎的跑步动画和行走动画制作方式相同，但时间较短，因此，要做好循环跑步动画，每一帧都很重要。要根据老虎的特点，在一个循环动作中找到最关键的动作进行分析，通过关键帧来加入其他帧。接下来先制作关键动作。

（1）第1个关键动作。

在制作前要考虑如何在短时间内达到最好的效果。动物在跑步时身体经常会伸缩变化。按照制作习惯，先制作身体舒展的这一个关键动作（极限pose）。（图5-77）

调整身体状态，将躯干的控制器选中。对老虎跑步的身体幅度进行调节（参考真实老虎跑步动作），调整身体上下、左右、大小以及身体的重心等。（图5-78）

调整四肢。根据第一个跑步姿势，分别对四肢进行属性（位移、旋转）的参数调整，左前腿向前，右前腿可以不动。左后腿向前，右后腿向后。（图5-79）

图5-73 老虎跑步四条腿交替分合

图5-74 老虎跑步身体伸展

图5-75 老虎跑步腾空跳跃

图5-76 老虎跑步循环动画

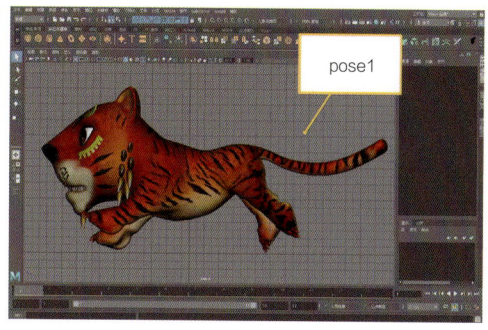

图5-77 pose1

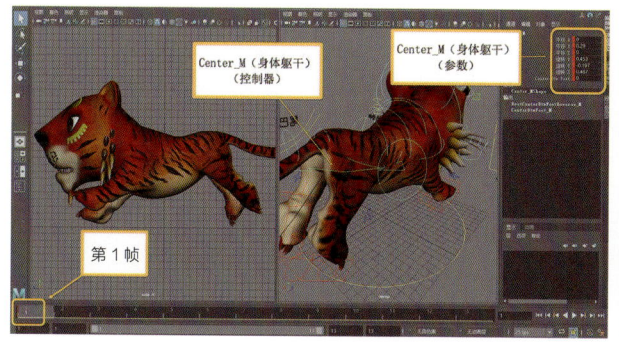

图5-78 调节老虎身体幅度

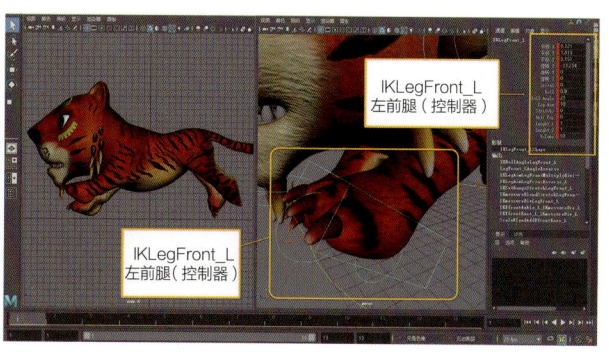

图5-79 调整四肢

根据身体的幅度调整腿部的参数。当腿部向上的时候，会发现腿部在肩胛骨的位置。这时候选择肩胛骨的曲线设置肩胛骨的位置，让抬腿的动作更加舒展。（图5-80）

（2）第2个关键动作。制作完第1帧后，从第7帧开始制作第2个关键动作。开始制作前，将老虎的所有参数值都调为0，其余步骤和前面的制作方法一致。（图5-81）

（3）头部往下，尾部向上，根据身体躯干调整四肢。（图5-82）

（4）头部往上，尾部向下，根据身体躯干调整四肢。（图5-83）

（5）躯干动作调整。先调整身体重心。老虎身体由肩和胯两大部分组成，采用的是Maya骨骼插件绑定设置，先要了解身体躯干的所有设置。（图5-84）

可以根据框架的动作，用曲线来调整腰部的节奏变化。先调整整个跑步幅度的大小，选择Center_M曲线位移Y轴（上下），调整身体上下的动作。（图5-85）

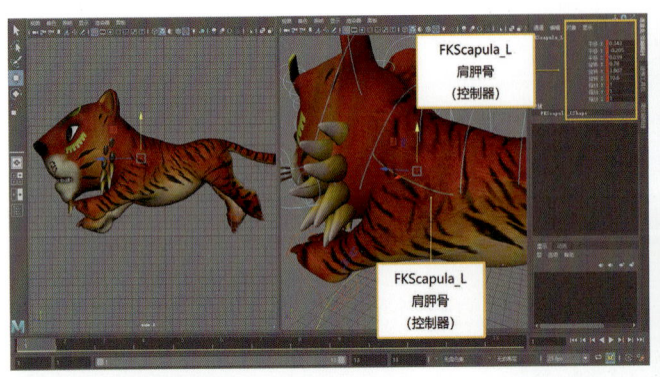

图5-80 调整肩胛骨动作

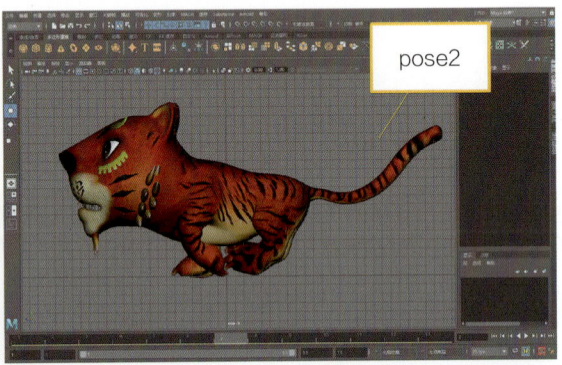

图5-81 pose2

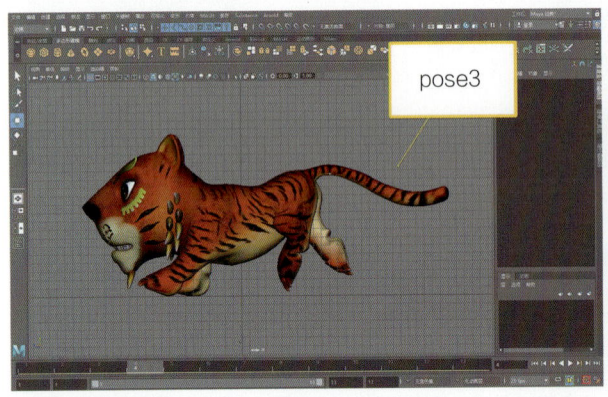

图5-82 pose3

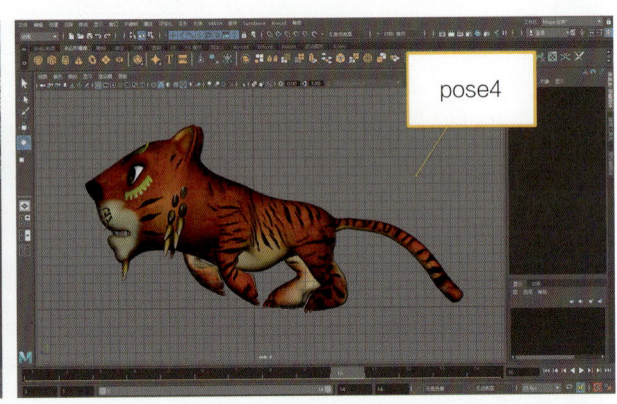

图5-83 pose4

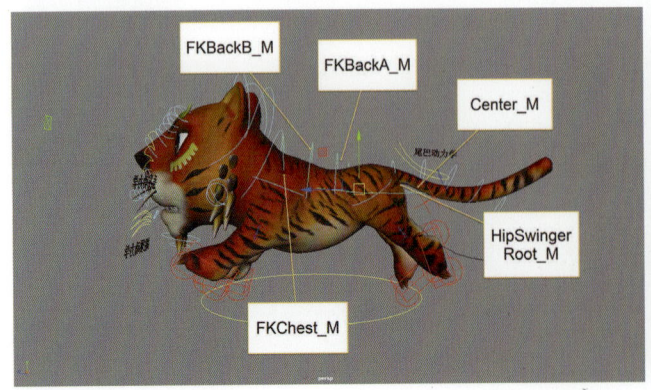

图5-84 躯干动作调整

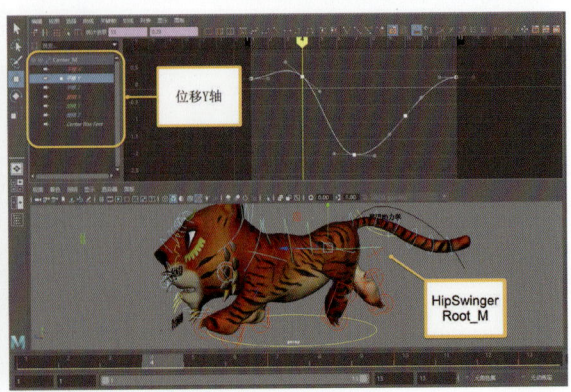

图5-85 位移Y轴

利用曲线图编辑器来整体旋转 X、Y、Z 轴的动作幅度（图 5-86）。切记不要太缓慢，要有节奏变化。

（6）调整四肢。四肢不要同步，可以调整同一时间 pose 的位置，也可以错开不同时间 pose 的位置。区分左右腿着地的接触顺序，左前腿从第 4 帧错开到第 3 帧的位置，右前腿从第 10 帧错开到第 9 帧的位置。（图 5-87、图 5-88）

### 三、跑步动画头部动作制作

头部动作在整个跑步过程中也至关重要，可以分为主观动画或者跟随动画。头在整体的运动过程中表现为：头往上身体往下，或头往上身体也跟着往上。制作过程中要根据身体的收缩来调整。要熟悉头部曲线设置，根据头部设置进行调整，再根据头部动画的规律调整曲线动画，让头部运动更舒展。（图 5-89）

调整头部曲线动画，如果发现头部上下幅度不够，调整头部旋转 Z 轴，身体往下时头部往上一点，头部的幅度大一点，让老虎跑起来更有力量感。（图 5-90）

调整头部旋转 X 轴。在调整之前，先将之前制作的动画进行多次播放观察，再进行调节。如果发现老虎的头部左右摇晃幅度较小，选择旋转 X 轴，然后调节曲线，让曲线的数值大一点，左右晃动的幅度就会加大。（图 5-91）

调整头部旋转 Y 轴。当老虎的头部上下、左右都有明显变化，如果想制作得更有意思或者更有活力，可以适当调节 Y 轴，让老虎的头部有点

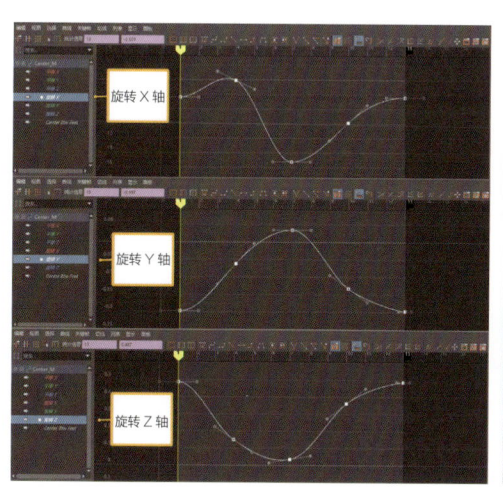

图 5-86 旋转 X、Y、Z 轴

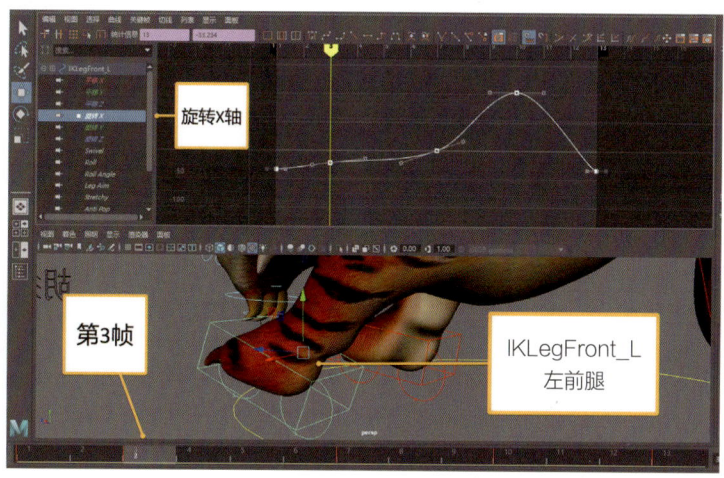

图 5-87 错开前左腿关键帧动作

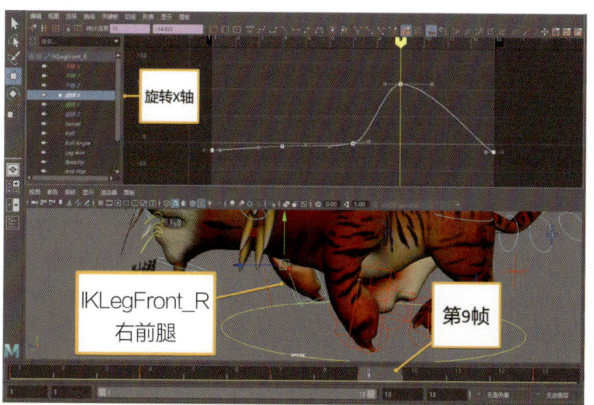

图 5-88 错开右前腿关键帧动作

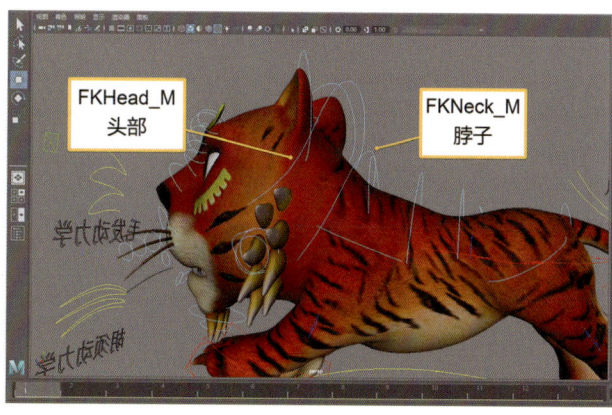

图 5-89 头部动画

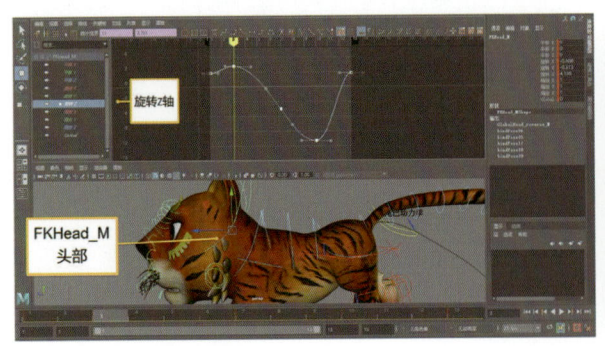

图 5-90 头部旋转 Z 轴

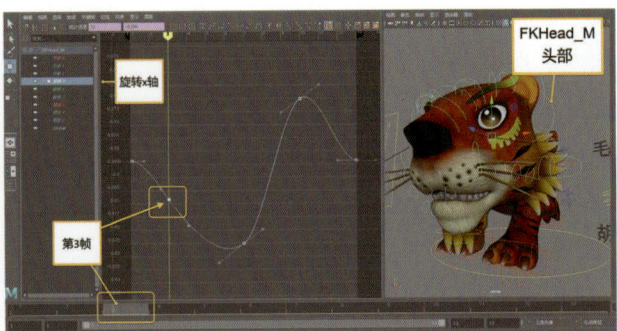

图 5-91 头部旋转 x 轴

角度。（图 5-92）

调整耳朵动画。老虎的耳朵动画相对来说比较简单，可根据头部的幅度来做调整。（图 5-93）

最后，用预览动画进行问题查找，有问题及时调整，以达到导演的制作要求，提高动画质量。（图 5-94）

## 课程总结

本章着重讲述了动物走跑的运动原理，从实际案例出发，针对爪类动物和蹄类动物的运动规律进行深入研究，综合了众多动物形象的共同特征和规律，从设计方法、结构特征、运动习性、关键动作等方面进行解析，找到它们的共性。牢记动物的运动次序，并熟悉它们的形态特征，才能设计出鲜活生动的银幕形象，呈现最好的动画视觉运动效果。

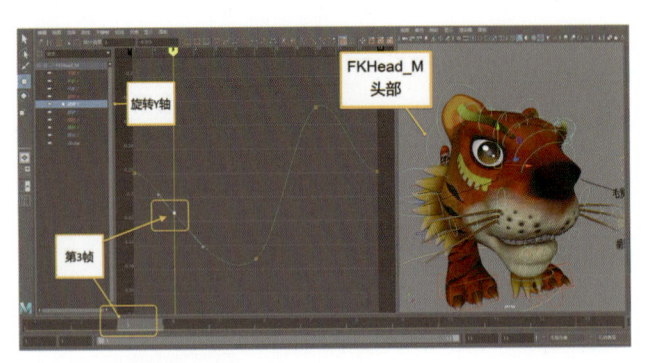

图 5-92 头部旋转 Y 轴

图 5-93 耳朵动画

## 思考与练习

一、思考题

1. 爪类动物有哪些形态特征？
2. 蹄类动物有哪些形态特征？
3. 如何理解动物的运动规律？

二、练习题

1. 制作一套狗行走的运动动画，任选情节环境。
2. 制作一套马奔跑的运动动画，任选情节环境。
3. 制作一套老虎奔跑的运动动画，任选情节环境。

图 5-94 预览动画

# 第六章
## 角色表情动画制作

**课程提要**

本章主要讲解角色表情动画。优秀的动画都有一个共同点，就是非常重视角色情绪细节的表达和心理情绪的外在呈现，配合肢体语言及动作节奏的变化，以达到最佳戏剧效果。表情动画设计可以增强角色鲜明的个性。这就要求学生深入观察分析和理解表情的作用，掌握骨骼和肌肉在不同情绪的作用下所产生的表情变化，并通过实例学习表情的基本设计方法和表达方法，设计出符合角色性格的表情。因此，学习角色表情动画的控制方法与技巧，是动画专业学生必修的基础内容。

# 第一节 表情分析

表情是心理情绪的外在表现。角色的情绪可以通过面部表情和声音体现出来,也可以配合肢体语言进行表现。角色的表情变化是突出角色鲜明性格的重要手段之一。动画片中不同的角色表情可以彰显或隐藏角色的个性。本节结合《海上丝路南珠宝宝》动画片主要角色来剖析常规表情设计思路。(图6-1)

**本节重难点**

重点:掌握对人物表情进行观察和分析的方法,理解表情的作用,了解表情的类型。

难点:掌握头部骨骼和肌肉理论知识,学习不同类型表情的制作技巧。

## 一、理解表情

### 1. 表情定义

生活中,我们认真观察人物面部,会发现面部表情能够传递很多信息。人的情感可以快速准确地通过面部表情表现出来。可以说,表情是情绪的外部表现方式。(图6-2)

表情包括面部表情、语言声调表情和身体姿态表情。其中,面部表情是指通过眼、眉、嘴和面部肌肉变化来表现情绪状态,如喜、怒、哀、乐等;语言声调表情指通过语言音调的变化表现角色情绪,表明角色意图,如声调的高低、语速的快慢等;身体姿态表情指通过肢体语言补充、辅助情绪的传递,如手舞足蹈、正襟危坐等。

无论电视动画、广告动画还是电影动画,一部优秀的动画作品,除了人物间的对话以外,更多的时候需要设计丰富的面部表情,辅以声音和肢体动作,让角色更加生动和真实,提高动画的感染力与表现力。(图6-3)

### 2. 表情的作用

表情可以揭示角色的内心活动和思想情感。在日常生活中,情感表达是极为丰富的,有高兴、有低落。角色的心情总会在面部体现。比如,当看到一个人脸色发青或发白时,他可能很生气、愤怒或受了惊吓。我们要学会运用角色的表情来表现其心理活动。

角色表情可以配合角色的动作和声音来叙事、达意。表情是动画叙事的重要途径。单一表情能够起到传递情感的作用,多种类型表情的组合,并配合动作和音效,能够使角色更加生动,丰富叙事内容。角色表情可以塑造角色的性格,在近景和特写中尤为重要。动画中,不同性格的角色

图6-1《海上丝路南珠宝宝》动画片

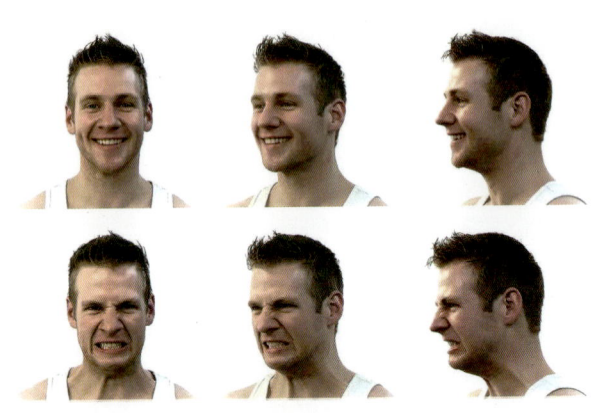

图6-2 因情绪变化反应的不同表情

图6-3《冰雪奇缘》角色面部表情

在面部表情的表现上具有规律性。性格开朗的角色往往面部表情丰富,性格内向的角色面部表情相对单一。同一类型的表情针对不同性格的角色,在表现上也会有所区别。

### 3. 面部表情的夸张

动画角色设计是对角色外在造型和内在性格的设计提炼。为了使动画角色的面部表情的表现更具张力,在制作中会进行一定的夸张。表情的夸张可以放大角色的情绪,增强感染力,使角色更加生动。需注意的是,在对角色表情进行夸张时,不能完全脱离面部结构,不能改变角色面部特点,使角色容貌发生改变。(图6-4)

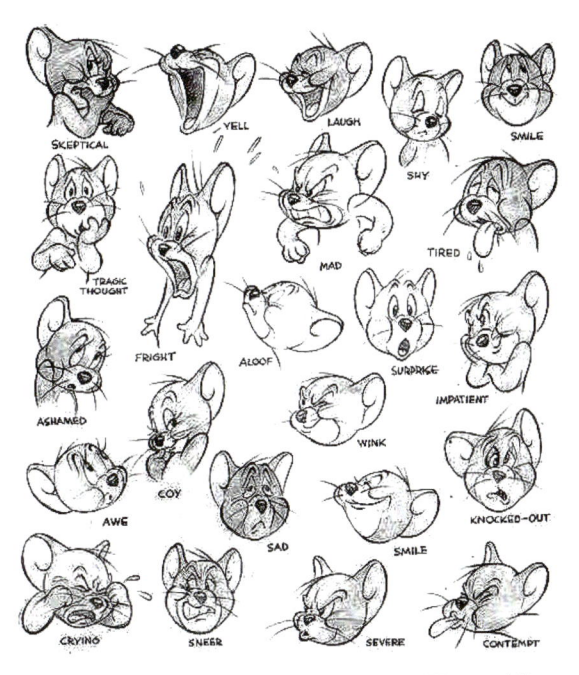

图6-4 表情图

## 二、表情分析

### 1. 头部骨骼和肌肉

(1)头部骨骼。

头部骨骼由23块形状、大小不同的扁骨和不规则骨构成,包括额骨、枕骨、顶骨、颞骨、蝶骨、筛骨、鼻骨、颌骨、颧骨、犁骨、泪骨、腭骨、下鼻甲骨等。(图6-5)

(2)头部肌肉。

头部肌肉分为表情肌和咀嚼肌两大类,包括额肌、颞肌、降眉间肌、降眉肌、眼轮匝肌、鼻肌、提上唇鼻翼肌、颧小肌、颧大肌、提上唇肌、降鼻中膈肌等。从对面部表情的影响看,可分为扩张肌和收缩肌。扩张肌如提上唇肌、颊肌等,这类肌肉收缩能够使面颊丰满,可以表现更多正向表情,如喜悦、开心等;收缩肌如皱眉肌、眼轮匝肌、降口角肌等,会表现出更多负向表情,如悲伤、愤怒等。(图6-6)

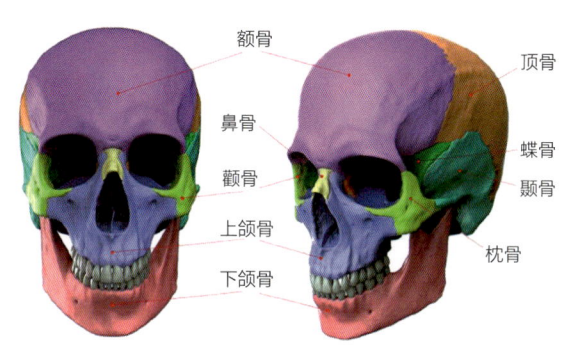

图6-5 头部骨骼结构

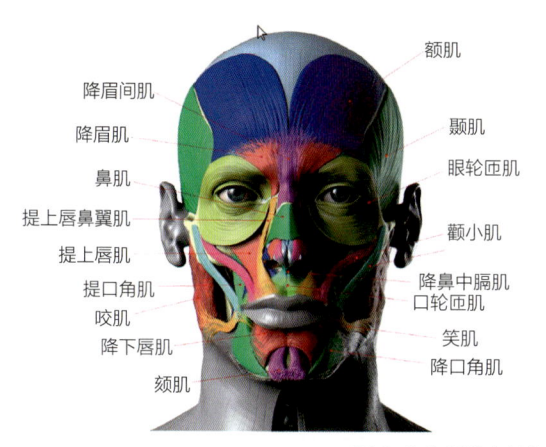

图6-6 头部肌肉结构

### 2. 常见的六类表情

本小节通过《海上丝路南珠宝宝》动画角色南珠宝宝来学习常见的六类表情。南珠宝宝在动画中呈现出丰富的表情类型,如开心、愤怒、悲伤、恐惧、厌恶、惊讶等。动画师在制作角色表情之前,重要的工作就是掌握角色的面部表情变化规律。因此,面部表现能力是一名动画师必须具备的能力。(图6-7)

图6-7 南珠宝宝表情

（1）开心。

开心的表情一般用于表达角色愉悦、快乐的情绪，在表现方式上包括微笑、轻笑、大笑等。通过观察小女孩微笑表情图，可以发现微笑时双眼微闭，眉毛抬高变弯，鼻唇沟弯曲，嘴唇微开，能见上齿，嘴角微向上抬。通过对真人表情的参考归纳，本章用南珠宝宝卡通模型来完成微笑表情的制作。（图6-8、图6-9）

（2）伤心。

一个人悲伤时，所表现出的神情是额眉下垂，眼角下塌，嘴角下拉，可能伴有流泪。部分情况下，视线看向其他地方，瞳孔移动速度变慢。大哭是极度悲伤的情绪表现，眉毛全部降低紧皱，尤其是眉头更加明显，眼睛闭合挤压，眼泪流出，嘴部张开并向两侧拉伸，并伴随下嘴唇和下巴抖动。（图6-10）

（3）愤怒。

愤怒属于强烈的情绪波动，会产生较强的视觉冲击力。在皱眉肌的运动下，眉头下降，眉眼距离拉近，肌肉集中压缩，露出牙齿，脖子肌肉紧张。（图6-11）

（4）恐惧。

恐惧是受到惊吓或不可控事物出现时所产生的胆怯和害怕的情绪。恐惧时的表情表现为额眉平直，眼睛张大，瞳孔收缩，眉头微皱，额头产生平行皱纹，上眼睑上抬，下眼睑紧张。嘴张开，双唇紧张，嘴部向后平拉，窄而平。当恐惧加剧时，面部肌肉较为紧张，嘴角后拉，双唇紧贴牙齿。（图6-12）

（5）惊讶。

惊讶是持续时间最短的表情，一般表现吃惊的情绪。（图6-13）

惊讶表情的特征是眉毛抬起，前额有皱纹，眼睛睁大，上眼皮上抬，视线会在目标上短暂停留，有时会伴有流汗的现象，嘴巴会伴随着下颚下降而打开，张开的大小与惊讶的程度相关。虚假的

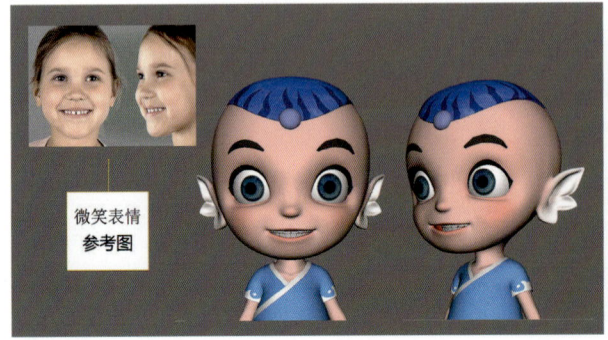

图6-8 微笑表情1

图6-9 微笑表情2

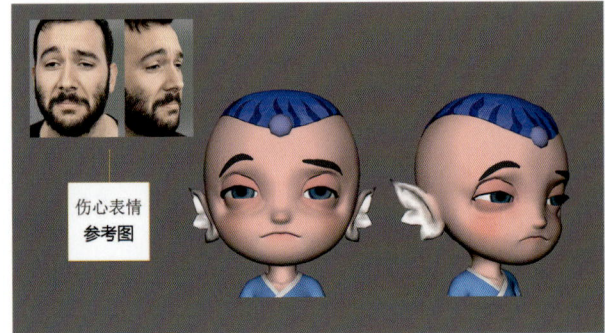

图6-10 伤心表情

图6-11 愤怒表情

惊讶要比真实的惊讶迟缓,嘴巴成方形,眉毛不齐。(图 6-14)

（6）厌恶。

厌恶的感情中包含厌烦、憎恶等情绪,表现为眉毛内皱,肌肉紧张,双眼眯起,鼻头皱起,口微张,牙齿紧闭,嘴角下降。（图 6-15）

随着厌恶情绪的提升,在表现上强调口型的变化,极度厌恶时角色嘴部张开。厌恶表情在表现上与发怒有一定关联,但两者传递的情绪不同,较为明显的区别表现在发怒表情眉尾上升,厌恶表情眉尾下降。（图 6-16）

### 3. 表情与肢体语言

角色表情是整体性的,不仅体现在角色面部,也体现在角色肢体语言的联动和协调等方面。角色的肢体语言在一定程度上能够独立表达情绪,比如垂头站立、手舞足蹈等,但纯粹的肢体语言在情绪的传递上是不足的。因此,在进行角色表情设计时,需要针对角色自身的特点,在考虑角色面部表情变化的基础上,同时考虑角色整体动势的配合,并根据动画表现风格进行适度的夸张和变形,从而在表情表现上塑造角色的典型性。（图 6-17）

图 6-12 恐惧表情

图 6-13 影片中角色惊讶表情

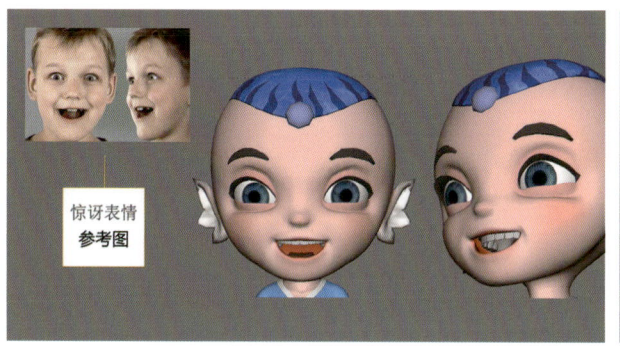

图 6-14 惊讶表情

图 6-15 厌恶表情

图 6-16 极度厌恶表情

图 6-17 小飞侠彼得潘角色面部表情与肢体语言

在制作表情之前，应仔细观察参考对象。观察中我们会发现，面部表情变化主要体现在五官的运动上，肢体语言能够起到强化情绪传递的作用。观察的对象包括脸型、表情类别、眉眼运动变化、口型、肢体动作等。面部表情是微妙而复杂的，抓住角色的心理情感是塑造角色性格的关键。表情的细微变化能使角色变得生动而立体，给观众留下深刻印象。（图6-18）

图 6-18 睡美人角色面部表情

## 第二节 表情制作

想在 Maya 中完成一套角色表演动画制作，除了把控角色身体的肢体语言以外，还需要对角色表情进行系统化制作，避免无表情的动作出现。为了便于动画后期制作，在动画前期设计中要对角色表情进行规范化设计，包括同一角色的多种表情。（图6-19）

图 6-19 南珠宝宝表情规范化设计

**本节重难点**

重点：学习角色表情变化和制作方法。
难点：掌握角色表情的细节制作技巧。

### 一、整体制作

**1. 导入模型，检查模型表情设置**

（1）打开 Maya 软件，导入南珠宝宝模型文件，检查模型面部表情设置、动画时间帧率等。（图6-20）

（2）为提高工作效率，可以根据个人习惯在制作中关掉一些其他控制区域，只保留曲线、曲面、多边形等模型。（图6-21）

（3）制作表情动画前，找一张角色表情图来参考表情呈现效果，如制作"开心"表情，需仔细观察案例中该表情的细节，结合角色性格，预想在软件中能够实现的制作效果。（图6-22）

（4）将时间滑块移动到第1帧作为初

图 6-20 南珠宝宝模型

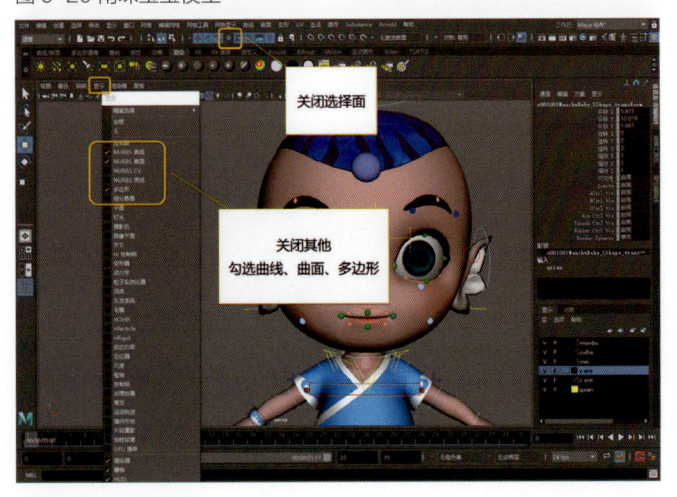

图 6-21 关闭选择面

始帧，调整控制器，根据参考图的表情来制作南珠宝宝开心的表情。制作过程中要避免表情僵化，表现尽量自然。（图6-23）

### 2. 调整眉毛、眼睛、嘴巴动画

（1）将角色模型中的眉毛全选并整体下移，表现出肌肉自然放松的状态。（图6-24）

（2）对角色的眼睛进行调整，上眼皮下降，下眼皮往上微调，遮挡住部分瞳孔。（图6-25）

（3）调整嘴巴的状态，根据开心表情的特点，将嘴角往上调整，并露出牙齿。（图6-26）

（4）将调整好的表情在时间滑块上记录1帧，对比调整前后表情的效果。（图6-27）

## 二、局部制作

### 1. 眉毛制作

（1）动画角色的表情变化中，眉眼相距的位置最近，两者互相影响最多，在表情表现上无法割裂。根据角色模型特征，不同的表情类型，如委屈、伤心、惊讶、愤怒等，在呈现时眉毛的变化幅度较大。（图6-28）

图6-22 角色表情图

图6-23 初始帧

图6-24 眉毛下移

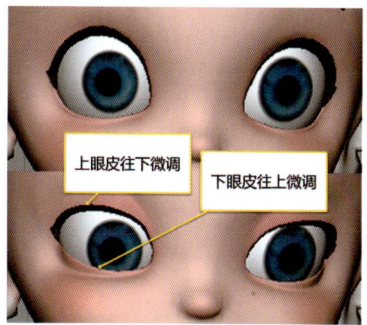

图6-25 调整眼睛

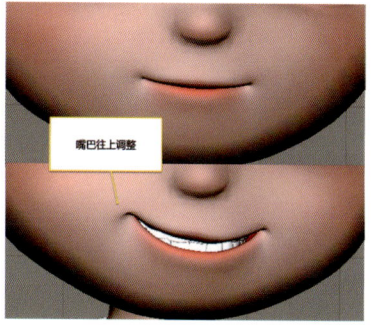

图6-26 调整嘴巴

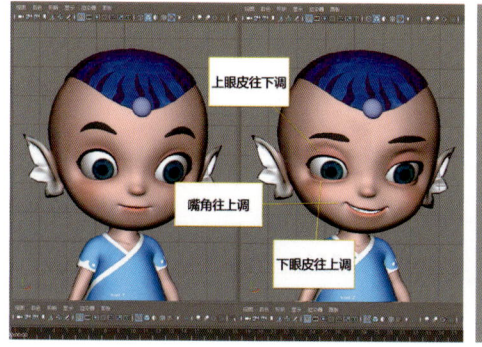

图6-27 表情调整前后对比

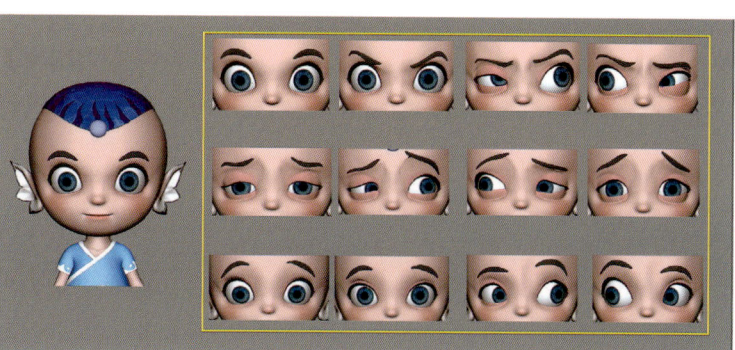

图6-28 眉眼案例

（2）南珠宝宝的眉毛结构可分为三部分：眉头、眉腰、眉梢。南珠宝宝造型卡通化，模型结构相对简单，相比写实的模型绑定更易于操作。眉毛上面的小点是用来控制模型的。（图6-29）

（3）眉毛的运动是由肌肉收缩引起的，在制作眉毛动画时，要根据眉毛上的小点来影响其他的小点的动作。可以简单理解为目标点运动带动附近点联动。（图6-30）

（4）当角色表现出紧张情绪的时候，两眉内侧就会挤压，呈皱眉状态。眉毛内侧向上扬时，有可能是角色产生悲伤无奈的情绪。通过调整角色眉毛的形态，能体现出不同的情绪。（图6-31）

### 2. 眼睛制作

动画中，角色的眼睛是头部最为重要的表演工具。人的眼神深不可测，有极为丰富的含义。眼睛是向观众传达角色思想和感情的窗口。眼睛是情感表达的源头，角色心中所展露的一切情感，大都会在眼睛中显露出来。（图6-32）

（1）角色眼睛在动画中的制作技巧。

在制作眼睛的时候，正常状态下尽量不要睁得太圆，避免瞳孔完全暴露。上眼皮的最高点、下眼皮的最低点与眼睛的正中三者呈现为弧线。（图6-33）

制作夸张的表情时，可以把眼睛调成一大一小，左右变化，并改变目光方向，同时对相应的眉毛进行位置调整。（图6-34）

制作时，将眉毛和眼睛区域视作一个整体，注意表情变化产生的眼眶倾斜，让眼睛和眉毛的倾斜线居中。（图6-35）

（2）眼睛动画中，最重要的一点是要保持眼神与其他角色或物体之间的交流，保持双眼视线的一致性，避免失焦。（图6-36）

图6-29 眉头、眉腰、眉梢

图6-30 眉毛调整

图6-31 眉毛动画

图6-32 南珠宝宝表情

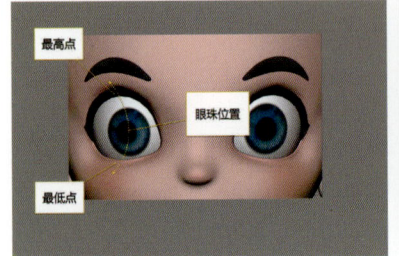

图6-33 眼睛最高点、最低点

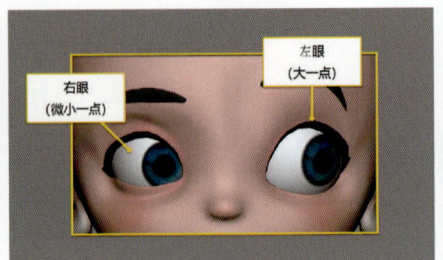

图6-34 眼睛一大一小

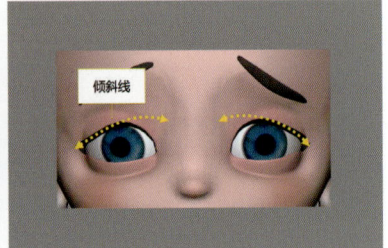

图6-35 眼眶倾斜

眼睛的注视方向也能够表现角色的想法与情绪。（图6-37）

（3）眼神动画。

动画中，角色的大部分行为都离不开眼神。多数情况下，头部的转动与视线的方向相辅相成。当动画中出现某种声音的时候，角色的视线会转到发出声音的方向，然后产生由眼睛带动头部，头部带动肩膀等一系列动作。（图6-38）

制作时，也会出现头部动作带动视线运动的情况，制作一个非常缓慢的转头动作时，角色头部动作要先于眼睛动作产生，这样能产生戏剧性的效果。（图6-39）

（4）眨眼动画。

完整的眨眼动作一般需要5帧。根据角色的情绪和心理状态，眨眼的频率会有所不同。在制作过程中，眨眼的动作可以比视线发生转移稍晚1～2帧。（图6-40）

通常，在角色转头的过程中要加一个眨眼动作，即在视线转换的同时加上一个眨眼，再进行下一步动作。眨眼可以视作一个小小的预备动作，这样做的好处是视线转移时不会出现视线方向不清和视觉错位的情况。（图6-41）

制作出真实而自然的眨眼动作需要细心的观

图6-36 眼部视线方向变化对表情类型的影响

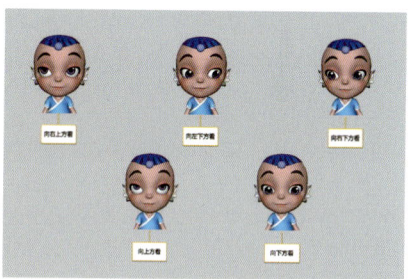

图6-37 眼睛注视的不同角度

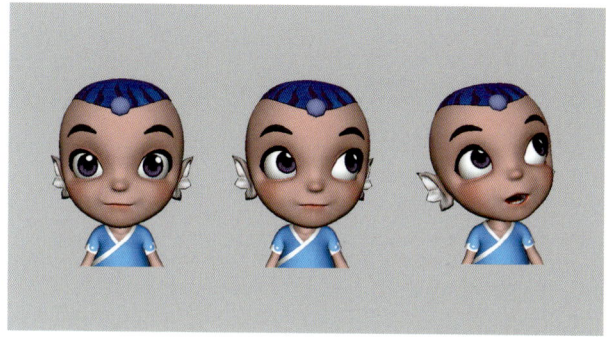

图6-38 眼睛带动头部动作

图6-39 头部带动眼睛动作

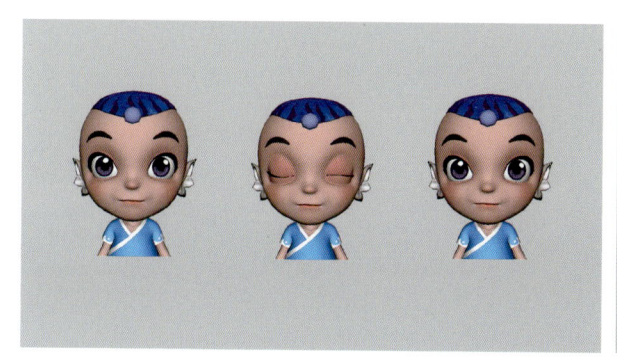

图6-40 固定头部眨眼动画

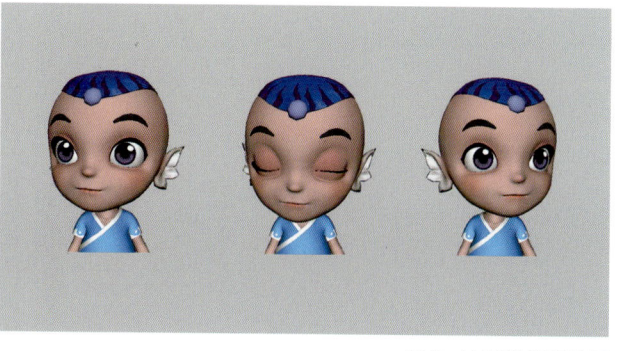

图6-41 转头眨眼动画

察和经验的积累。一般来说，制作完整的眨眼动作是两帧闭合，三帧睁开。也有一些动作并非如此，让一个角色分别闭眼两帧和十帧，会产生不同的效果，它会告诉观众角色当时的心情。

标准眨眼的节奏：闭合速度快，睁开速度慢。

眨眼的时机：头部剧烈运动、眼睛干涩、内心活动剧烈、情绪波动。

眨眼的细节：可以加入一些预备或缓冲，也可以加入特别的力量和节奏，让动画细节更丰富、更可爱。

（5）眼皮动画。

眼皮动画常应用于眨眼动作，眼皮的上抬或者下垂会表现出角色不同的心理状态。自然状态下，角色的眼皮是不完全张大也不闭合的，处于放松、自然的状态。正常状态下的眼皮，大概停留在角色瞳仁边缘，为表情变化所带来的眼部运动保留了更多的可控空间。（图6-42）

（6）瞳孔动画。

瞳孔的扩张和收缩是制作动画时常常被忽略的部分，在现实世界中，瞳孔的扩张幅度一般很小，几乎不易察觉。瞳孔大一些的角色看上去比较天真和单纯，瞳孔小的角色给人的感觉较为精明。当角色产生惊恐、害怕的情绪时，瞳孔会迅速地缩小；紧张的情绪缓解时，瞳孔逐渐恢复。（图6-43）

**3. 嘴巴制作**

（1）嘴巴设置和操作技巧。

嘴巴是五官中相对复杂的部位，包括嘴唇、牙齿、舌头三个部分。三者存在穿插关系，在大透视环境表现时尤其需要注意。嘴巴动作制作中，通过对面部曲线的设置，可以对角色嘴巴进行操作。打开南珠宝宝模型，可以看到模型右边的曲线工具，选择曲线调节口型。（图6-44）

点击面部小点曲线，可以通过移动小点制作表情动作。（图6-45）

图6-42 眼皮动画

图6-43 瞳孔动画

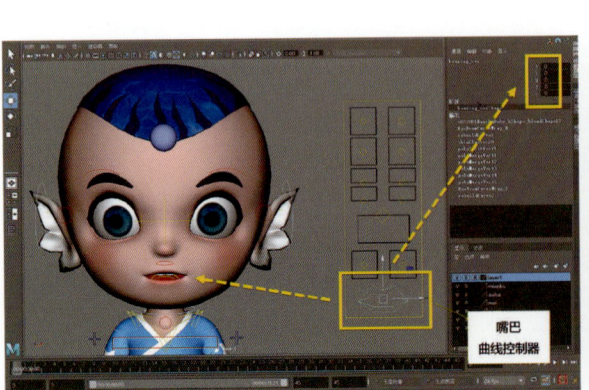

图6-44 嘴巴曲线控制器

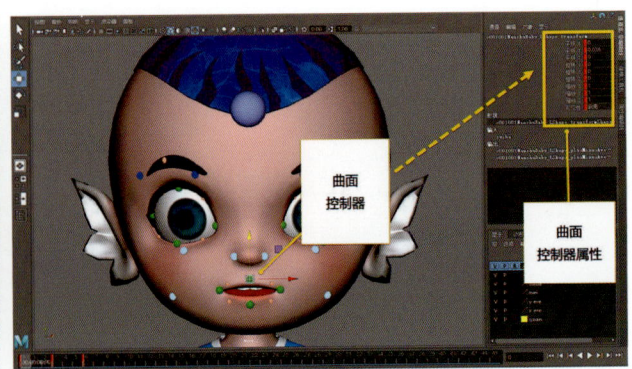

图6-45 曲面控制器

（2）嘴唇动画。

嘴是面部最灵活的部位，嘴唇的动作在动画中同样占据着非常重要的位置。当遮挡住面部其他五官，仅通过嘴部的造型仍然能够判断角色的表情变化。角色的喜怒哀乐都离不开嘴唇动画。（图6-46）

（3）牙齿动画。

在表现角色强烈情绪或特殊表情的时候，使用牙齿动画可以锦上添花。

如表现角色凶狠、愤怒、仇恨、忍痛等，可以做咬牙切齿的动画；表现角色惊惧、寒冷可以让牙齿震动作响；表现角色极愤怒、极痛苦的时候，可以让上下齿交磨。（图6-47）

（4）舌头动画。

舌头动画虽然也可以表达情感，但是并不常用，因为舌头能够表现的表情较少。动画片中常见小孩吐舌的动作，这种表现会更深刻、更形象地刻画孩子天真、调皮、古灵精怪的一面，让画面效果更加灵动。（图6-48）

（5）鼻子动画。

一般以为鼻子是不会动的，所以常被忽略。但是，如果仔细观察便会发现鼻子是会动的，鼻孔可以张大、鼻头可以抬起、鼻上近眉心处可以起皱，这样便形成了鼻子的表情。

图6-46 嘴唇动画

图6-47 牙齿动画

图6-48 舌头动画

## 三、制作面部表情主要事项

制作表情时，想要将表情准确、清楚地表达出来，就要具备较高的识别度，让观众能够迅速感受到角色的表情变化和情绪波动。（图6-49）

眼睛、鼻子、嘴巴要在一条斜线上，保证透视的准确。（图6-50）

定位角色面部中线，可以先把眉毛、眼睛、鼻子、

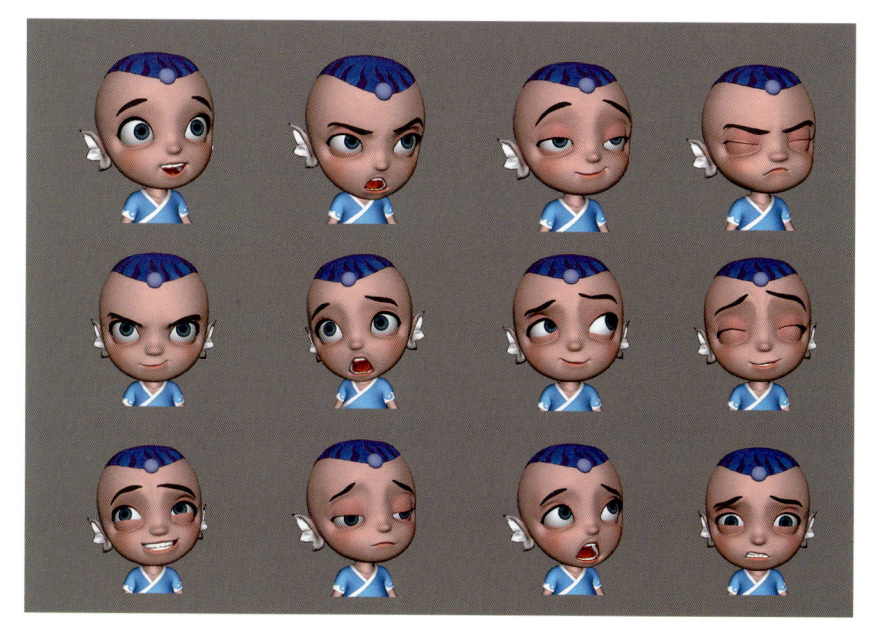

图6-49 面部表情类型

嘴巴的中心点标记出来，并将中心点用线连接在一起，呈现一条弧线。（图6-51）

眉毛结构中，眉头、眉腰、眉梢所标明的三段颜色（红色、黄色、蓝色）要清晰。（图6-52）

还要注意面部肌肉的拉扯关系，保证肌肉关系准确，并对五官表现进行简化，提高表情类型的识别度。（图6-53）

为了使部分表情在视觉呈现中更加生动，可以采用非对称的表现方式，使面部表情的变化更加灵活。

## 四、角色表情的转换

在动画叙事中，角色的情绪不是一成不变的。角色表情是连接角色表演与观众情绪的媒介，观众通过角色的面部表情捕捉角色的情绪变化。这意味着在动画的制作中，短暂的一段动作可能会伴随多种表情的转换。（图6-54）

# 第三节 案例分析

## 一、声音文件的应用

本节主要讲解南珠宝宝口型动画的制作。一部动画片中，口型动画占据着非常重要的地位，不仅可以实现角色对话，还能让角色内心的各种心理活动都通过口型变化表达出来。优秀的动画作品在口型细节处理上往往十分出彩。（图6-55）

### 1. 导入声音

创建一组口型动画时，要备好伴随动画节奏的配音，以协助关键帧的布置与音轨同步。在Maya软件中可以实现声音文件的导入。Maya软件对声音格式的支持是有限的，目前支持AIFF和WAV格式的音频文件。（图6-56）

执行Maya主菜单上的"文件/导入"命令

图6-50 眼睛、鼻子、嘴巴的位置

图6-51 中心点呈弧线

图6-52 眉毛清晰

图6-53 面部肌肉

图6-54 连贯动作中的表情转换

图6-55 南珠宝宝模型

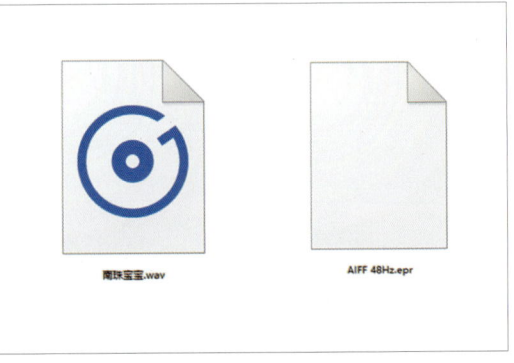

图6-56 音频文件

图 6-57 导入声音文件命令

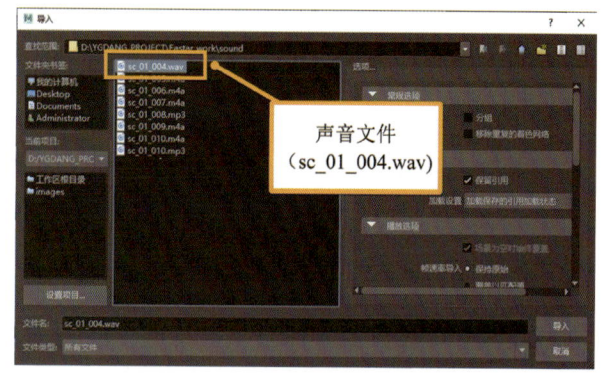

图 6-58 导入声音文件

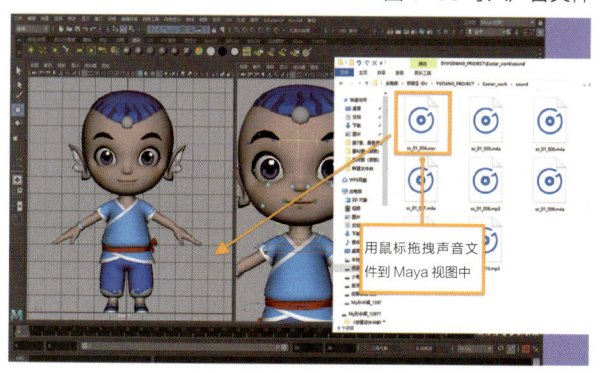

图 6-59 拖拽声音文件导入

图 6-60 大纲编辑窗

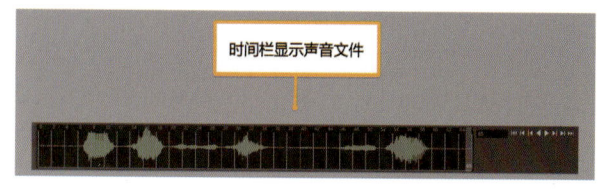

图 6-61 时间栏显示声音文件

导入声音文件，打开导入命令后面的设置块，选择要导入的声音文件类型。（图 6-57）

找到项目中的声音文件（sc_01_004.wav），选中文件后将其导入。（图 6-58）

另一种导入方式是使用拖拽方式导入声音文件。打开声音文件所在的目录，使用鼠标左键直接将声音文件拖到 Maya 界面中的时间滑块上。该操作可以直接显示出声音的波形。（图 6-59）

在属性面板中可以随意地选择并替换声音文件，也可以多个声音文件同时导入。要注意，不能同时使用多个声音，即可以导入多个声音文件，但每次只能使用一个。

导入声音文件后，可以在大纲编辑器中找到它。单击"窗口/大纲编辑器"命令，打开大纲编辑窗，关闭 DAG 对象，显示大纲中的声音图标。（图 6-60）

## 2. 显示声音

制作口型动画时，虽然在一个场景中可引入多个声音文件，但是在时间滑块上每次只能显示和播放一个声音文件。（图 6-61）

如果有多条声音同时出现在同一场景中，我们想在时间滑块上显示当前声音时，可用鼠标右键点击时间栏，以观看场景中的声音节点列表。通过声音下拉菜单，可以看到所导入的文件，找到想要制作的声音文件。（图 6-62）

声音文件的波形将会在时间滑块上显示，播放时将会使用该声音文件。播放动画过程中，如果不想播放声音，可使用时间滑块编辑菜单，选择"声音/禁用"命令。（图 6-63）

## 3. 播放声音

制作动画前，先导入声音文件，再确认对应于声音文件的音频节点能在时间滑块上显示。根据常规的制作方法，播放声音文件的方法有两种：一种是声音拖拽播放，另一种是播放控制按钮，即声音正常播放。

（1）声音拖拽播放。

在时间滑块上拖拽当前时间指示器时，可以听到声音。（图6-64）

（2）声音正常播放。

点击播放控制区的播放按钮，在播放动画时可以同步听到对应的声音。如果听不到，可以在动画首选项中选择播放的帧率。（图6-65）

## 二、制作口型动画

### 1. 口型动画制作规范

口型动画的制作涉及角色表情中口型的变化和发音时的口型。嘴巴是影响面部表情的关键因素。动画角色的口型制作要最大限度地接近真实人物，因此，在动画制作流程中，口型的变化有其行业制作规范。

二维动画口型制作大多采用以下六种类型的口型动作。

A口型：闭合口型，一般用于表现闭合的音节或作为表述中的过渡口型；

B口型：微微张口，露出牙齿；

C口型：嘴张大，露出部分舌头；

D口型：嘴继续张大，舌头完全暴露；

E口型：张开的嘴部向中心聚拢，口型类似"O"的发音；

F口型：类似"F"发音，口型收缩，唇部撅起。（图6-66）

制作口型动画，要多观察现实生活中的人物，留意不同语言、不同性格的角色发音模式的不同。可以通过镜子观察表情变化和表述中口型的变化和节奏，为后续制作提供有效参考。（图6-67）

图6-62 时间栏命令菜单中选择音频节点

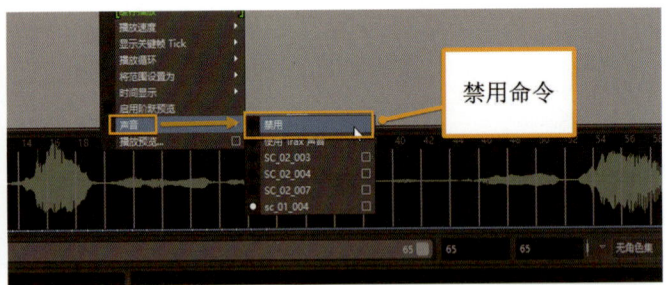

图6-63 声音禁用命令

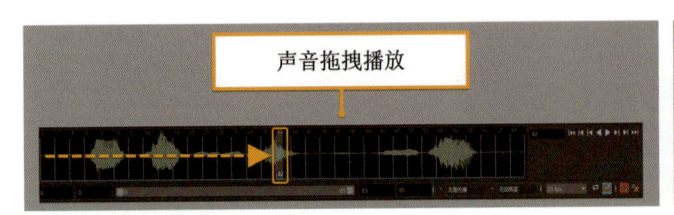

图6-64 声音拖拽播放

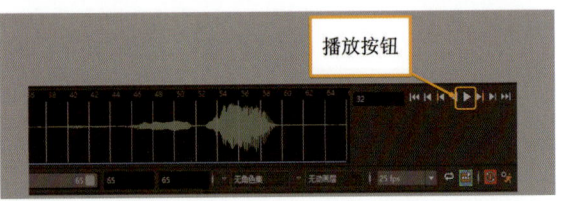

图6-65 声音正常播放

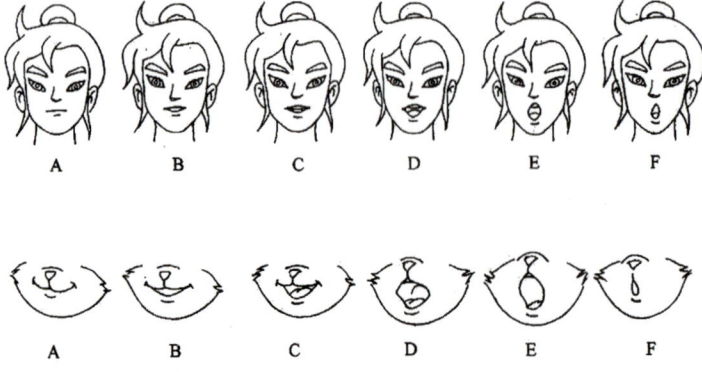

图6-66 六种常用口型

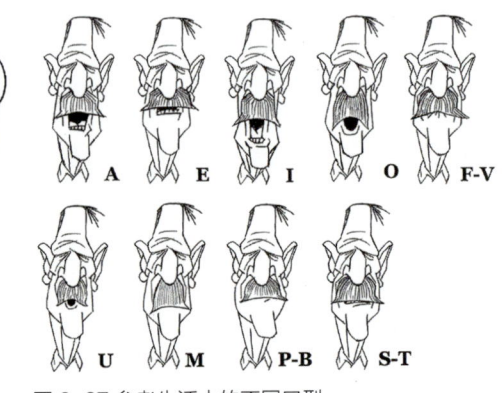

图6-67 参考生活中的不同口型

## 2. 口型动画制作案例

打开南珠宝宝角色模型文件，导入对白音频文件，制作口型动画。

（1）在Maya中播放声音，确保所选音频文件正确，音质稳定，并检查时间滑块中是否显示声音的波形。（图6-68）

（2）选择角色口型的控制器，其属性中已有口型的控制选项。对白内容为"大家请讲普通话"。先对照音轨进行口型分析。（图6-69）

（3）熟读镜头中的对白内容，对照镜子观察自己的口型变化与表达节奏，确定口型的张合。（图6-70）

（4）选择南珠宝宝模型口型控制器的属性设置关键帧，确定口型张合的节奏。（图6-71）

（5）反复播放动画，确认口型节奏正确后，根据声音分析出每个关键音的口型。可以用相机记录自己念对白的状态，按照视频中的口型进行分析，参考并运用软件来制作对应口型。（图6-72）

（6）选中口型控制器，开始制作关键帧。在制作过程中还需要参照声音文件，对口型张合的动画节奏进行相应的调整。关键口型的字母并不一定准确，因为不同角色的发音及口型具有差异性。在制作时，要对照镜子，仔细观察，按照真实的发音及习惯，并结合角色特点制作口型。（图6-73）

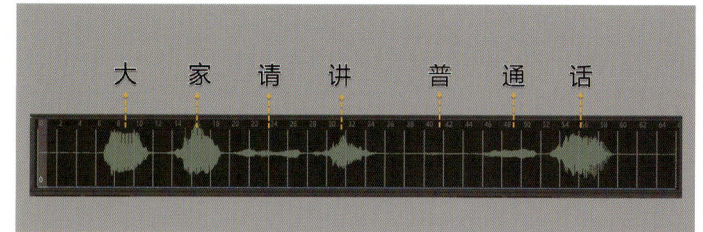

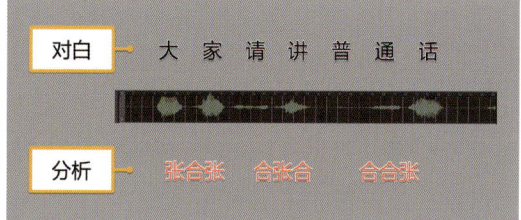

图6-68 测试导入声音

图6-69 音轨和对白对应

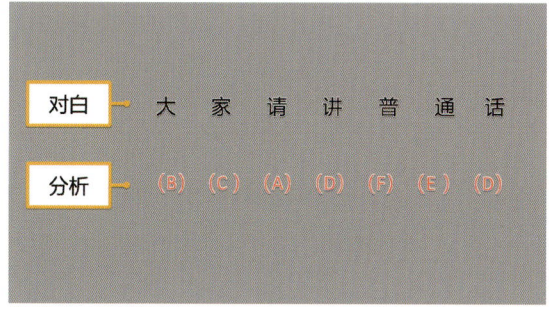

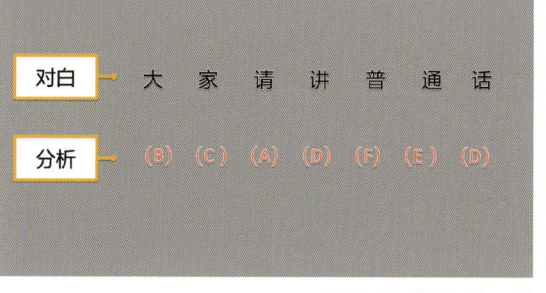

图6-70 分析对白口型

图6-71 口型动画曲线

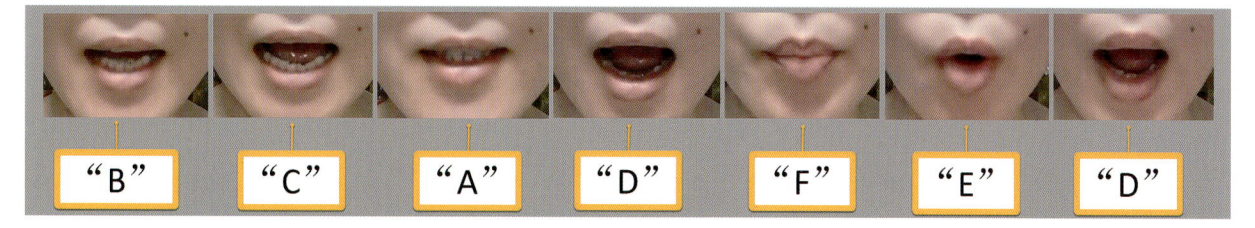

图6-72 分析关键口型

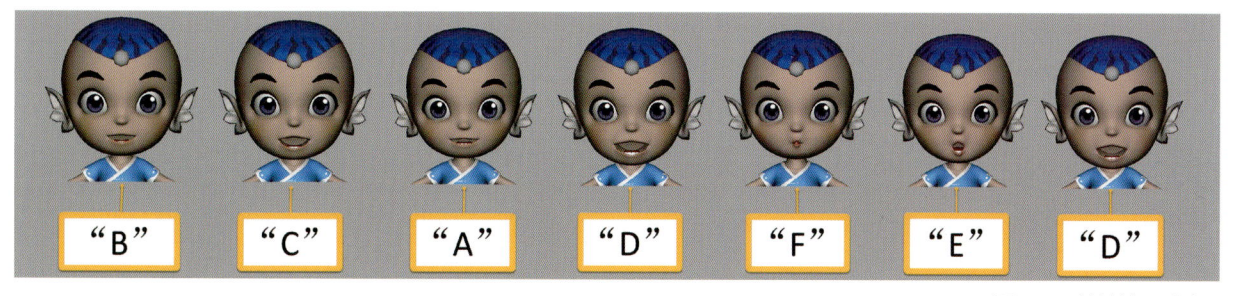

图6-73 关键帧口型动画

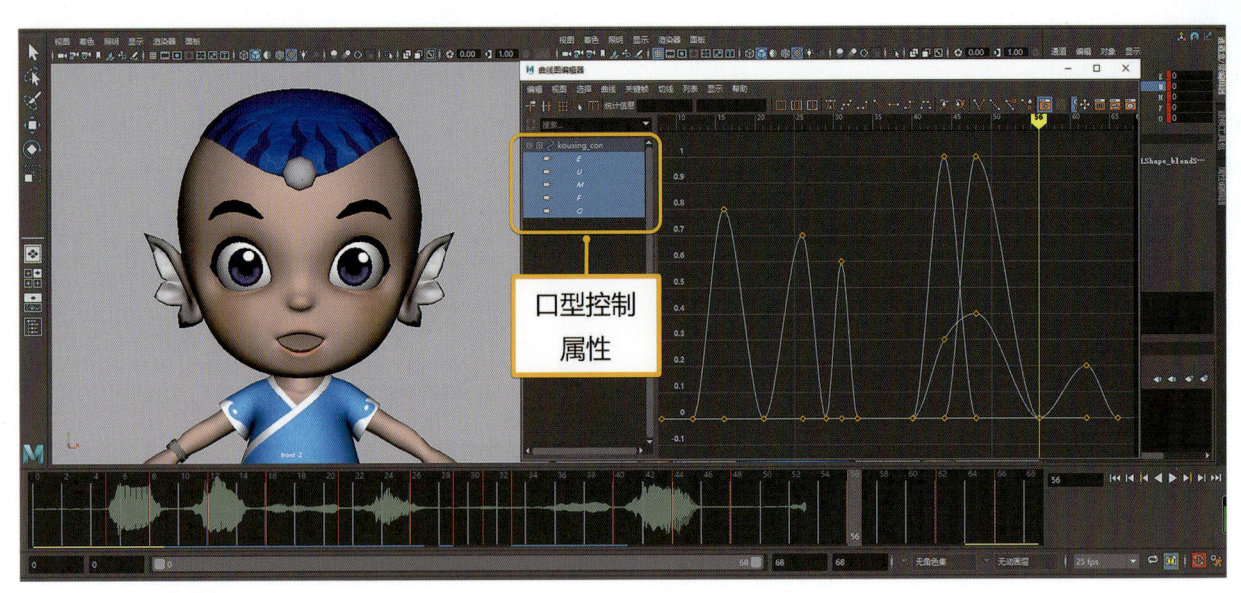

图 6-74 调整动画曲线

（7）通过"窗口／动画编辑器／曲线图编辑器"命令将曲线图编辑器打开。对模型口型控制器上所有属性的动画曲线进行检查，清除多余的关键帧，调整每条曲线的控制手柄，将曲线调整至圆滑的过渡，这样才能使动画的效果流畅自然。一段口型动画的制作才算完成。（图 6-74）

## 课程总结

本章内容是学好角色表情动画制作的关键，虽然肢体动画与表情动画都属于动作设计，但它们也是表情动画不可或缺的一部分。角色的表情离不开时间节奏的控制。对于动画而言，夸张的表情是吸引观众的一大法宝。面部表情源于一系列肌肉的收缩和扩张。面部表情变化和口型基本要素是本章的重点内容，希望通过学习，大家能够理解表情对完整的动画效果有着重要的意义。同时，表情动画的节奏影响着角色动作力量的强弱、速度的快慢以及间歇和停顿。

## 思考与练习

一、思考题

1. 制作表情动画时，口型有哪些作用与功能？如何理解二维口型参考图对制作三维动画的意义？

2. 动画制作过程中，常见的人物表情有哪些？

3. 如何理解口型与头部动作之间的联系？

二、练习题

1. 选择一个三维模型角色，根据表情设置分别制作出卡通和写实两种表情动画，体会它们的节奏变化。

2. 根据企业项目案例，选择其中一个镜头，把所设计的动作内容，按个人的想象尝试进行表情动画制作。

# CHAPTER 7

## 第七章

# 角色动画创作实例

**课程提要**

  本章以三维动画项目"海上丝路南珠宝宝"系列动画作品为例,从角色创作实例入手,讲述动画创作过程中的核心任务,即动画人物的塑造。这项工作是整个作品成败的关键,好的角色动画设计会提升动画质量,给观者留下深刻的印象。学生应当了解三维动画制作的基本流程,和科学化、规范化、模式化创作特点。同时也要熟悉并掌握基本的项目操作规范和要求,它关系到动画作品艺术创作的质量。动画艺术作品创作需要相对独立的思考方法、工作方法、表现方法。因此,本章是学习项目动画创作的必由之路,学生应认真领会掌握并深入实践。

# 第一节 《海上丝路南珠宝宝》角色动画制作

制作《海上丝路南珠宝宝》动画项目之前，要了解项目背景、熟知项目内容及各环节质量标准。本章要掌握两方面的内容，第一方面是前期准备工作和动画模块基本知识，要对项目的模型进行检查，掌握模型（角色、场景、道具）比例关系，模型绑定设置是否可以达到动作需求，角色的道具是否有缺失等。第二方面要加强对动画分镜的理解，尤其是对镜头中的角色动作表演的理解。在制作中听从导演要求，加强与团队成员的沟通，要善于发现问题、解决问题。通过本章学习，能够独立完成镜头动画制作并熟练掌握制作技巧。（图 7-1）

### 本节重难点

重点：学习角色在镜头中的表演及动作制作流程。

难点：掌握多个角色在镜头中的动作制作技巧。

## 一、前期准备工作

### 1. 关于素材

优秀的动画师善于收集参考素材，这有助于理解镜头和动作。当动画师拿到动画镜头时，要对镜头有大致的安排。通常在制作之前要准备大量素材以供支撑，从素材中提取需要的制作内容。一般情况下，动画师用简单的速写来完成镜头的表现内容。

### 2. 动作表演

若要更加直观、快速地设计动作，制作前还需亲自上阵表演一番。无论是肢体动作还是内心独白，用简单的配音就能帮助大家快速找到节奏和时间点。因此，制作之前要尝试个人表演，或者寻找专业人士表演，增添细节。

### 3. 手绘草图

手绘草图是一种图示思维方式，是设计师把大脑中的思维活动延伸到外部，通过图形使之外向化。优秀的动画师要有快速绘制草图的能力，能够将角色的表演动作快速用草图交代清楚。绘制 2D 草图或采用简单几何体进行模拟是不错的

图 7-1《海上丝路南珠宝宝 2》动画海报

第七章 角色动画创作实例 / 153

方法，能帮助制作人员设计角色和场景之间的互动。

## 二、项目文件管理

### 1. 动画项目文件创建

按照企业的项目制作标准对前期动画资产进行分类，有利于中后期制作环节的有效组织。运行 Maya 软件，执行"文件/创建引用"命令或者按 Ctrl+R 组合键，检查项目素材库和存放路径等。此项目文件分为两部分，第一个文件组为项目资产库，其中包含动画、摄影机动画、模型、设置、声音等内容，另一个文件组为故事板。（图7-2）

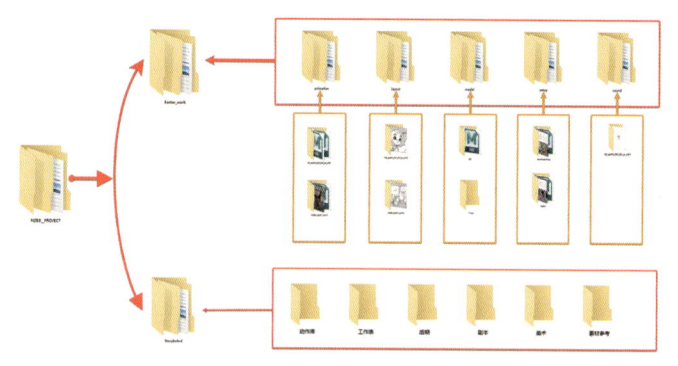

图 7-2 项目文件

### 2. 引用编辑器的应用

（1）根据二维动画分镜设计内容，点击"文件"菜单，选择"引用编辑器"，将模型资产文件引入 Maya 软件中。（图7-3）

（2）引入模型文件后，分别对角色、场景、道具进行检查。（图7-4）

（3）打开 Maya 界面右下角的动画设置图标，根据项目制作要求修改帧率（25帧/秒）。（图7-5）

（4）在时间栏中设置镜头总时长为95帧，引入角色对白音，根据分镜要求对声音的长度进行调整。对时间滑块的起始时间（第1帧）和结束时间（第95帧）进行设置。（图7-6）

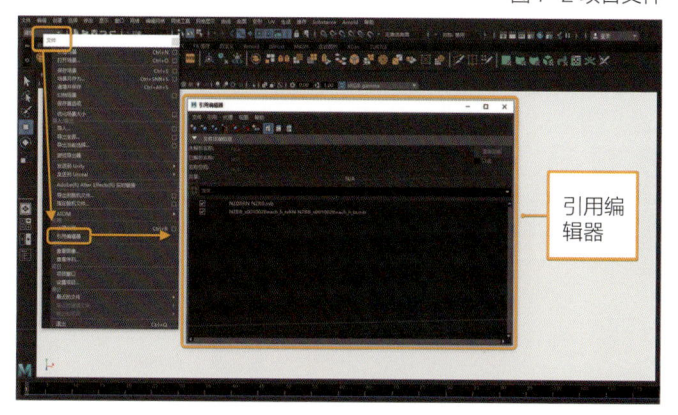

图 7-3 引用编辑器

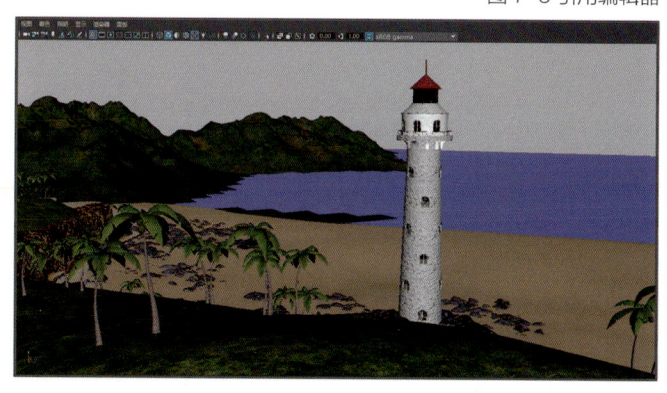

图 7-4 引入模型文件

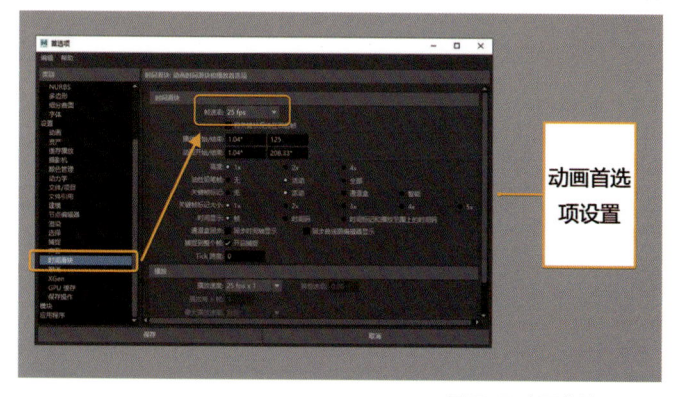

图 7-5 动画首选项设置

图 7-6 镜头总时长设置

## 三、Layout 动画制作

### 1. 摄影机应用

（1）打开"创建"菜单中的"摄影机"命令，创建一台摄影机。（图 7-7）

（2）根据制片要求，设置摄影机的分辨率。（图 7-8）

（3）在"视图"菜单中找到"摄影机设置"命令，在下拉菜单中勾选"分辨率"、"安全动作"和"安全标题"等选项。（图 7-9）

（4）选中摄影机，调整摄影机的属性，按 Ctrl+A 组合键修改摄影机的显示选项（根据项目要求修改）。可调节摄影机的蒙版透明度和蒙版颜色。（图 7-10）

（5）修改摄影机名称，根据项目要求命名，与二维分镜头文件命名相同。（图 7-11）

### 2. 参考二维动画分镜头调整内容

（1）分析二维分镜头中的构图，确定摄影机位置，确保三维中的表现效果与二维分镜头的画面一致。（图 7-12）

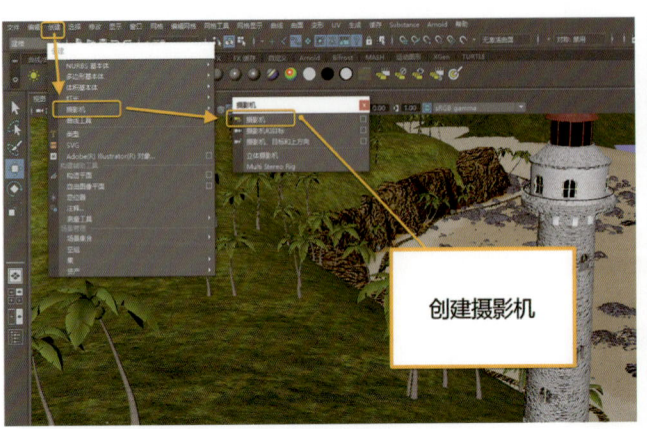

图 7-7 创建摄影机

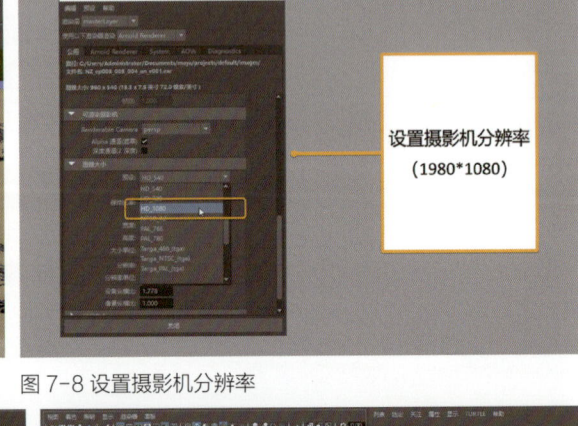

图 7-8 设置摄影机分辨率

图 7-9 摄影机设置

图 7-10 摄影机显示参数设置

图 7-11 修改摄影机名称

图 7-12 二维分镜头设计稿

（2）根据二维分镜头内容，检查三维动画镜头中的角色模型，按照二维分镜头中的人物位置调整好南珠宝宝在场景中的构图。（图7-13）

（3）导入声音，使用主菜单上的"文件/导入"命令导入声音文件，然后打开导入命令后面的设置块，选择要导入的音频文件（NZ_ep003_005_004_an_v001）。（图7-14）

（4）显示声音。可以在场景中引入多个声音文件，但是在时间滑块上，每次只能显示和播放一个声音文件。（图7-15）

（5）调整摄影机与角色的初始位置。选择南珠宝宝模型，从开始帧（第1帧）记录1帧，根据二维分镜头中的关键pose进行动作设计。（图7-16）

（6）根据二维分镜头调整三维镜头的构图，按照场景特点适当调整角色的位置。（图7-17）

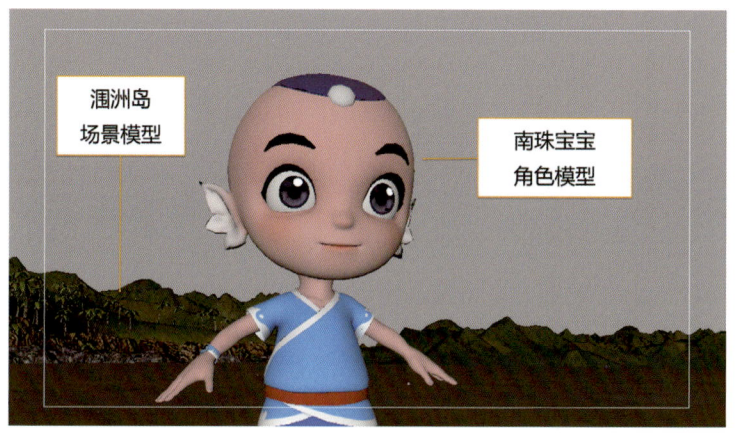

图7-13 三维分镜头设计稿

图7-14 导入音频文件

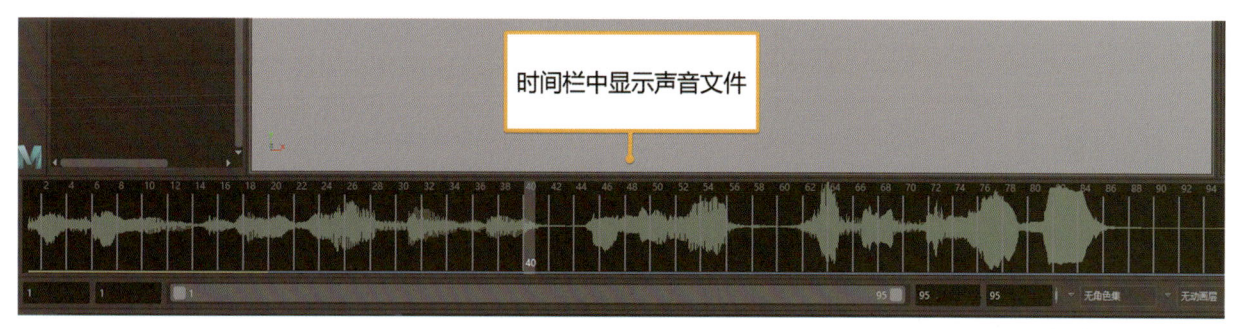

图7-15 时间栏显示声音文件

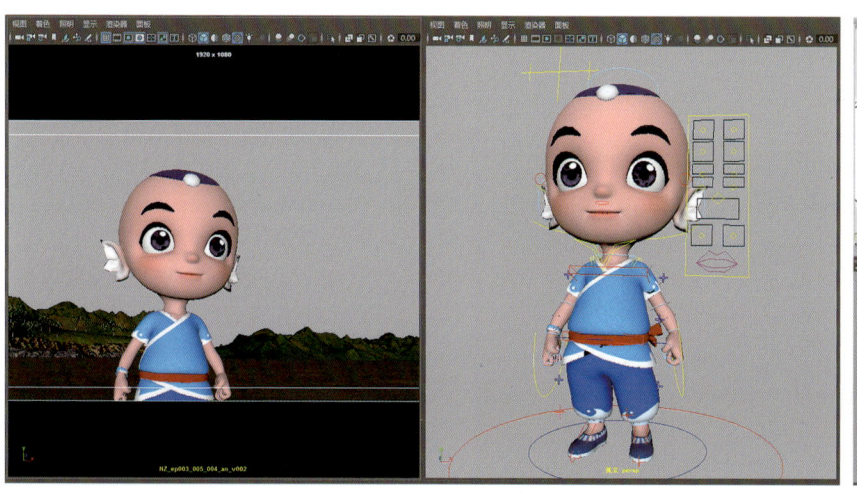

图7-16 摄影机动画

图7-17 镜头制作

## 四、角色动画制作

### 1. 口型的制作

（1）在 Maya 时间栏中播放声音，确保声音文件正确，并检查时间滑块上是否显示声音的波形。（图 7-18）

（2）选择角色的口型控制器，其中已有口型的控制选项。对白是"那您们，还会回来吗"，对照音轨进行口型分析。（图 7-19）

（3）要熟读对白内容，用镜子仔细对照自己的口型，确定口型的张合关系。（图 7-20）

（4）选择南珠宝宝模型的表情控制器，设置动画关键帧，确定口型张合的节奏。打开曲线图编辑器查看曲线位移 Y 轴。（图 7-21）

（5）根据声音分析出每个关键音的口型。（图 7-22）

（6）选中口型控制器，开始制作关键帧。在制作过程中，需要根据之前张合口型的动画节奏来进行调整，制作时对照镜子，仔细观察，按照真实的发音制作口型。（图 7-23）

（7）用"动画曲线编辑器"命令将曲线图编辑器打开，对南珠宝宝模型口型控制器上的所有属性动画曲线进行检查，清除多余的关键帧，调整每条曲线的控制手柄，将曲线调整至圆滑的过渡。（图 7-24）

### 2. 框架设计

框架设计是动画师在制作 Layout 的基础上，进一步进行场面布局调度、动作姿态设计、添加关键帧等。如果框架设计没有确认，后续的工作可能会停滞或大量返工，因此，完整的框架设计会大大提高工作效率。

（1）根据 Layout 动画内容，制作南珠宝宝的第一个关键动作。（图 7-25）

图 7-18 声音正常播放

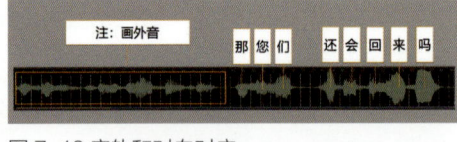

图 7-19 音轨和对白对应

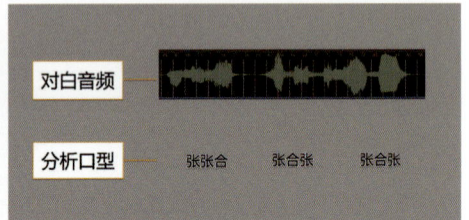

图 7-20 分析对白口型

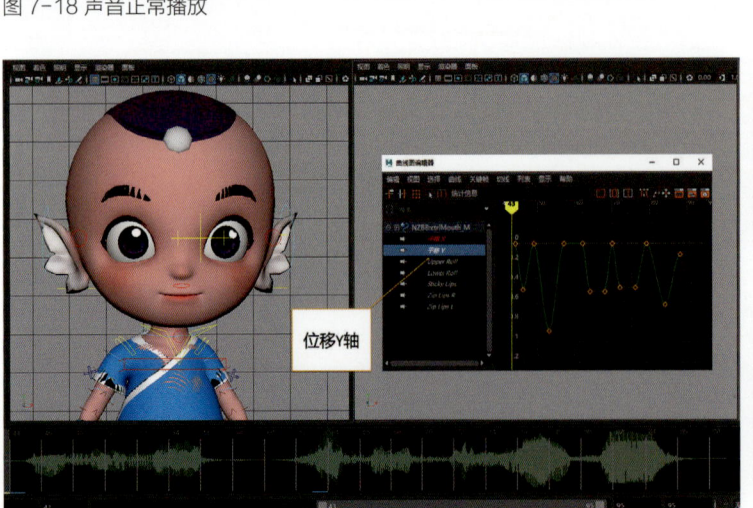

图 7-21 口型动画曲线

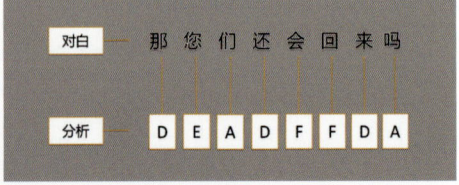

图 7-22 分析关键音的口型

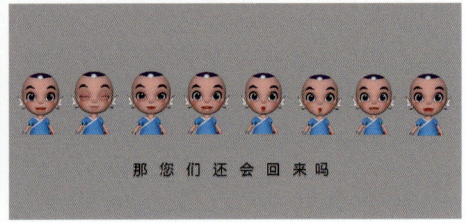

图 7-23 关键帧口型动画

（2）根据镜头中的关键 pose，将一个个关键 pose 摆好，并且让它们相互关联。制作前要对动作有一定的理解，要善于观察和表演，用一些类似的素材来做参考，或者向他人寻求意见，总结好意见再进行调整。（图 7-26）

（3）如果想在框架设计阶段提高效率，要参考优秀动画视频素材。设计动作的同时在曲线图编辑器中观察关键帧的变化趋势，培养筛选关键帧的能力，这是提高效率的要领。（图 7-27）

### 3. 过渡设计

过渡设计是根据所作的框架设计在动画中加入小原画，让一张张静态的画面用固定速度不停地变化，从而形成动画。

（1）根据角色表演找出最重要的过渡帧。把镜头按动作节奏或帧数分段，这有助于将工作内容结构化、模块化，从而更好地把控节奏，执行流程计划。不要盲目地加帧，否则会出现抖动现象。要分清楚哪些是重要的姿势，哪些是次要的姿势。（图 7-28）

（2）调整第 48 帧（过渡帧）。先调整身体的大圈，让身体向前倾斜。选择胸部控制器向下旋转，表现出身体前后关键帧的变化过程。（图 7-29）

（3）调整角色在表演过程中的曲线运动效果，

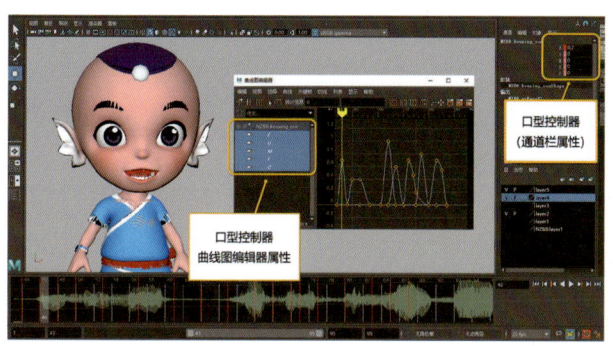

图 7-24 调整动画曲线

图 7-25 第一个关键动作

图 7-26 角色关键 pose2

图 7-27 角色关键 pose3

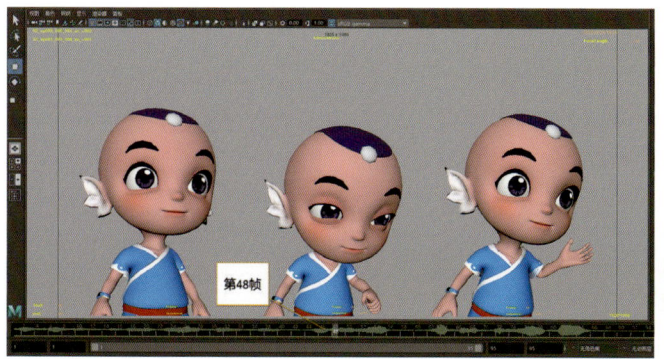

图 7-28 找出过渡帧

图 7-29 调整过渡帧

根据调整的曲线进行对比。选择南珠宝宝模型上半身（RootX_M）的起伏变化,选择移动Y轴查看初始曲线。(图7-30)

（4）调整Y轴上下曲线变化效果。根据第48帧前后两个pose的整体效果进行调整,让身体在做下一个动作前做出一个相反的动作（预备动作）。对第61帧进行调整（缓存动作），让关键pose和过渡pose更流畅。(图7-31)

（5）掌握以上制作方法后,还要参考优秀动画案例来提高动作的表演质量,以动画制作水平。反复预览动画,要善于发现问题,勤于修改。(图7-32)

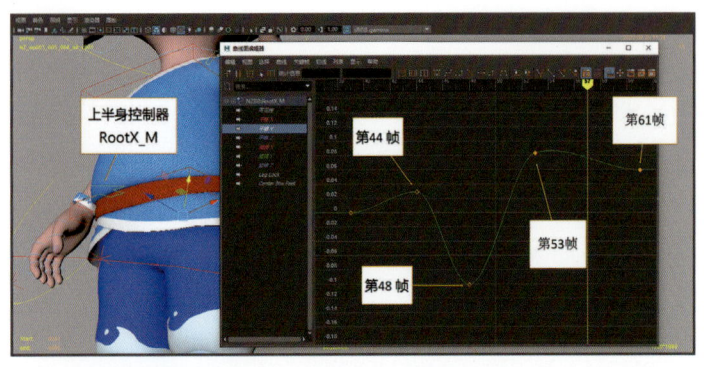

图7-30 未调整的动画曲线

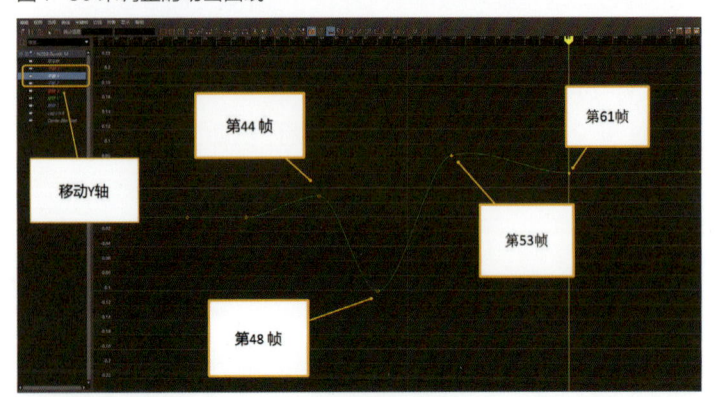

图7-31 调整后的动画曲线

## 第二节 《海上丝路南珠宝宝》镜头动画制作

本节讲解《海上丝路南珠宝宝》动画中的镜头动画制作。要思考用什么方法或技巧来提升制作效率。大部分动画师先从整体开始制作,卡好节奏后再细化制作。以下分三个部分来深入讲解。（图7-33）

### 本节重难点

重点：学习镜头中的角色动画表演和制作流程。

难点：掌握多个角色在镜头中的制作方法和技巧。

图7-32 预览动画

图7-33 《海上丝路南珠宝宝》动画片

## 一、前期准备工作

（1）根据项目制作要求选择Maya软件版本。先进行创建引用，执行"文件/创建引用"命令，也可以按Ctrl+R组合建，选择存放文件的位置后，新建一个文件夹，然后在Maya软件中导入相关的模型文件。（图7-34）

（2）按照项目要求创建项目文件组（NZBB-PROJECT），将项目内容进行归类管理，以便在制作过程中提高工作效率。将镜头中涉及的全部模型导入软件中进行制作。（图7-35）

（3）设置动画播放帧率。在制作动画时，要在时间滑块中进行帧率设置，确定播放速度。单击界面右下角图标，根据要求修改帧率。（图7-36）

（4）保存文件。执行"文件/另存为"菜单命令，将文件另存于指定的文件夹中，以免所制作的文件丢失或被覆盖。（图7-37）

## 二、Layout摄影机制作

在项目创作流程中，Layout在动画制作环节中起着承上启下的作用，企业项目团队中会专设岗位人员进行制作。Layout制作人根据文字脚本和二维动画分镜故事板进行制作，重点将镜头的运动、画面构图、节奏、调度等内容交代清楚，同时也要考虑到镜头中的灯光、色彩、声音、特

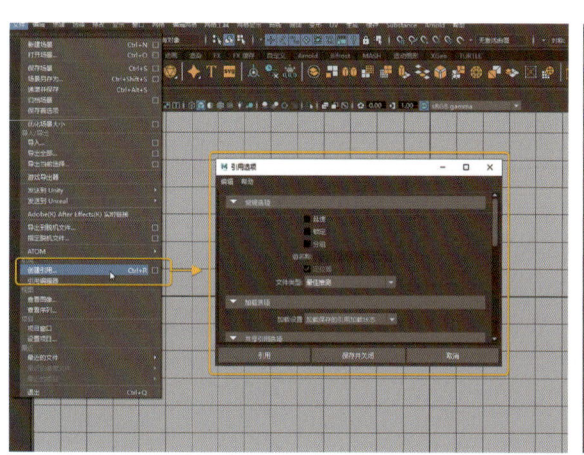

图7-34 创建引用

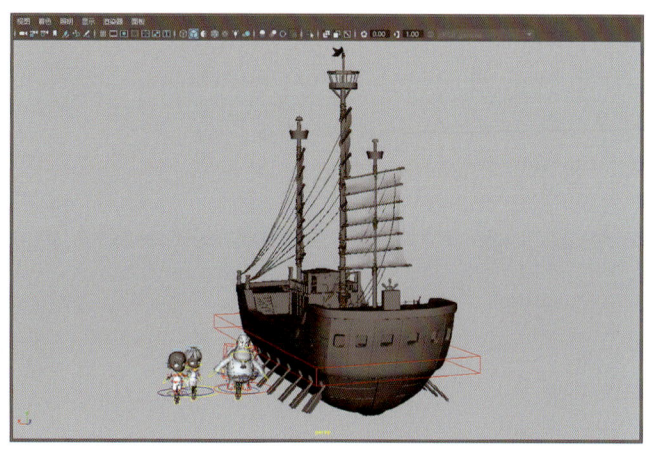

图7-35 导入南珠宝船模型

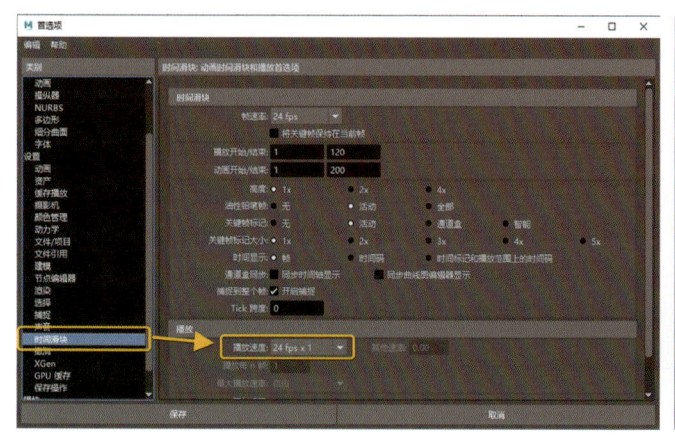

图7-36 播放速率

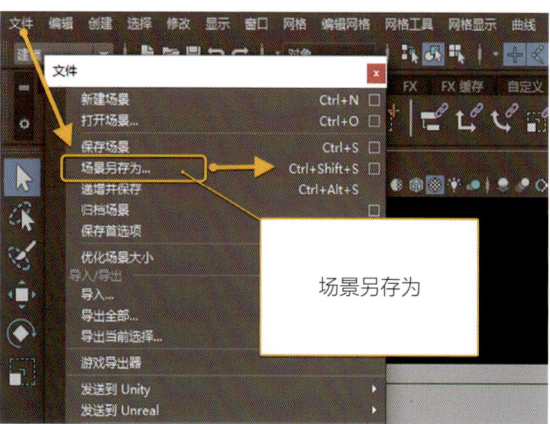

图7-37 场景另存为

效等元素。

（1）创建摄影机，执行"创建/摄影机"命令。（图7-38）

（2）根据项目要求，打开渲染设置窗口，在图像大小中更改摄影机的分辨率，改为HD_1080（1920×1080）。（图7-39）

（3）设置摄影机的安全框，点击"视图"下拉菜单中的"摄影机设置"，勾选常用的"分辨率门"、"安全动作"和"安全标题"。（图7-40）

（4）调整摄影机显示选项，修改显示选项中的蒙版透明度和颜色，可以根据项目要求和个人特点修改。（图7-41）

（5）修改摄影机名称，在大纲视图中选择摄影机修改名称，也可以在右边的通道栏中双击，更改摄影机名称。（图7-42）

（6）熟知分镜头中的要求，对分镜头中的构图进行制作，特别注意人物和场景的位置摆放准确。（图7-43）

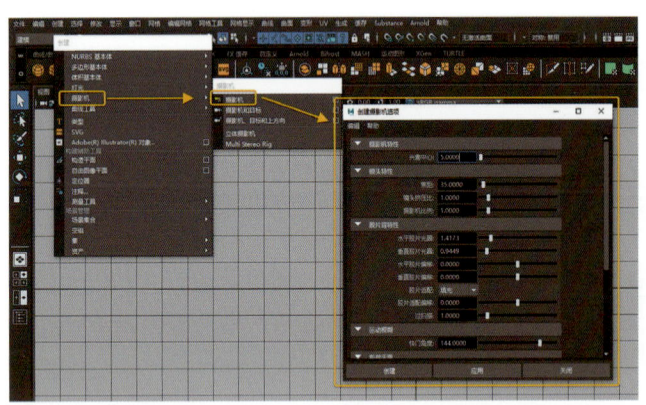

图7-38 创建摄影机

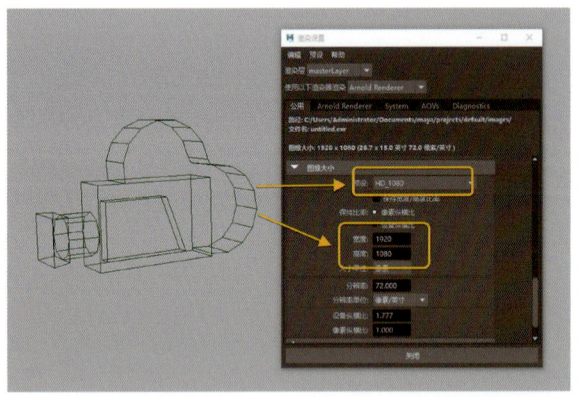

图7-39 设置摄影机分辨率

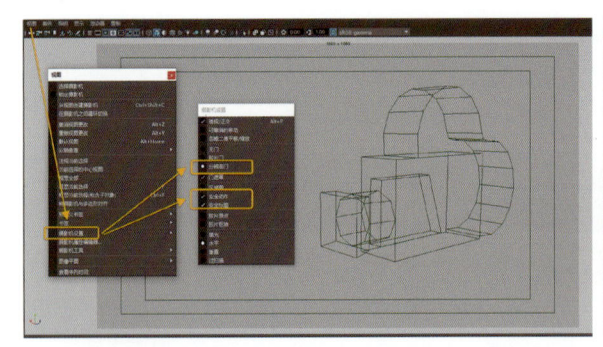

图7-40 安全框

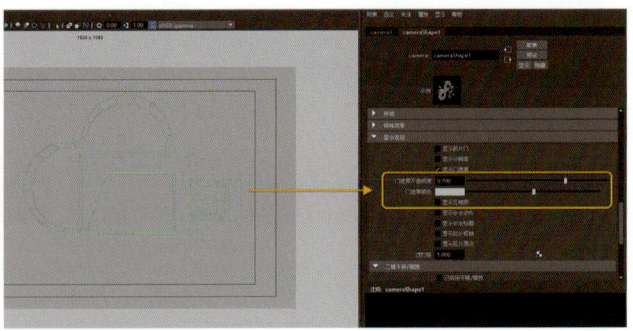

图7-41 调整蒙版透明度和颜色

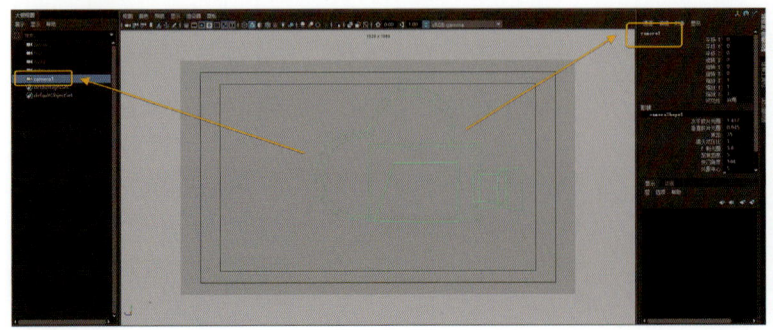

图7-42 修改摄影机名称

图7-43 二维分镜头

（7）按项目要求进行角色动作制作。要加强对起始动作、过渡动作和结束动作的理解，反复参考分镜设计内容进行制作。（图7-44）

（8）出现特效的镜头要提前布置好。镜头中的特效部分和动作融为一体，便于后期处理。

（9）完成基本动作制作后，选择当前摄影机属性，在摄影机属性下拉菜单中勾选"锁定选定项"，防止位置发生变化。（图7-45）

（10）完成以上所有步骤后保存文件，可以按快捷键Crtrl+S保存，保存路径为项目文件中的规定位置，并确定镜头文件名。（图7-46）

制作Layout摄影机之前首要熟读分镜头设计，对镜头中涉及的模型文件（角色、场景、道具）进行仔细检查，尤其是镜头中模型比例大小、骨骼绑定设置等能否达到动画的需求，如有问题立即上报并返修。

## 三、动画制作

动画制作环节的周期长、任务量大。整个项目组中，人员最多的岗位是动画师，他们的职责就是按照Layout文件进行动画制作。动画师要熟练掌握动画运动规律，掌握Maya软件中的关键帧动画应用，熟练运用动画曲线表、动画层、角色集、动画运动路径、动画表情等。拿到Layout动画镜头时，要检查镜头的视频文件和Maya文件内容是否一致，如果发现问题要及时反馈。

（1）熟悉剧本内容，参考分镜头中的动作表演，尤其是关键性的动作。分析镜头NZBB_Ep001_sc013的摄影机动画和角色动作。（图7-47）

图7-44 三维分镜头

图7-45 锁定摄影机属性

图7-46 保存场景

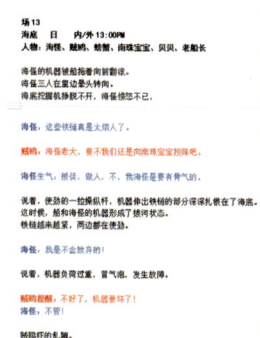

图7-47 镜头NZBB_Ep001_sc013

（2）打开项目文件 NZBB_Ep001_sc013，检查导入的模型是否和摄影机动画一致。（图 7-48）

（3）单独选择阿布船长模型，显示身体和面部控制器，简单做几个动作，检查控制器是否正常。（图 7-49）

（4）制作动画时，可以设置自己喜欢的操作视图。通常情况下可以选择三个视图，设置为摄影机视图、可调整视图及曲线图编辑器视图。（图 7-50）

（5）根据分镜头的时长，将时间栏中的初始帧和结束帧设置好，将每一个角色的初始动作调整到位，选择所有模型的控制器并记录关键帧（按快捷键 S）。（图 7-51）

（6）按照分镜头内容，采用多种方法进行动画制作。常用的方法是按照角色主次顺序制作，先完成阿布船长的动作，再制作南珠宝宝及美人鱼贝贝的动作，依次调整完成初始 pose。（图 7-52）

（7）此镜头总时长为 37 帧。镜头的最终效果要体现出阿布船长开船时摇晃的感觉。动画师要用最有效的方法来完成镜头表现，如先制作船体的摇晃或者摄影机的摇晃动画，再制作阿布船长的动作。可以先制作摄影机动画，从第 1 帧开始，选择第 7 帧让镜头先从右边倾斜，第 15 帧向左边倾斜，第 21 帧向右倾斜，第 28 帧向下倾斜，第 37 帧让镜头暂停。整体时间的设置要根据船体的摇晃幅度。为了做出阿布船长开船摇晃的效果，要反复调整摄影机的动画，直至满足导演的要求。（图 7-53）

（8）摄影机中的角色动作表演，可以分为两个关键 pose。在第 7 帧将阿布船长的身体向右倾斜并下蹲一些，双手紧握舵让身体向前，重心在右腿。阿布船长的面部表情更紧张，眼睛会睁大。（图 7-54）

（9）选择模型设置，点击第 28 帧，进行第 2 个关键 pose 制作。阿布船长的身体比第 1 个 pose 的前倾幅度更大，因为船体的晃动幅度较大。

图 7-48 项目文件 NZBB_Ep001_sc013

图 7-49 阿布船长模型

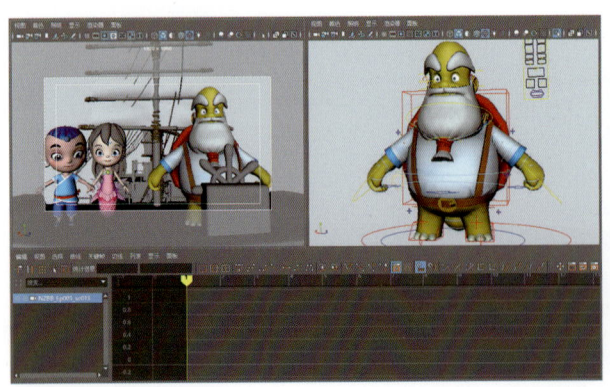

图 7-50 设置操作视图

图 7-51 设置关键帧动画

阿布船长向右旋转舵，身体向下倾斜，看起来更加紧张，双手的动作要表现出掌舵的力度。（图7-55）

（10）制作第1帧和第7帧的中间帧（第3帧）选择第3帧，将身体向后仰，右腿抬起来，制作一个预备动作（蓄力动作）。（图7-56）

（11）制作第15帧和第28帧的中间帧（第21帧）。要分析船体的摇摆幅度，还要与前面一个动作进行对比。这次的摇摆幅度较大，阿布船长为了握紧船舵，手臂会绷直，身体也会向后倾斜。船舵产生轻微的旋转。阿布船长的面部表情更紧张一些。（图7-57）

（12）以上几个关键动作制作完成后，需要大量的时间来反复调整，以增强动作的流畅性。可以用曲线图编辑器进行调节。（图7-58）

（13）制作完阿布船长的动作后，继续制作南珠宝宝和贝贝的动作。完善他们的第1帧初始动作，对镜头中的人物位置、空间关系进行整体设计。（图7-59）

（14）在时间栏上选择第5帧制作第2个pose。先调整南珠宝宝的动作，接着调整贝贝的动作。注意两者的动作要根据船体的摇摆幅度调

图7-52 初始pose

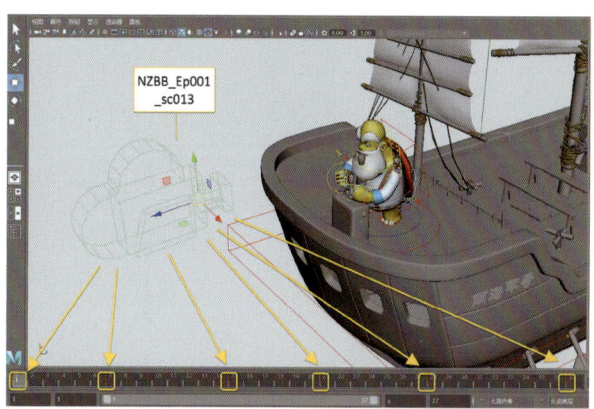

图7-53 调整摄影机的动画

图7-54 调整阿布船长动作

图7-55 第2个关键pose

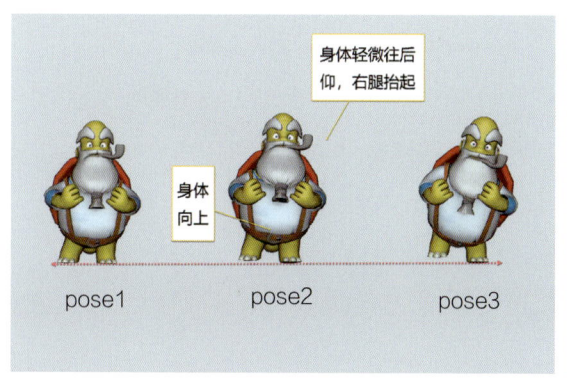

图7-56 制作第3帧

图7-57 制作第21帧

整。南珠宝宝和贝贝双手抬起来，稳住重心。从整个镜头效果看，三个角色的动作要相互协调，分出动作的主次和幅度大小以及速度的快慢。（图7-60）

（15）选择第15帧制作第3个pose。此动作要表现出贝贝重心不稳、身体向南珠宝宝倾斜的姿势。南珠宝宝用左手抓住贝贝的手臂，保持身体平衡。（图7-61）

（16）选择第28帧制作第4个pose。根据镜头的晃动变化调整两个角色的姿态，表现出各自的表演效果。（图7-62）

（17）制作完三个角色的动作后，显示所有的角色和场景模型，根据摄影机的动画效果调整角色表演细节，应用曲线图编辑器来调节。（图7-63）

图 7-58 调节动作的流畅性

图 7-59 南珠宝宝和贝贝的整体设计

图 7-60 pose2

图 7-61 pose3

图 7-62 pose4

图 7-63 调整动画

## 第三节 角色动作库在镜头中的应用

企业的商业项目尤其是系列动画片的时长较长，体量较大，会提前做好角色常规动作（行走、跑步、跳跃等）。为了提升工作效率，我们需要学习将常规的角色动作库数据引用到镜头中，从而快速完成镜头动画制作。（图7-64）

### 本节重难点

重点：学习角色动画曲线在镜头中的制作流程。

难点：掌握动画曲线在角色动画中的应用。

### 一、分析 Layout 镜头制作

打开项目文件后，要思考镜头中角色的表现，根据分镜头的要求来设计角色动作，包括镜头的长度、角色跑步的起始帧位置和结束帧位置。（图7-65）

#### 1. 镜头的长度
确认镜头总时长为160帧。

#### 2. 角色跑步动作的开始和结束位置
开始帧为第1帧，结束帧为第160帧。

### 二、检查角色动作库

打开南珠宝宝角色跑步文件，确认原地循环动作的标准。（图7-66）

### 三、导出跑步动作的动画曲线参数

（1）选择南珠宝宝角色模型设置曲线，在"窗口"中找到"设置/首选项"菜单，点击"插件管理器"命令。（图7-67）

图 7-64 南珠宝宝跑步动画

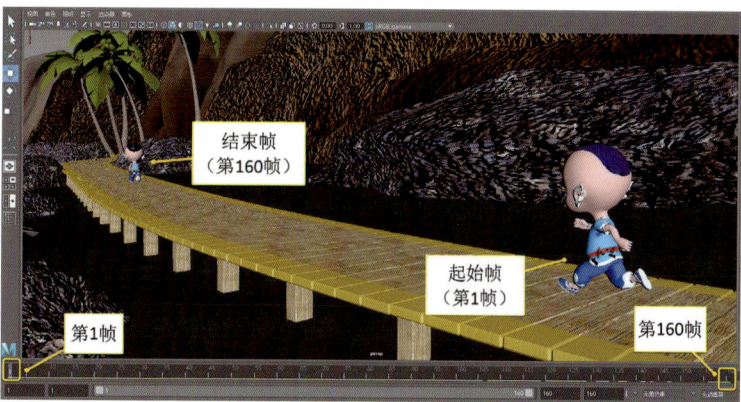

图 7-65 南珠宝宝动作库应用

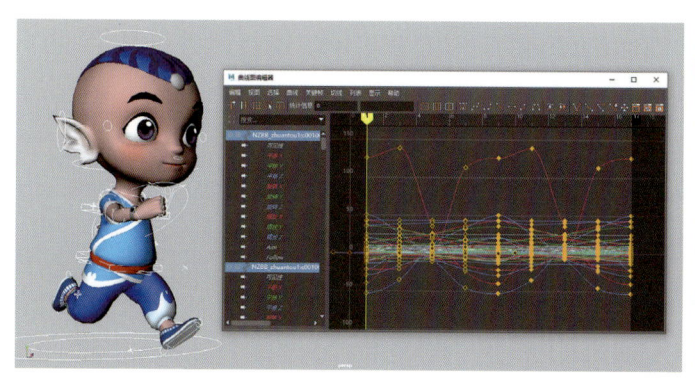

图 7-66 动作曲线

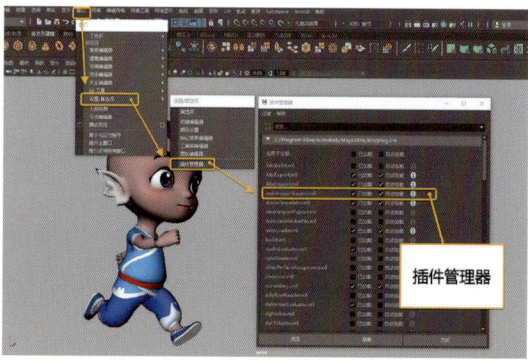

图 7-67 插件管理器

（2）打开插件管理器，勾选动画导入导出命令。（图7-68）

（3）选择模型曲线（大圈），点击文件菜单栏中的"导出当前选择"命令。（图7-69）

（4）选择导出命令中的动画导出曲线（animExport），在文件类型特定选项中找到层级选项，勾选"下方"命令。（图7-70）

（5）打开导出动画曲线文件的位置，查看文件是否正确。（图7-71）

## 四、导入跑步的动作

（1）完成导出角色动画曲线后，再次打开要制作的动画镜头，选择要导入动画的角色模型，点击角色模型的大圈，在文件中点击"导入"命令。（图7-72）

（2）打开导入后，选择文件类型下拉菜单，找到"animImport"命令，点击"导入"。（图7-73）

图7-68 导入导出命令

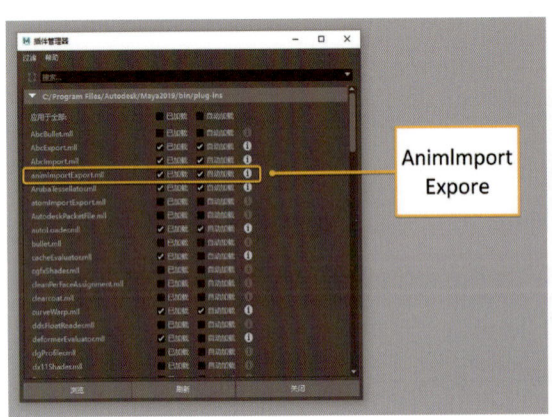

图7-69 导出当前选择

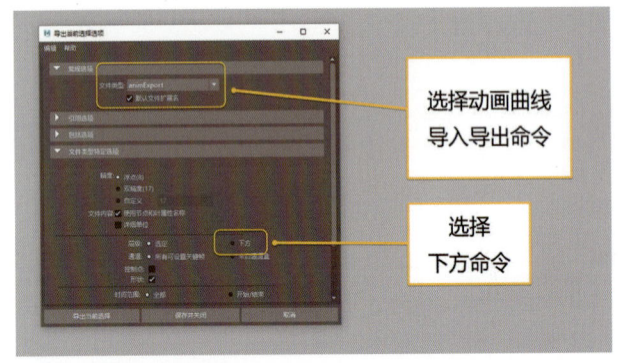

图7-70 选择下方命令

图7-71 动画曲线文件

图7-72 导入曲线命令

图7-73 导入动画曲线命令

（3）目前可以看到角色跑步动作库已经导入到场景的另一个模型了，根据分镜要求调整南珠宝宝跑步动作所在镜头的位置。（图7-74）

（4）制作动作时，经常会遇到原地跑步、不好控制等情况，因为导入动画曲线文件之前，角色设定了无限循环跑步动作，实际上只有一个跑步循环。因此，要关掉无限循环动作。调整好第一个跑步动作。选择南珠宝宝大圈控制器，根据跑出去的距离进行脚部调整，避免脚步落地和离开地面的动作出现滑步。（图7-75）

（5）选择南珠宝宝所有关键帧进行复制，在第二步的位置粘贴所有关键帧，以此类推，从第18帧复制到160帧。（图7-76）

（6）完成复制关键帧后，调整角色动画曲线。在制作过程中要多次输出动画预览，反复观察和调整动画效果。（图7-77）

## 课程总结

本章介绍了三维动画镜头制作的基本流程与动画表现方法，强调了科学化、规范化、模式化的创作特点。规范化是动画工作人员必须遵守的创作方式。由于动画制作中完全是通过电脑进行制作，为了方便控制角色运动，往往采取分层和

图7-74 动作库导入

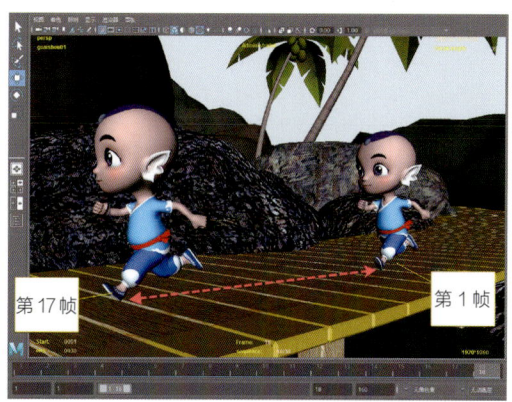

图7-75 跑步动作调整

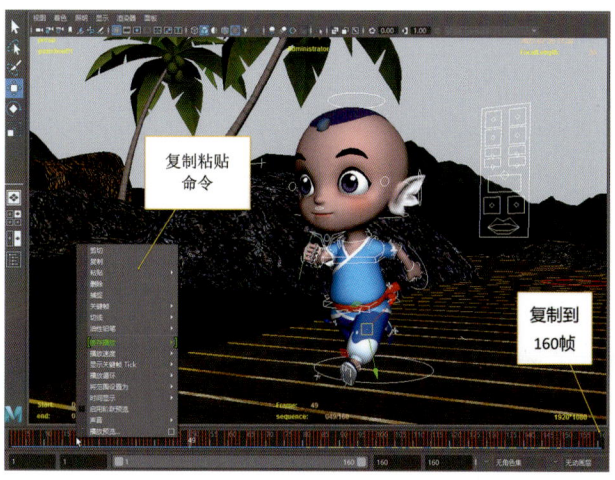

图7-76 循环动画制作

图7-77 南珠宝宝跑步动画

画面运动的设计方法,使得关键帧动画更加容易掌握。本章以《海上丝路南珠宝宝》的创作实例详细地讲解了角色动画、多角色动画制作技巧与角色动画库在镜头中的应用等内容。

## 思考与练习

一、思考题

1. 思考三维动画制作基本顺序的相互关系。
2. 简要叙述运动规律的基本要领。
3. 如何进行动画的基本训练?

二、练习题

1. 根据企业项目进行动画练习。
2. 完成一套单循环物体的运动。循环的运动形象自由选择。
3. 指定一个动画镜头,并且按照二维静态分镜要求进行动画制作训练。要求时长不小于8秒。